普通高等教育一流本科专业建设成果教材
中国矿业大学“十四五”规划教材

系统可靠性

中国矿业大学工业工程专业组织编写
主　编　卢明银
副主编　段天宏　郝敬宾

中国矿业大学出版社
·徐州·

内容提要

本书是中国矿业大学工业工程专业国家级一流本科专业建设成果教材和中国矿业大学“十四五”规划教材。全书共分九章，主要包括绪论、可靠性特征量与常用寿命分布、可靠性数据的收集与分析、典型系统可靠性模型、可修复系统可靠性模型、故障模式影响危害性分析、故障树分析、系统可靠性设计优化和人机系统可靠性。内容既着重于系统可靠性的基本理论和方法，又力图反映出系统可靠性的最新进展。

本书可作为相关专业本科生、研究生的教材和科技工作者及技术管理者学习的参考书。

图书在版编目(CIP)数据

系统可靠性/卢明银主编. —徐州：中国矿业大学出版社，2024.5

ISBN 978-7-5646-6241-7

Ⅰ. ①系… Ⅱ. ①卢… Ⅲ. ①矿业工程—可靠性理论—高等学校—教材 Ⅳ. ①TD

中国国家版本馆 CIP 数据核字(2024)第 082051 号

书　　名 系统可靠性
主　　编 卢明银
责任编辑 陈　慧
出版发行 中国矿业大学出版社有限责任公司
（江苏省徐州市解放南路　邮编 221008）
营销热线 (0516)83885370　83884103
出版服务 (0516)83995789　83884920
网　　址 http://www.cumtp.com　**E-mail**：cumtpvip@cumtp.com
印　　刷 江苏淮阴新华印务有限公司
开　　本 787 mm×1092 mm　1/16　**印张** 13.5　**字数** 337 千字
版次印次 2024 年 5 月第 1 版　2024 年 5 月第 1 次印刷
定　　价 36.00 元
（图书出现印装质量问题，本社负责调换）

前　言

系统可靠性已经成为衡量系统性能或产品质量的重要指标之一。系统可靠性理论已经应用于各科学技术领域、工业生产部门以及人们的日常生活中，特别是在航空航天、机械、矿业、石油、化工、安全、信息、交通运输等领域得到广泛应用。

可靠性理论是一门多学科交叉的新兴边缘性学科，涉及基础科学、技术科学、信息科学和管理科学等诸多领域。任何产品和技术，尤其是高科技产品、大型复杂系统设备以及尖端技术的发展，均需要以可靠性技术为基础。没有可靠性作基础的系统只能是空中楼阁。

本书是中国矿业大学工业工程专业国家级一流本科专业建设成果教材和中国矿业大学“十四五”规划教材，主要为满足工业工程、采矿工程和智能采矿工程等专业本科和研究生教学需要编写的。本书是在作者多年的研究工作与教学实践的基础上完成的，全书共9章，包括绪论，可靠性特征量与常用寿命分布，可靠性数据的收集与分析，典型系统可靠性模型，可修复系统可靠性模型，故障模式、影响、危害性分析，故障树分析，系统可靠性设计优化和人机系统可靠性。

本书的主要特点有：(1) 以生产系统的可靠性分析为主线，主要章节最后配置有案例，读者可扫描二维码阅读，案例内容与课程思政和矿业生产系统密切融合；(2) 从系统可靠性的基础工作到系统可靠性的计算评价，从典型系统可靠性的计算到可修复系统可靠性的计算，层次清楚，便于自学；(3) 在编写过程中充分考虑了学生先修的数学类课程的实际情况，在数学方法应用上控制在本科生可以接受的范围；(4) 通过介绍柔性连接复杂系统的可靠性计算方法，给学生方法上的启迪；(5) 可靠性问题手工计算比较复杂，为了方便学生在毕业设计（论文）中使用MATLAB工具，对各章主要例题给出了MATLAB程序代码，读者可扫描对应二维码获取。

本书第一章、第二章、第四章、第五章和第八章由卢明银编写，第三章和第九章由段天宏编写，第六章和第七章由郝敬宾编写。全书由卢明银统稿。硕士研究生韩立兵、高瑜、庄莹、李欣霖、何婷婷、高雪莉和张红阳参与了本书编写的资料整理和习题参考答案验算工作。

本书编写过程中参考了大量相关文献，主要参考文献及作者已列于书后，谨对全部作者表示衷心感谢。

由于作者水平有限，书中错漏在所难免，敬请广大读者批评指正。作者可为使用本教材的教师提供参考课件和习题参考答案，联系邮箱：lmy81@163.com。

编 者

2024 年 3 月

目　录

第一章 绪 论

第一节 可靠性的发展历程

一、国外可靠性的发展历程

人们对“可靠性(reliability)”的重视由来已久,但作为可靠性科学或可靠性定量指标的研究是从第二次世界大战开始才迅速发展起来的。国外可靠性的发展主要可分为以下四个阶段。

1. 可靠性准备及萌芽期

可靠性的概念形成于20世纪30～40年代,并从定性分析过渡到定量分析,可靠性理论开始出现并得到应用。这一阶段的活动主要集中在德国和美国。

(1) 可靠性概念的产生

可靠性的概念最早来源于航空领域。在两次世界大战之间,飞机已经成为一种交通工具,空中飞行事故不断增加,故要求计算出每台飞机发动机失效的概率以及在一段飞行时间内不发生失效的概率,这便是可靠性的初始概念,即在一定时间内、一定环境条件下不发生失效的概率。1939年,英国航空委员会出版的《适航性统计学注释》一书中,首次把概率的概念用于描述飞机的安全性和可靠性,提出了飞机由于各种失效造成的事故率不应超过0.000 01/h 的定量要求。这相当于飞机在1 h 飞行中的安全可靠度 $R_s=0.999\ 99$,这可以认为是最早的飞机安全性及可靠性的定量要求。

(2) 可靠性理论的产生及应用

第二次世界大战期间,德国在V-1火箭的研制过程中最先提出了系统可靠性的基本理论,认为 N 个部件组成的系统,其可靠度等于 N 个部件可靠度的乘积,也就是现在常用的串联系统可靠度乘积定律。根据这一理论研制的火箭的可靠度达到了0.75,因此V-1火箭成为第一个在研制后期运用系统可靠性理论的航空飞行器。后来,由于德国战败,可靠性研究在德国的发展也就中止了,而一批从事可靠性研究的专家却转到了美国。1944年,德国使用V-2火箭袭击伦敦,有80枚火箭没有起飞就在发射台上爆炸,还有不少火箭没有到达伦敦就掉进英吉利海峡。通过大量现场调查和故障分析,并采取相应对策,可靠性这门学科诞生了。

第二次世界大战中期,雷达等各种复杂的电子设备相继出现,电子设备的可靠性严重地影响着武器的使用效果。当时美国海军统计,电子设备在规定服役期内仅有30%的时间能有效地工作,二战期间,因可靠性问题损失飞机2 100架,是被击落飞机数量的1.5倍。电子设备失效的主要原因是电子管的可靠性较差，于是1943年美国成立了电子管研究委员会专门研究电子管的可靠性问题。此后，该委员会进行了一系列的研究活动，采用了新材料、新工艺，并发展了质量控制及检验的统计技术。为了推动可靠性研究及学术交流，美国无线电工程师学会在1941年就成立了可靠性技术组，这是第一个可靠性专业学术组织。

2. 可靠性工程的兴起及形成阶段

20世纪50年代初，美国在朝鲜战争中发现，不可靠的电子设备不仅影响战争的进行，而且需要大量的维修费用。军用电子设备每年的维修费用为其成本的两倍。为解决军用电子设备和复杂导弹系统的可靠性问题，美国军方及工业部门有组织地开展了可靠性研究。在此期间，具有较大影响的是1952年美国国防部成立的一个由军方、工业部门和学术界组成的电子设备可靠性咨询组（AGREE）。1955年，AGREE开始实施一个从设计、试验、生产到交付、储存、使用的全面的可靠性发展计划，并于1957年发表了《军用电子设备可靠性》的研究报告。该报告从9个方面阐述了可靠性设计、试验及管理的程序及方法，确定了美国可靠性发展的方向，成为可靠性发展的奠基性文件，标志着可靠性已成为一门独立的学科，是可靠性发展的重要里程碑。

3. 可靠性迅速、全面发展的阶段

20世纪60年代是美国经济发展较快的时期，也是航空及航天工业迅速发展的年代，故被称为“宇航年代”。在这10年中，美国先后研制了很多型号的军用、民用飞机及航天飞机等。这些先进的飞行器装备了复杂的电子系统，并要求它们在严酷的环境下能可靠工作，以完成预定的任务。因此，20世纪50年代发展起来的可靠性设计及试验方法在航空及航天工业，特别是在航空电子系统中得到了广泛应用并迅速发展起来。这一阶段的主要研究工作及成果包括：改善可靠性管理，建立可靠性研究中心；制定可靠性试验标准，发展新的可靠性试验方法；发展新的可靠性预测技术，颁发可靠性预测手册及标准；开辟失效物理研究新领域，发展新的失效模式分析技术；建立更有效的数据系统；重视机械零部件的可靠性研究；注意人为可靠性及安全性的研究；重视维修性的研究；创建可靠性教育课程等。

20世纪60年代是可靠性工程全面发展的阶段，也是美国武器系统研制全面贯彻可靠性大纲的年代。在这10年中，美国先后开发出F-111A、F-15A战斗机，M1坦克，“民兵”导弹，“水星”和“阿波罗”宇宙飞船等装备。这些新一代装备对可靠性提出了更加严格的要求，因此1957年AGREE报告提出的一整套可靠性设计、试验及管理方法被美国国防部及国家航空航天局（NASA）接受，在新研制的装备中得到广泛应用和迅速发展，形成了一套较完善的可靠性设计、试验和管理标准，如MIL-HDBK-217、MIL-STD-781和MIL-STD-785。在这些新一代装备的研制过程中，都不同程度地制定了较完善的可靠性大纲，规定了定量的可靠性要求，并进行可靠性分配及预计，开展故障模式及影响分析（FMEA）和故障树分析（FTA），采用余度设计，开展可靠性鉴定试验、验收试验和老练试验，进行可靠性评审等，使这些装备的可靠性有了大幅度提高。例如，20世纪50年代的“先驱者号”卫星发射11次只有3次成功，而20世纪60—70年代的“阿波罗”计划，6次发射只有1次失败。

值得一提的是，苏联、日本、英国、法国等国家的可靠性研究工作虽比美国起步晚5～10年，但在这一时期也相继开展了全面的可靠性研究工作，而且在其发展过程中各具特点。例如，苏联重视可靠性理论研究，在可靠性理论研究中培养出了一批世界著名的统计学与可靠性理论专家（如科莫戈洛夫、马尔可夫等），而且取得了不少世界公认的研究成果（如K-S检验法、马尔可夫过程等)。此外,苏联还注重研究实用的可靠性方法以及注意吸收美国的现成经验等。日本从美国引进可靠性理论,把美国的研究成果应用到民用工业特别是民用电子工业中,以便在世界市场进行竞争。20世纪60年代中期,日本成立了电子元件可靠性中心。日本在引进美国技术的过程中,注意结合本国的实际,形成了自己的特色,其主要特点是把可靠性、经济性及生产性结合起来,重视在企业里对技术人员、管理人员及工人的可靠性教育,重视整机厂、元件厂、销售部门及维修部门之间的合作,经常互相交换技术情报及失效数据,强调生产部门应对可靠性负责,并应积极开展可靠性研究活动。英国可靠性的发展与美国有些类似,也是从电子、航空及军事工业开始的,但由于经济实力不足,其规模远小于美国。法国可靠性研究的发展特点是强调集中管理、重视元器件的可靠性研究等。

4. 可靠性研究步入成熟和深入发展阶段

20世纪70年代是可靠性研究步入成熟的阶段。在这10年中,尽管美国乃至整个西方世界遇到经济困难、军费紧缩等问题,但是可靠性作为降低武器系统寿命周期费用的一种有效工具得到进一步发展。这一阶段的主要特点是建立集中统一的可靠性管理机构,负责组织、协调国防部范围的可靠性政策、标准、手册和重大研究课题;成立全国性的数据交换网,加强政府机构与工业部门之间的技术信息交流;制定了一套较完善的可靠性设计、试验及管理的方法及程序。为解决复杂武器系统投入战场使用后出现的战备完好性低和使用保障费用高等问题,从型号项目论证开始就强调可靠性设计,通过加强元器件控制,采用更严格的降额及热设计,强调环境应力筛选、可靠性增长试验和综合环境应力的可靠性试验,推行可靠性奖罚合同等一系列措施来提高武器装备的可靠性。美国空军的F-16A战斗机、海军的F/A-18A战斗机、陆军的M1主战坦克和英国皇家空军的"隼"式教练攻击机的研制体现了20世纪70年代的特点。

20世纪80年代以来,可靠性研究向着更深、更广的方向发展。在发展策略上,把可靠性和维修性作为提高武器装备战斗力的重要工具,使可靠性置于与武器装备性能、费用和进度同等重要的地位;在管理上,加强集中统一管理,强调可靠性及维修性管理应当制度化,为此美国国防部于1980年首次颁发可靠性及维修性指令《可靠性及维修性》;在技术上,深入开展软件可靠性、机械可靠性以及光电器件可靠性和微电子器件可靠性等的研究,全面推广计算机辅助设计(CAD)技术在可靠性领域的应用,积极采用模块化、综合化、容错设计、光导纤维和超高速集成电路等新技术来全面提高现代武器系统的可靠性。1985年,美国空军推行了"可靠性及维修性2000年行动计划(R&M 2000)"。该计划从管理入手,依靠政策和命令来促进空军领导机关对可靠性工作的重视,加速观念转变,使可靠性工作在空军部门形成制度化,以最终实现提高武器装备作战能力,改善生存性能,减少空军部队部署的运输量,降低维修保障人力要求和使用保障费用等5项目标。经过近6年的努力,在1991年海湾战争中,美国空军的行动计划见到了成效,F-16C/D及F-15E战斗机的战备完好性(能执行任务率)都超过了95%。

20世纪90年代,在可靠性领域更加重视加速寿命试验、高加速应力筛选、失效物理分析等实用技术研究;在军用标准和民用标准方面开始探索减少军用标准实施军民一体化标准的进程;在新一代装备中软件具有了更强大的功能,逐渐成为高技术装备和民用设备的核心组成。但是,软件问题也导致了导弹和航天飞行器发射失败等重大事故。例如,1996年欧洲航天局在法属圭亚那发射新研制的"阿丽亚娜5"火箭,控制软件错误导致火箭升空后数十秒发生爆炸，卫星发射失败。美国空军 F-22 战斗机机载软件中含高达 196 万行源代码，执行着全机 80%的功能，因软件可靠性问题，该机飞行试验计划一再推迟。因此，这一时期人们对软件质量和可靠性问题也更加关注。

进入 21 世纪，随着装备复杂程度、费用以及作战使用要求等的不断提高，可靠性研究在许多方面不断拓展和深入。美国国防部针对近半数的采办项目在研制过程存在可靠性等方面的问题，深入改革采办的政策、程序和方法，应用军民共用的可靠性标准，进一步强化装备研制过程中的可靠性工作。2008 年美国信息技术协会发布了供国防系统设备研制和生产方面的可靠性标准《系统设计、研制和制造用的可靠性工作标准》(GEIA-STD-0009)，2009 年美国国防部颁布了《可靠性增长管理手册》(MIL-HDBK-00189A)。此外，随着故障预测理论以及传感器技术、计算机技术、网络技术等的发展，故障预测与健康管理(PHM)技术发展迅速，并在美军 F-35 战斗机、"朱姆沃特"级新型导弹驱逐舰 DDG1000、陆军未来作战系统(FCS)以及重型高机动战术运输车 HEMTT 等装备中应用，已成为新一代装备研制的关键技术之一。

二、我国可靠性研究的发展历程

我国可靠性研究始于 20 世纪 50 年代的电子行业。1956 年成立了中国亚热带电信器材研究所，从事电子产品环境试验和热防护措施研究。20 世纪 60 年代，我国在雷达、通信机和电子计算机等方面提出了可靠性问题，并着手采取措施。20 世纪 70 年代，出于国家重点工程的迫切需要，特别是航天及中日海底电缆对高可靠元器件的需要，发展了电子元器件"七专"产品及对元器件的验证试验，促进了我国可靠性研究的发展。从 1973 年开始，国防科工委及四机部陆续召开可靠性工作会议，提出重点研究解决国家重点工程军用元器件的可靠性问题，1978 年提出并实施《电子产品可靠性"七专"质量控制与反馈科学实验》计划。经过 10 年的努力，我国的军用元器件可靠性提高了两三个数量级。与此同时，在研制"两弹一星"时，周恩来总理提出 16 字方针："严肃认真、周到细致，稳妥可靠、万无一失"，在整机系统可靠性设计上采取措施，保证了运载火箭、通信卫星的连续发射成功和海底通信电缆的长期正常运行。在军事领域，对部分型号和较大的系统提出了定量可靠性要求，并为此开展设计过程中的可靠性分配和预计工作及可靠性评估和分析，从而保证产品的可靠性不断提高。

由于消费者强烈要求，从 1978 年开始，国家计委、四机部及广播电视工业总局陆续召开了有关提高电视机质量的工作会议，对电视机等产品明确提出可靠性、安全性要求和可靠性指标，组织全国整机及元器件生产厂开展大规模的以可靠性为重心的全面质量管理。在 5 年时间内，电视机平均故障间隔时间提高了一个数量级，MTBF 由 300 h 提高到3 000 h，配套元器件使用可靠性也提高了 1～2 个数量级。

由于狠抓了国家重点工程和电视机的可靠性，推动了整机和电子元器件可靠性工作。20 世纪 70 年代末到 80 年代初形成了我国可靠性工作第一个高潮，全国各工业部门及各兵种纷纷进行可靠性普及培训教育，形成骨干队伍，建立可靠性工作组织管理机构，进行可靠性试验和可靠性设计及信息收集与反馈工作。1982 年我国制定了可靠性基本名词术语及定义的国家标准，同年也颁布了寿命试验和加速寿命试验方法的国标等。

20 世纪 80 年代中后期，可靠性工作得到了长足发展。1984 年组建了全国统一的电子产品可靠性信息交换网，1987 年颁布了《电子设备可靠性预计手册》(GJB 299—87)，有力推动了我国电子产品可靠性工作的发展。随着各级领导转变观念，重视产品质量，首先在武器装备上加强了质量与可靠性工作，大力贯彻《军工产品质量管理条例》。《军工产品质量管理条例》明确提出对可靠性工作的要求，在研制阶段主要贯彻可靠性保证大纲，在生产阶段主要贯彻质量保证大纲。通过贯彻《装备研制与生产的可靠性通用大纲》(GJB 450—88)，于20世纪80年代末90年代初掀起了我国可靠性工作第二个高潮。

20世纪90年代，可靠性等技术不断在型号装备研制过程中被推广应用，设立了可靠性共性技术预先研究领域，建立了武器装备可靠性工程技术中心，颁布了《可靠性维修性术语》(GJB 451—90)等国家标准。由于装备系统复杂性、技术难度以及费用等不断提高，一些型号的质量与可靠性问题更加引起重视。20世纪90年代后一段时期，可靠性研究工作发展进入相对低谷，标志性成果较少，成果产出周期较长。

进入21世纪后，可靠性工作有所升温，升温动力主要来自企业对产品质量的重视。许多工业部门将可靠性工作放在了重要的位置，军工集团也陆续成立了可靠性中心。例如2008年，我国在1991年建立兵器可靠性中心的基础上，建立了国防科技工业机械可靠性研究中心，使得具有完全自主知识产权的可靠性技术成果不断得到推广应用。

《中国制造2025》中与可靠性有关的表述包括："加强可靠性设计、试验、验证技术开发和应用""使重点实物产品的……质量可靠性……达到国际同类产品先进水平""大力提高国防装备质量可靠性""高档数控机床……以提升可靠性、精度保持性为重点"等。中国制造要走向强国之路，企业必须狠抓质量和可靠性。

近几年来，云计算与大数据技术得到蓬勃发展，可靠性可以借助云计算与大数据技术这些新的工具达到一个新的高度。系统可靠性领域的可靠性评估、仿真、计算、健康检测与预管理(PHM)技术、可靠性试验等，都需要大规模的数据来支撑才能产生好的效果，以往这些数据都不全并且收集困难，而随着"互联网+"大数据时代的来临，可靠性与质量数据的收集正迎来一个充满生机的时代。云计算与大数据必将对系统可靠性领域的理论、技术、方法等带来前所未有的影响，也为未来各行业的系统可靠性工作带来全面提升。

2023年6月2日，工业和信息化部、教育部、科技部、财政部、国家市场监管总局联合发布了《制造业可靠性提升实施意见》，提出将围绕制造强国、质量强国战略目标，聚焦机械、电子、汽车等重点行业，对标国际同类产品先进水平，补齐基础产品可靠性短板，提升整机装备可靠性水平，壮大可靠性专业人才队伍，形成一批产品可靠性高、市场竞争力强、品牌影响力大的制造业企业。到2025年，重点行业关键核心产品的可靠性水平明显提升，可靠性标准体系基本建立，企业质量与可靠性管理能力不断增强，可靠性试验验证能力大幅提升，专业人才队伍持续壮大。建设3个及以上可靠性共性技术研发服务平台，形成100个以上可靠性提升典型示范，推动1 000家以上企业实施可靠性提升。到2030年，10类关键核心产品可靠性水平达到国际先进水平，可靠性标准引领作用充分彰显，培育一批可靠性公共服务机构和可靠性专业人才，我国制造业可靠性整体水平迈上新台阶，成为支撑制造业高质量发展的重要引擎。

一部可靠性发展史，就是不可靠教训史。有些电子设备在使用的关键时刻出现故障，造成了重大经济损失。例如，美国1957年发射的"先锋号"卫星中，由于一个价值2美元的器件出了故障，造成了价值220万美元的损失。美国航天局1978年、1979年三次火箭发射失败，损失1.6亿美元。1971年，苏联的联盟-11号宇宙飞船返回时，因返回舱均压平衡阀提前开启而造成三名宇航员全部丧生。1986年1月28日，美国航天飞机"挑战者号"升空73 s

后爆炸，7 名宇航员全部丧生，直接经济损失达 12 亿美元，而造成这次事故的直接原因是一个密封圈不密封。1974 年，我国发射卫星的运载火箭因为一根直径为 0.25 mm 的导线断裂，导致整个系统被引爆自毁。1992 年，我国发射“澳星”失败，起因是一个小小的零件故障，其所造成的经济损失和政治影响是巨大的。1998 年 6 月 3 日欧洲 ICE-1 高铁重大事故导致了 101 人死亡、105 人受伤，其原因是第二节车厢的第三条车轴上的一个车轮外钢圈因疲劳而突然爆裂，导致钢条弹出，引发了车轮的脱轨。2003 年 2 月 1 日美国哥伦比亚号航天飞机失事是由于外部燃料箱表面泡沫材料在安装过程中存在缺陷，航天飞机返回经过大气层时产生剧烈摩擦，超高温的空气冲入左机翼内部后使机翼和机体熔化，造成 7 名宇航员全部遇难。还有 2018—2019 年的波音 737MAX 系列事故等，根本原因都是可靠性工作不到位。“千里之堤，溃于蚁穴”，成千上万工程技术人员、工人、管理干部的劳动成果，几千万甚至上亿元的投资就因为一点工作的疏漏，一个小小的元器件、零部件失效或一根导线的失效而毁于一旦。

第二节　可靠性研究的意义

随着科学技术的发展，产品质量的含义也在不断地扩充。以前产品的质量主要指产品的性能，即产品出厂的质量，而现在产品的质量已不仅仅局限于产品的性能这一指标。目前，产品质量的定义是：满足使用要求所具备的特性，即适用性。这表明产品的质量首先是指产品的某种特性，这种特性反映着用户的需求。概括起来，产品质量特性包括性能、可靠性、经济性和安全性四个方面。性能是产品的技术指标，是出厂时（$t=0$）产品应具有的质量特性，显然能出厂的产品就应满足性能指标；可靠性是产品出厂后（$t>0$）所表现出来的一种质量特性，是产品性能的延伸和扩展；经济性是在确定的性能和可靠性水平下的总成本，包括购置成本和使用成本两部分；安全性则是产品在流通和使用过程中保证安全的程度。

在上述产品质量特性所包含的四个方面中，可靠性占主导地位。性能差，产品实际上是废品；性能好，也并不能保证产品的可靠性水平高。反之，可靠性水平高的产品在使用中不但能保证其性能的实现，而且故障发生的次数少，维修费用及因故障造成的损失也少，安全性也随之提高。由此可见，产品的可靠性是产品质量的核心，是生产厂家和用户努力追求的目标。可靠性研究的重要性及意义体现在以下几个方面。

一、产品的可靠性与企业的生命、国家的安全紧密相关

我国原国防科学技术工业委员会在总结“两弹一星”的成功经验时，将可靠性列为三大技术成就之一；第二次世界大战中，美国空军由于技术故障造成的飞机损失多于被击落的飞机损失；1979 年 3 月 28 日，美国三哩岛核电站发生的放射性物质泄漏事故是硬件（冷凝器循环泵）故障和操作人员的不可靠造成的；1986 年 4 月 26 日，苏联切尔诺贝利核电站爆炸事故，对其国家的安全和声誉造成了严重损害。所以，对于重要的大型成套设备如电站、冶金、化工设备等，都应进行可靠性和安全性设计与风险评估，以控制其失效概率。

二、产品性能的优化、结构的复杂化要求有很高的可靠性

随着现代科学技术的发展，机械产品（包括机电一体化产品）的结构日趋复杂（图 1-1），

性能参数越来越高，可靠性指标同样也要求越来越高。

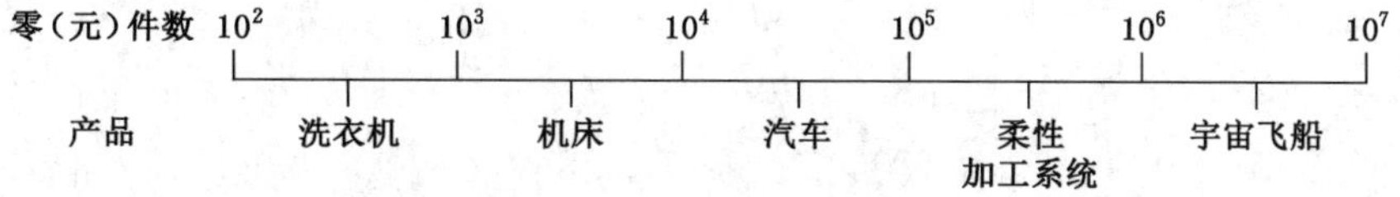

图 1-1　产品结构的复杂化

美国在研制 F-105 战斗机时，投资 2 500 万美元，使其可靠度从 0.726 3 提高到 0.898 6，每年节约维修费用 5 400 万美元。而 20 世纪 50 年代末，美国迪尔公司在研发新系列发动机和拖拉机时，采用了一系列的新结构、新技术，使可靠性大大降低，年维修费用增加 1～2 倍。在可靠性领域，人们经常会提到："宁可牺牲先进性，也要保证可靠性。"

三、产品更新速度的加快，使用场所的广泛性、严酷性，要求有很高的可靠性

机械产品在工作过程中，往往因一个零件的失效而造成灾难性的后果。1986 年 1 月 28 日，美国航天飞机"挑战者"号在发射后进入轨道前，因助推火箭燃料箱密封装置在低温下失效，使燃料溢出而引起爆炸，造成 7 名宇航员遇难，经济损失达 12 亿美元。

四、产品竞争的焦点是可靠性

一台 300 MW 汽轮发电机组因叶片失效被迫停机一天，则少发电 7.2×10^6 kW·h，直接损失为 65 万元，间接损失约为 1 000 万元。以往因为国产设备的可靠性不高，我国每年不得不进口大量机电成套设备。国际市场上机械产品的价格与其可靠性水平的高低直接相关。许多产品在投标、签订合同和鉴定、验收时都采用了可靠性指标。在商品广告中，利用可靠性特征量的内容越来越多。在发达国家，产品质量和可靠性几乎没有一天不成为新闻。

早在 20 世纪 60 年代初，美国就有人预言，今后在激烈的国际市场竞争中，只有可靠性高的产品及其企业才能幸存下来。在 20 世纪 80 年代，日本有人断言，今后国际市场上产品竞争的焦点是可靠性。而苏联更是将可靠性纳入 25 年科技发展规划。日本从美国引进可靠性工程技术之后，在民用产品上的应用十分成功，其汽车、工程机械、发电设备、日用设备(复印机、洗衣机、电冰箱等)能够畅销全球，根本原因是其质量及可靠性高，这使日本获取了巨额的利润。

目前国际上盛行的产品责任法、保质期、索赔制等，也都与产品的可靠性有关。例如，1959 年美国小汽车的质保期仅为 4 个月或 6 400 km，到 20 世纪 70 年代则提高到 5 年或 80 000 km(目前基本上也是这个水平)。而我国目前汽车质保期一般是 3 年或 60 000 km，与国外尚有差距。

五、提高经济效益的需要

为了提高产品的可靠性，在研制、生产、管理、材料、工艺、设备各方面都要采取相应的措施，这将导致生产费用的增加，但是使用和维修费用却随着可靠性的提高而降低。从总的经济效果来看，并不是所有产品的可靠性都是提得越高越好，而是要权衡开展可靠性工作的费用和由于产品不可靠造成损失的费用，找出最佳可靠性。可靠性和费用之间的关系如图 1-2 所示(图中，1 代表提高可靠性而带来的使用及维修成本，2 代表提高可靠性的成本，3 代表提高可靠性的总成本)。

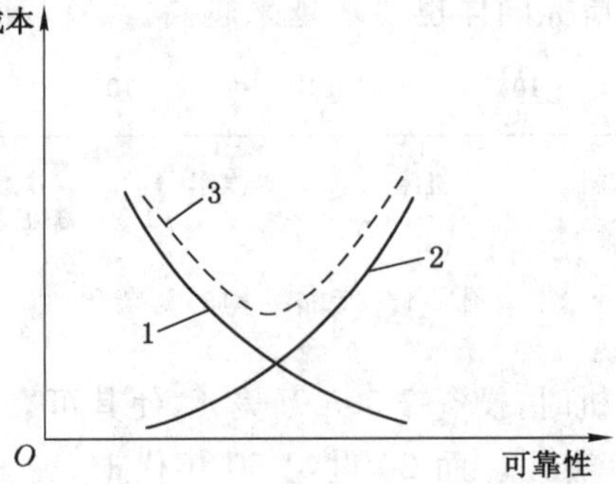

图 1-2　可靠性和费用之间关系

六、大型产品的可靠性是一个企业、一个国家科技水平的重要标志

1969 年 7 月，美国“阿波罗 11”号宇宙飞船登月成功，美国航空航天局将可靠性列为重大技术成就之一。我国“神舟五号”载人航天飞船成功的关键就是解决了可靠性问题，飞船系统的可靠性指标达到 0.970，航天员安全性指标达到 0.997。

在美国，几乎所有的军事订货合同中，都有可靠性与维修性条款。20 世纪 70 年代末，美国的国防技术政策有了引人注目的变化，从过去主要追求武器系统的高性能转为更加重视武器系统的可靠性与维修性。

为了提高产品的可靠性，必须在生产的各个环节上付出努力，但最重要的是设计阶段。如果设计不合理，想通过事后的修理来达到所期望的可靠性几乎是不可能的。因此，从事系统设计的科研人员，应该熟悉和掌握保证可靠性的各种方法与手段。

第三节　可靠性的基本概念

一、可靠性的定义

众所周知，质量是产品的生命，是人类生产生活的重要保障，因此，人们十分重视产品的质量。为了全面反映产品质量，人们从不同侧面提出了众多质量指标，这些质量指标形成了产品质量指标体系。按照产品质量指标的属性对其进行分类，这些质量指标可分为性能指标、可靠性指标、安全性指标、适应性指标和经济性指标等。如电视机表示图像清晰程度、音质的指标为性能指标，即完成规定功能所需要的指标。产品的可靠性指标则反映产品保持其性能指标的能力，如电视机在出厂时其各项性能指标是合格的，那么，使用3 000 h后电视机是否仍能保持出厂时各项性能指标呢？这是用户十分关心的问题。为了说明产品保持其性能指标的能力，就必须向用户提供有关该产品的可靠性指标，如平均寿命、可靠度等。由此可见，可靠性指标是产品的重要质量指标，它与产品性能指标的差别主要体现在时间上，即性能指标不涉及时间因素，而可靠性指标与时间因素密切相关，是时间性的质量指标。

作为产品的质量属性，可靠性与性能同等重要，二者密不可分。没有可靠性保证的产品，性能指标再好也无法发挥作用；同样，离开产品的性能指标，其可靠性就无从谈起。如武器装备的可靠性较差，不仅会增加维修工作量和费用，甚至会丧失战斗力而影响战局。因此，可靠性工程师的职责就在于设法提高产品的可靠性。

最早的可靠性定义是 1966 年美国军用标准《可靠性和维修性术语定义》(MIL-STD-721B)中给出的,即"产品在规定的条件下和规定的时间内完成规定功能的能力"。该定义已为世界各国的标准引用,我国国家军用标准《可靠性维修性保障性术语》(GJB 451A—2005)中给出的产品可靠性定义也是这个。

可靠性研究的对象是产品。产品是指可以单独研究、分别试验的任何部件、组件、设备或系统。它可以是硬件、软件或兼由二者组成。就产品的性质而言,产品可分为不可修产品(如电子元件、灯泡等)和可修产品(如计算机、大型设备等)。

规定的条件是指产品使用时的应力条件(载荷条件)、环境条件以及贮存条件等。规定的条件不同,产品的可靠性也不同,例如一台起重机承受不同的负荷,那么它的可靠性肯定是不同的。又如某台设备在实验室内使用和在野外现场使用其可靠性也是不同的。又如温度、湿度、腐蚀介质等不同的环境条件,对产品的可靠性都有很大的影响。此外,还有操作技术、维护保养条件等都对产品的可靠性产生影响。

规定的时间是指产品的工作时间,任何一种产品经过一段时间的稳定性工作之后,随着时间的延长,可靠性都会下降,都会愈来愈频繁地出现故障,最后报废。例如某种家电,规定 90%设备无故障工作时间为 15 000 h,那么在 15 000 h 之内,这一批产品绝大部分不会发生故障;但超过 15 000 h,则不能保证完好工作的百分数。规定时间的单位可用分、秒、时、月、年、周期、次数、里程等。

产品"完成规定功能"是指在规定的使用条件下和要求的时间内产品能够正常工作,能在规定的功能参数下正常运行。若产品不能正常工作常常称为故障,对于一次性使用的不可修产品也称为失效。因此,在研究产品可靠性时不仅要明确产品各种功能的具体含义和内容,还要明确产品故障或失效(不能完成规定功能)的定义和具体含义。

"能力"在这里是一个定性要求,在可靠性分析中,只有定性理解是不够的,必须对它进行定量刻画。产品在未来能否完成规定的功能存在着不确定性,因此,广泛采用概率论与数理统计方法定量研究产品的可靠性。由于产品完成规定功能的能力具有偶然性,所以,可靠性定义中的"能力"不是指某一个产品"个体"的正常工作情况的程度,而是具有统计学的意义。产品完成规定功能的能力通常采用概率或寿命法进行定量描述,以便对产品的可靠性进行度量、计算、验证和评估。另外,由于所研究产品的广泛性,可靠性的"能力"指标也是多种多样,如常用的可靠性指标有"可靠度""平均寿命"等。

由此可见,可靠性就是在上述三个"规定"下研究产品发生故障的统计规律。一般情况下,可靠性定义中的三个"规定"可以利用产品的寿命剖面和任务剖面进行描述。

产品的寿命剖面(life profile)是指:产品从制造到寿命终结或退出使用这段时间内所经历的全部事件和环境的时序描述。寿命剖面说明了产品在整个寿命期经历的事件(如装卸、运输、储存、检测、维修、部署、执行任务等)以及每个事件的顺序、持续时间、环境和工作方式。而产品的任务剖面(mission profile)是指:产品在完成规定任务时间内所经历的事件和环境的时序描述。对于完成多种任务的产品对应着多个任务剖面。任务剖面一般包括:

① 产品的工作状态;

② 产品的使用及维修方案;

③ 产品工作的时间与顺序;

④ 产品所处环境(外加的与诱发的)的时间与顺序;

⑤ 任务成功或故障的定义。

显然,产品的寿命剖面包含一个或多个任务剖面,寿命剖面和任务剖面是正确建立产品可靠性模型、进行可靠性论证、设计等工作的基础。一般情况下,产品的寿命剖面、任务剖面在产品论证时就应提出。

可靠性有很多数量指标,如寿命、失效率、可靠度等。其中常用的特征量为可靠度,可靠度是产品在规定的条件下和规定的时间内,完成规定功能的概率,一般用 R(reliability)表示。

二、可靠性分类

上述传统的可靠性定义在实际应用中还具有一定的局限性。根据不同的使用要求、不同的角度、不同的产品,通常将可靠性分成以下几类。

1. 任务可靠性与基本可靠性

任务可靠性(mission reliability):产品在规定的任务剖面内完成规定功能的能力。可见,任务可靠性反映了产品在执行任务时成功的概率,任务可靠性高说明产品在执行任务时完成规定功能的概率高。同样,在研究产品任务可靠性时需要明确产品完成规定功能的具体含义和内容,包括任务成功或故障的判断准则。任务可靠性只统计危及任务成功的致命故障。

基本可靠性(basic reliability):产品在规定的条件下、规定的时间内无故障工作的能力。它是与寿命剖面相关的可靠性,反映了产品对维修资源的要求,确定基本可靠性值时,应统计产品的所有寿命单位和所有的关联故障。

2. 狭义可靠性和广义可靠性

这是根据可靠性定义的范畴和含义之广狭来划分的。

狭义可靠性就是产品在规定的条件下和规定的时间内,完成规定功能的能力。它表示产品在某一规定时间内发生故障的难易程度。

广义可靠性是从工程概念出发所论及的具有更广泛意义的可靠性。广义可靠性定义为:产品整个寿命周期内完成规定功能的能力。它包括了狭义可靠性和维修性,故可用下式表示:

广义可靠性=狭义可靠性+维修性

维修性是产品设计和装配的一种特性。它赋予产品一种便于维修的独有素质,使可维修产品在出现故障后经维修可继续使用,从而提高产品的可靠性。维修性的定义为:产品在规定的条件下和规定的时间内,按规定的程序和方法进行维修时,保持或恢复到能完成规定功能的能力。当前,维修性技术发展很快,已逐渐成为一个独立的分支,甚至可与可靠性技术相提并论。

广义可靠性实质上就是产品的有效性。有效性(也称有用性)定义为:可以维修的产品在某时刻具有或维持规定功能的能力。实际上,有效性是将一个可维修产品的可靠性和维修性有机地结合起来,用一个统一的尺度来评价产品在全部使用过程中能有效工作的程度和比率。它表示产品正常工作的能力。

应当注意:在一般场合,人们所说的可靠性是指广义可靠性,而在专业场合及定量计算时,可靠性又多指狭义可靠性。

3. 固有可靠性和使用可靠性

这是根据可靠性形成的过程来划分的。

固有可靠性(inherent reliability)是指由设计决定、制造实现和保证的可靠性，记作 R_I。它所考虑的中心问题是狭义可靠性。显然，固有可靠性是产品的固有属性，奠定了使用可靠性的基础，处于十分重要的地位。固有可靠性不高，相当于"先天不足"。在产品寿命各阶段中，设计阶段对可靠性影响最大。如果设计阶段不认真进行可靠性设计，则以后无论怎样精心制造、严格管理，也难以保证其可靠性。制造只能尽可能保证实现设计的可靠性；使用则是维持可靠性，尽量避免可靠性降低。

使用可靠性(operational reliability)是指产品在使用过程中，因受环境条件、维修方式及人为因素的影响所能达到的可靠性，记作 R_U。它所考虑的中心问题是广义可靠性。显然，一般 $R_U<R_I$，并且随使用时间的增长，R_U 将逐渐降低。当 R_U 下降到规定的极限，则要检修或更换部件，使产品可靠性提高到合格水平，再投入使用。如此往复，直至报废。

据美国海军统计，舰船故障中，设计不良造成的故障占总数的 40%，器件选用不当占 30%，制造问题占 10%，使用维修问题占 20%。可见，只有 R_I 达到一定水平，才有可能保证一定水平的 R_U。

有人还将 R_I 和 R_U 综合起来称为工作可靠性，记作 R_O。

4. 硬件可靠性和软件可靠性

这是为适应软件产品迅速发展而提出的一种分类法。

所谓"硬件"，是指在传统上被看作从完全相同的器件总体中取出的若干部分的一种组合。前面所述的可靠性定义均指硬件可靠性。

所谓"软件"，是指由书面的或可记录的信息、概念、文件或程序组成的产品。

软件可靠性定义可表述为：在规定的条件下和规定的时间内，软件成功地完成规定功能的能力(概率)或不引起系统故障的能力(概率)。

在硬件-软件系统中，有人提出系统的可靠性可表示为：

$$R_{SY} = R_S R_H R_M \tag{1-1}$$

式中：R_{SY} 为系统可靠性；R_S 为软件可靠性；R_H 为硬件可靠性；R_M 为操作者误差。

软件可靠性不同于硬件可靠性。例如，软件不会出现疲劳、老化的故障；软件故障率不会随时间增长而单调上升等。随着软件产品的发展，软件可靠性已成为可靠性研究的重要方面。

三、可靠性的特点

可靠性综合反映了一个产品的耐久性、无故障性、维修性、有效性和使用经济性等，可用各种定量指标表示。可靠性是产品的一项重要质量指标，具有质量的属性，但又有其自身特点，可归纳如下。

1. 可靠性是产品的一种时间质量指标

可靠性是指产品在规定的时间和规定的条件下完成规定功能的能力，或者是在规定的条件下能保持完成规定功能的时间。它表示一个产品的耐久性、无故障性、维修性和经济性等特点。

可靠性与一般质量指标的区别在于它是一种时间质量的指标。一般产品的性能指标，只要产品完成就可考核，即在出厂检验中可以得到评定，因而称作为 $t=0$(使用前)的质量，也称作为狭义的质量。而可靠性是指产品保持功能的时间，或是在规定时间内保持功能的能力。对它的评定要等用户使用后，或者模拟使用后才能进行，一般要到使用现场考核，所以称作为 $t>0$ 的质量。

2. 可靠性是规定意义下的可比性能

从可靠性的定义看出，一个产品的可靠性受三个“规定”的限制。

“规定的时间内”，是说对保持产品的质量和性能要有一定的时间要求，即产品的可靠性随时间而变化。一般机电类产品的功能、性能都有随时间衰退的特点。同一产品不同的使用时间范围，其可靠性水平是不同的。

“规定的条件下”，是说对保持产品的质量和性能要有一定的条件要求。使用工况和环境条件不同，可靠性水平有很大差异。因此，要保证使用可靠性，必须严格明确使用条件和环境，对不按规定条件使用的产品，不能要求保证达到原定的可靠性水平。比如，兵器系统设计时考虑温度范围为－40 ℃～50 ℃，当兵器系统在温度低于－40 ℃或高于 50 ℃条件下使用时，其性能不可能保持不变。

“规定的功能”，是说对产品的质量和性能要求要有明确规定。规定的产品功能判据不同，将得到不同的可靠性评定结果。同一产品，规定的功能要求不一样，其可靠性也不同。产品丧失规定的功能叫“故障”，对于不可修复的产品也称“失效”，但在习惯上二者没有严格的区别。这里的“规定的功能”是指产品应具备的技术性能。研究可靠性必须首先确定故障定义有这样的情况：对于这个用户来说，产品已出故障；但对另一个用户来说，产品未出故障。例如：某些电子产品作为军用品来说是不合格的，但作为民用品来说却是合格的。可见故障定义不同，将造成可靠性定量要求的不同，因此在建立可靠性定量要求之前必须先确定故障定义。

所以，在讨论和评估产品的可靠性时，应明确上述三个“规定”，否则会失去可比性。

3. 可靠性是产品统计意义下的特性

可靠性是以不可靠来反映的。完成功能和发生故障是可靠性问题的正反两个方面，产品完成了规定的功能被认为是可靠的，丧失了功能就是发生了故障或失效。

一个产品何时出现故障受许多随机因素影响，致使最终产品的无故障工作时间也具有随机特性。因此产品的可靠性观测值是多少，很难预料，可以利用概率统计理论估计整批产品的可靠性。比如，对某厂生产的某批火炮，其平均无故障射击发数为 200 发，而对这一批中的某门具体火炮，并不能肯定在射击 200 发过程中就不会出现故障，更不能肯定刚好在射击 200 发时就出现故障。

由于产品的可靠性要经过使用或模拟使用试验后才能评定，一般不能对整批产品逐个试验，因此采用抽样试验的方式进行可靠性评定。

4. 可靠性是管理和技术两个方面的综合技术

可靠性技术是以赋予产品可靠性为目的的应用科学和技术，因而可靠性技术涉及范围相当广泛，但其主要内容是解决产品不可靠的问题，也就是为了产品少出故障、不出故障，从而研究预测故障、预防故障和消除故障。

有人将可靠性技术比喻为病疫学和病理学高度结合的技术。病疫学是研究疫病的起源、传播和预防对策。病理学是研究病因、症状和治疗。在可靠性中，疫病就是故障，对可靠性来说就是研究故障机理、消除和预防故障的技术。这里既有管理的作用，又有技术的作用。管理和技术两者高度结合，通过管理指导技术的合理应用，这就是可靠性技术的基本思想。

四、可靠性的研究内容

可靠性是一门边缘学科，作为一门工程学科，它有自己的体系、方法和技术。从学术研究上，包括以下三个分支。

1. 可靠性工程

可靠性工程是指为了保证产品在设计、生产及使用过程中达到预定的可靠性指标，应该采取的技术及组织管理措施，它是介于固有技术和管理科学之间的一门边缘学科。

可靠性技术在产品全寿命周期的各个阶段的应用目的和任务有如下几点：

① 可靠性设计：通过设计奠定产品的可靠性基础。这项工作包括：建立可靠性模型，对产品进行可靠性预计和分配，进行故障或失效机理分析，在此基础上进行可靠性设计。

② 可靠性试验：通过试验测定和验证产品的可靠性。研究在有限的样本、时间和使用费用下，如何获得合理的评定结果，找出薄弱环节，提出改进措施，以提高产品的可靠性。根据试验的目的，有各种不同的可靠性试验方法。

③ 可靠性优化与寿命周期费用：通过优化使产品在规定的研制费用以及时间、进度、重量、体积等条件下达到最佳的可靠性；或者在满足规定的可靠性指标前提下，减少其体积或重量，节省费用，缩短研制时间、成本。提高产品的可靠性需从设计、制造等方面进行优化，因此会增加产品的设计费用、材料成本和制造成本。但是由于可靠性增加，使维修费用减少、寿命提高，总的经济效益将得到提高。

④ 系统可靠性：由许多单元及子系统组成的大系统的可靠性，有其自身的特点，最可靠的元器件不一定组成高可靠性的系统，因此系统可靠性有其特有的理论和方法，近年来已形成了独立的分支。

⑤ 软件可靠性：软件的可靠性使可靠性的内容得到了发展，由于软件的特殊性，其可靠性研究有不同的内容。

2. 可靠性物理

可靠性物理是 20 世纪 60 年代发展起来的。当时，半导体器件发展很快，未知的失效原因很多，并且和物理学关系甚为密切，于是就产生了“失效物理学”。它是从本质、机理方面探究产品的不可靠因素，从而为研制、生产高可靠性产品提供科学的依据。

3. 可靠性数学

研究产品故障的统计规律，涉及产品的可靠性设计、分析、预测、分配、评估、验收和抽样等技术的数理统计学方法，均属于可靠性数学研究的内容。

随着可靠性研究领域和应用范围的扩大，研究对象也不断扩大，本书仅对以上的系统可靠性部分进行阐述，并着重于可靠性技术在工程中的应用。

第四节　系统可靠性及其研究内容

一、系统可靠性的概念

所谓系统，是为了完成某一特定功能，由若干个彼此有联系的而且又能相互协调工作的部件所组成的综合体。

系统和部件的含义均为相对而言,由研究的对象而定。例如,把一条生产线当成一个系统时,组成生产线的各个部分或单机都是部件;把一台设备作为系统时,组成设备的零件都可以当作部件。因此,部件可以是子系统、机器或零件等。

系统按修复与否分为不可修复系统和可修复系统两类。系统或其组成部件一旦发生失效,不能再修复,系统将处于报废状态,这样的系统称为不可修复系统;能通过维修而恢复其功能的系统,称为可修复系统。不可修复系统常是因为技术上不能修复;或者一次性使用,没必要进行修复。

系统可靠性表示系统在规定的条件下和规定的时间内完成规定功能的能力。系统在规定的条件下和规定的时间内,完成规定功能的概率称为系统可靠度。

虽然绝大多数的机械设备是可修复系统,但不可修复系统的分析方法是研究可修复系统的基础。而且,对系统进行可靠性预测和分配时,常常简化为不可修复系统来处理。

二、系统可靠性的研究内容

系统可靠性研究的内涵丰富,本书主要涉及以下内容:

1. 系统可靠性指标

选取何种可靠性指标取决于系统的类型、设计要求以及习惯和方便性等,而系统可靠性指标的等级或量值,则应依据设计要求或已有的试验、使用和修理的统计数据、设计经验、产品的重要程度、技术发展趋势及市场需求等来确定。例如,对于汽车,可选用可靠度、首次故障里程、平均故障间隔里程等作为可靠性指标,对于工程机械则常采用有效度。

2. 系统可靠性模型

系统可靠性模型用来描述系统及其组成单元之间的故障逻辑关系。一个复杂的系统总是由许多基本元件、部件组成,如何在保证完成功能的前提下组成一个高可靠性的系统对产品设计是很有意义的。一方面需要知道组成系统的基本元器件或部件在相应使用条件下的可靠性,另一方面还要知道这些基本元器件、部件的可靠性和由其构成的系统的可靠性的关系。描述基本元器件、部件的可靠性的基本数据可由生产厂家提供,通过试验获得,通过实际观察的统计数据或经验得到。基本元器件、部件的可靠性对系统的影响,可以通过几种可靠性模型获得。典型的系统可靠性模型有:串联系统、并联系统、表决系统、贮备系统和网络系统等。

3. 可靠性数据收集与分析

可靠性数据是开展可靠性工作的基础,是提高产品质量、改进使用和维修方法的重要资料,其对推进可靠性技术的发展起着重要作用。可靠性统计分析是通过收集系统或单元产品在研制、试验、生产和维修中所产生的可靠性数据,并依据系统的功能或可靠性结构,利用概率统计方法,给出系统的各种可靠性数量指标的定量估计。它是一种既包含数学和可靠性理论,又包含工程分析和处理的方法。

4. 系统故障模式影响及危害性分析

故障模式影响及危害性分析,是通过分析系统中各零部件所有可能的故障模式及故障原因以及对系统的影响,并判断这种影响的危害度有多大,从而找出系统中潜在的薄弱环节和关键的零部件,采取必要的措施,以避免不必要的损失和伤亡。

5. 故障树分析

故障树以系统所不希望发生的事件(故障事件)作为分析的目标,先找出导致这一事件(顶事件)发生的所有直接因素和可能的原因,然后将这些直接因素和可能原因作为第二级事件,再往下找出造成第二级事件发生的全部直接因素和可能原因,并依此逐级地找下去,直至追查到那些最原始的直接因素。

6. 可修复系统可靠性模型

可修复系统是当组成系统的部件故障时能通过维修使其恢复功能的系统。可修复系统由一些部件和一个(或几个)修理设备(修理工)所组成。在系统发生故障后,修理设备对发生故障的部件进行修理,修复后的部件可以继续工作。与不可修复系统相比,可修复系统的情形更为复杂。由于有维修的因素,系统故障后可予以修复,系统的运行随时间的进程是正常与故障两种状态交替出现。

研究可修复系统的主要数学工具是随机过程理论。当组成系统的各部件的寿命分布和故障后的修理时间分布及其他出现的有关分布均为指数分布时,系统通常可用马尔可夫过程(Markov)来描述。马尔可夫型可修系统是实践中应用最多的一类可修复系统。

7. 系统可靠性设计、预测与分配

“产品的可靠性是设计出来的,生产出来的,管理出来的”。要从本质上提高产品的固有可靠性,必须通过各种具体的可靠性设计。系统可靠性设计是为了在设计过程中挖掘、分析及确定隐患和薄弱环节,并采取设计、预防和改进措施,有效地消除隐患和薄弱环节,提高系统和设备的可靠性。

可靠性预测是指在设计开始时,运用以往的可靠性数据资料计算系统可靠性的特征量并进行详细设计,即通过合适手段所获得的数据得出比较确切的可靠性指标,并加以验证。在不同的阶段,系统的可靠性预测要反复进行几次。

将系统可靠性指标分配到各子系统,并与各子系统能达到的指标相比较,判断是否需要改进设计,再把改进设计后的可靠性指标分配到各子系统。根据同样的方法,将确定的产品可靠性指标的量值合理地分配给零部件,以确定每个零部件的可靠性指标值,后者与该零部件的功能、重要性、复杂程度、体积、重量、设计要求与经验、已有的可靠性数据及费用等有关,这些构成对可靠性指标值的约束条件。可采用优化设计方法将系统可靠性指标值分配给各个零部件,以求得到最大经济效益下各零部件可靠性指标值的最合理匹配。

8. 人机系统可靠性

人机系统是指人与其所控制的机器相互配合、相互制约,并以人为主导完成规定功能的工作系统。在人机系统可靠性设计中,首先按照科学的观点分析人和机器各自所具有的不同特点,以便研究人与机器的功能分配,从而扬长避短,各尽所长,充分发挥人与机器各自的优点;然后从设计开始就尽量防止产生人的不安全行为和机器的不安全状态,做到安全生产。

本章案例: 更高的可靠性和安全性:“神箭”的“自我提升”

(摘自《中国载人航天》,2022 年 11 月 23 日,责任编辑:刘泽康)

习　题

1. 可靠性的定义和重点是什么？其中“规定的条件”“规定的时间”“规定的功能”的意义各是什么？

2. 可靠性有哪些特点？

3. 什么是系统可靠性？

4. 为什么要重视和研究可靠性？

第二章　可靠性特征量与常用寿命分布

第一章介绍了可靠性的定性概念，在工程中只有定性的概念是不够的，还必须有定量的参数，用来表示可靠性水平的高低，以便在用户和生产方签订合同时提出和商定适当的可靠性指标。生产方在设计时应将可靠性指标设计到产品中，奠定产品的固有可靠性，并在生产中通过各种手段来保证产品的固有可靠性。可靠性指标使生产方在设计阶段就可以预计产品是否能满足用户要求，缩短研制周期，并且可以预计维修周期、维修所需的备件等。

定量表示可靠性水平的参数通常又叫作可靠性特征量。

对于不可维修产品来说，可靠性特征量有可靠度、不可靠度、失效率、失效概率密度、平均寿命和可靠寿命等；对可维修产品来说，可靠性特征量除上述几种外，还有维修度、维修率、维修密度、平均维修时间和可用度等。

本章将介绍可靠性主要特征量的概念和计算方法，可靠性主要特征量之间的关系以及常用的寿命分布。

第一节　可靠性特征量

一、可靠度与不可靠度

可靠度(reliability)是产品在规定的条件下和规定的时间内，完成规定功能的概率。通常将可靠度记为R，它是时间t的函数，故也记为$R(t)$，称为可靠度函数。就概率分布而言，它又叫可靠度分布函数，且是累积分布函数。它表示在规定的使用条件下和规定的时间内，无故障地发挥规定功能工作的产品占全部工作产品(累积起来)的百分率。因此，可靠度R或$R(t)$的取值范围为

$$0 \leqslant R(t) \leqslant 1 \tag{2-1}$$

如果用随机变量T表示产品从开始工作到发生失效或故障的时间，则该产品在某一指定时刻t的可靠度为

$$R(t) = P\{ T > t \} \quad 0 \leqslant t < \infty \tag{2-2}$$

对于不可修复的产品，可靠度的观测值是指直到规定的时间，能完成规定功能的产品数与在该区间开始时刻投入工作的产品数之比，即

$$R(t) \approx \frac{N_s(t)}{N} = 1 - \frac{N_f(t)}{N} \tag{2-3}$$

式中：N为开始时刻投入工作产品数；$N_s(t)$为到t时刻完成规定功能产品数，即残存数；$N_f(t)$为到t时刻未完成规定功能产品数，即失效数。

与可靠度相对应的有不可靠度，表示产品在规定的条件下和规定的时间内不能完成规定功能的概率，因此又称为累积失效概率，记为 F。累积失效概率 F 也是时间 t 的函数，故又称为累积失效概率函数或不可靠度函数，记为 $F(t)$。

因为完成规定功能与未完成规定功能是对立事件，按概率互补定理可得

$$R(t)+F(t)=1 \tag{2-4}$$

$$F(t)=1-R(t)=P\{T\leqslant t\} \tag{2-5}$$

对于不可修复产品，累积失效概率 $F(t)$ 为

$$F(t)\approx\frac{N_{\mathrm{f}}(t)}{N} \tag{2-6}$$

例 2-1 某种型号轴承 50 个在恒定载荷条件下运行，观测结果如表 2-1 所示。试求 $t=100$ h 和 $t=400$ h 时的可靠度观测值及累积失效概率。

表 2-1 某轴承运行记录

时间 t/h	10	25	50	100	150	250	350	400	500	600	700	1 000	1 200	1 500	2 000	3 000
失效数/只	4	2	3	7	5	3	2	2	0	0	0	0	1	1	0	1
累积失效数 N_{f}/只	4	6	9	16	21	24	26	28	28	28	28	28	29	30	30	31
仍正常工作数 N_{s}/只	46	44	41	34	29	26	24	22	22	22	22	22	21	20	20	19

解 根据表 2-1 可以算出 $t=100$ h 时的可靠度观测值：

$$R(100)\approx\frac{N_{\mathrm{s}100}}{N}=\frac{34}{50}=0.68$$

$t=400$ h 时的可靠度观测值：

$$R(400)\approx\frac{N_{\mathrm{s}400}}{N}=\frac{22}{50}=0.44$$

根据表 2-1 可知，$t=100$ h 时的累积失效概率为

$$F(100)\approx\frac{N_{\mathrm{f}100}}{N}=\frac{16}{50}=0.32$$

$t=400$ h 时的累积失效概率为

$$F(400)\approx\frac{N_{\mathrm{f}400}}{N}=\frac{28}{50}=0.56$$

二、失效概率密度函数

失效概率密度函数 $f(t)$ 是累积失效概率 $F(t)$ 的导数，可用下式表示：

$$f(t)=\frac{\mathrm{d}F(t)}{\mathrm{d}t}=-\frac{\mathrm{d}R(t)}{\mathrm{d}t} \tag{2-7}$$

设 N 为受试产品总数，ΔN 是时刻 t 到 $t+\Delta t$ 时间间隔内产生的失效产品数，即当 N 足够大、Δt 足够小时，$f(t)$ 可用下式表示：

$$f(t)\approx\frac{\Delta N(t)}{N\cdot\Delta t}\quad 或\quad f(t)\approx\frac{1}{N}\cdot\frac{\mathrm{d}N}{\mathrm{d}t} \tag{2-8}$$

它表示 t 时刻的单位时间的失效(故障)概率。

由式(2-7)得出：

$$F(t) = \int_0^t f(t)\mathrm{d}t \tag{2-9}$$

而产品的可靠度则为

$$R(t) = 1 - F(t) = 1 - \int_0^t f(t)\mathrm{d}t = \int_t^\infty f(t)\mathrm{d}t \tag{2-10}$$

可见，研究 $R(t)$ 可以从它的对立面 $F(t)$ 着手，而研究 $F(t)$ 又可以从 $f(t)$ 着手。

三、失效率

失效率(failure rate)又称为故障率，其定义为：工作到某时刻 t 时尚未失效(故障)的产品，在该时刻 t 以后的下一个单位时间内发生失效(故障)的概率。失效率的观测值即为“在某时刻 t 以后的下一个单位时间内失效的产品数与工作到该时刻尚未失效的产品数之比”。

设有 N 个产品，从 $t=0$ 开始工作，到时刻 t 时产品的失效数为 $n(t)$，而到时刻 $t+\Delta t$ 时产品的失效数为 $n(t+\Delta t)$，即在 $[t,t+\Delta t]$ 时间区间内有 $\Delta N(t)=n(t+\Delta t)-n(t)$ 个产品失效，当 N 足够大、Δt 足够小时，产品在时间区间 $[t,t+\Delta t]$ 内的失效率为

$$\lambda(t) \approx \frac{n(t+\Delta t)-n(t)}{[N-n(t)]\cdot\Delta t} = \frac{\Delta N(t)}{\Delta t}\cdot\frac{1}{N-n(t)} \tag{2-11}$$

因失效率 $\lambda(t)$ 是时间 t 的函数，故又称 $\lambda(t)$ 为失效率函数。

在可靠性实践中，对于使用者来说，有时更关心的是正常工作的产品到 t 时刻后的单位时间内有多少百分比的产品会失效，正如大家习惯用出生率、死亡率、发病率等统计指标分别表示人类的生长、死亡及发病程度一样。在可靠性工作中，经常用“失效率”这个概念来表征产品发生故障的程度。

由式(2-11)得出

$$\lambda(t) \approx \frac{\Delta N(t)}{\Delta t}\cdot\frac{1}{N\left(1-\frac{n(t)}{N}\right)} = f(t)\cdot\frac{1}{1-F(t)} = \frac{f(t)}{R(t)} \tag{2-12}$$

这是失效率与失效概率密度及可靠度函数之间的关系。

将式(2-10)求导数得

$$R'(t) = -f(t)$$

即

$$f(t) = -R'(t)$$

将上式代入式(2-12)得

$$\lambda(t) = -\frac{R'(t)}{R(t)} = -[\ln R(t)]' = -\frac{\mathrm{d}\ln R(t)}{\mathrm{d}t} \tag{2-13}$$

将上式积分：

$$-\int_0^t \lambda(t)\mathrm{d}t == \ln R(t)$$

得

$$R(t) = \exp\left[-\int_0^t \lambda(t)\mathrm{d}t\right] \tag{2-14}$$

将式(2-14)代入式(2-12)得

$$f(t) = \lambda(t)\cdot R(t) = \lambda(t)\cdot\exp\left[-\int_0^t \lambda(t)\mathrm{d}t\right] \tag{2-15}$$

上式给出了故障密度与故障强度，即失效密度与失效率之间的关系。当给出失效率函数 $\lambda(t)$ 之后，便可由式(2-14)求得可靠度 $R(t)$，再由式(2-12)求得 $f(t)$，而累积失效分布函数 $F(t)$ 也可由可靠度函数求得。

例 2-2 有 5 000 只晶体管，工作到 1 000 h 时累积失效 50 只，工作到 1 200 h 时累积失效 61 只，试求该产品在 $t=1\ 000$ h 时的失效率。

解 由于 $N_f(1\ 200)=61, N_f(1\ 000)=50$，由式(2-11)得

$$\lambda(1\ 000)\approx\frac{61-50}{(5\ 000-50)\times(1\ 200-1\ 000)}\approx 1.11\times10^{-5}(\mathrm{h}^{-1})$$

例 2-3 某产品工作到 50 h 时，还有 100 个产品仍在正常工作，但工作到 51 h 时，失效了 1 个，在第 52 h 内失效了 3 个，试求该产品在 $t=50$ h 及 $t=51$ h 时的失效率。

解 由式(2-11)得

$$\lambda(50)\approx\frac{1}{100\times(51-50)}=\frac{1}{100}=1\%\ (\mathrm{h}^{-1})$$

$$\lambda(51)\approx\frac{3}{(100-1)\times(52-51)}=\frac{3}{99}=3.03\%\ (\mathrm{h}^{-1})$$

失效率是产品可靠性常用的数量特征之一，失效率越高，则可靠性越低。通常可以采用每小时或每千小时的百分比作为产品失效率的单位，但对目前具有高可靠性要求的产品来说，就需要采用更小的失效率单位作为产品失效率的基准单位。如某地缆通信工程要求其无人增音机的失效率不超过 1 142 菲特；某海缆通信工程要求其无人增音机的失效率不超过 132 菲特。菲特(Fit)这一单位的数量概念是：

$$1\ \mathrm{Fit}=1\times10^{-9}\ \mathrm{h}^{-1}$$

它表示 10^9 h 内只有 1 个元件失效，或 1 000 h 内元件失效数为 10^{-6}。

例如电阻失效率为 200 Fit，即在 10^7 h 内，只有 2 个电阻失效，或者说在 1 000 h 内失效数为 0.02%。

又如某机年损耗率为 1%，其 $\lambda=1\%/(8\ 760\ \mathrm{h})=1\ 142\times10^{-9}\ \mathrm{h}^{-1}=1\ 142\ \mathrm{Fit}$。

四、平均寿命

在产品的寿命指标中，最常用的是平均寿命。平均寿命(mean life)是产品寿命的平均值，而产品的寿命则是它的无故障工作时间。

平均寿命这个概念对于不可修复(失效后无法修复或不修复，仅进行更换)的产品和可修复(发生故障后经修理或更换零件即恢复功能)的产品，含义有区别。

对于不可修复的产品，其寿命是指它失效前的工作时间。因此，平均寿命就是指该产品从开始使用到失效前的工作时间(或工作次数)的平均值，或称为失效前平均时间，记为MTTF(mean time to failure)。其计算公式为

$$\mathrm{MTTF}\approx\frac{1}{N}\sum_{i=1}^{N}t_i \tag{2-16}$$

式中：N 为测试的产品总数；t_i 为第 i 个产品失效前的工作时间，单位为 h。

对于可修复的产品，其寿命是指相邻两次故障间的工作时间。因此，它的平均寿命即为平均无故障工作时间或称平均故障间隔，记为 MTBF(mean time between failures)。其计算公式为

$$\mathrm{MTBF} \approx \frac{1}{\sum_{i=1}^{N} n_i} \sum_{i=1}^{N} \sum_{j=1}^{n_i} t_{ij} \tag{2-17}$$

式中：N 为测试的产品总数；n_i 为第 i 个测试产品的故障数；t_{ij} 为第 i 个产品从第 $j-1$ 次故障到第 j 次故障的工作时间。

MTTF 与 MTBF 的理论意义和数学表达式的实际内容都是一样的，故通称为平均寿命。这样，如果从一批产品中任取 N 个产品进行寿命试验，得到第 i 个产品的寿命数据为 t_i，则该产品的平均寿命 θ 为

$$\theta \approx \frac{1}{N} \sum_{i=1}^{N} t_i \tag{2-18}$$

或表示为

$$\theta \approx \frac{\text{所有产品总工作时间}}{\text{总故障次数}} \tag{2-19}$$

若产品总体的失效密度函数 $f(t)$ 已知，则根据概率论与数理统计关于均值（数学期望）$E[x]$ 的定义知 $E[x] = \int_{-\infty}^{\infty} x f(x) \mathrm{d}x$，考虑到时间的积分范围应为 $0 \leqslant t < \infty$，故有

$$\theta = E[t] = \int_0^{\infty} t f(t) \mathrm{d}t \tag{2-20}$$

通过分部积分可以求得

$$\theta = \int_0^{\infty} R(t) \mathrm{d}t \tag{2-21}$$

例 2-4　某种电子设备共 18 台，从开始使用到发生初次失效时间数据（单位：h）为 16，29，50，68，100，130，140，190，210，270，280，340，410，450，520，620，800，1 100。求 18 台电子设备的平均寿命。

解

$$N = 18, \sum_{i=1}^{N} t_i = 16 + 29 + \cdots + 1\,100 = 5\,723\ (\mathrm{h})$$

$$\theta = \frac{5\,723}{18} \approx 318\ (\mathrm{h})$$

318 h 即为 18 台电子设备的平均寿命。

五、寿命方差和寿命均方差（标准差）

平均寿命是一批产品中各个产品的寿命的算术平均值，它只能反映这批产品寿命分布的中心位置，而不能反映各产品寿命 $t_1, t_2, \cdots, t_N$ 与此中心位置的偏离程度。寿命方差和寿命均方差（或称标准差、标准偏差、标准离差）就是用来反映产品寿命离散程度的特征值。

当产品的寿命数据 $t_i (i=1,2,\cdots,N)$ 为离散型变量时，平均寿命 θ 可按式(2-18)计算。由于产品寿命的偏差 $t_i-\theta$ 有正有负，因而采用其平方值 $(t_i-\theta)^2$ 来反映，所以，一批数量为 N 的产品（母体）的寿命方差为 $D[t]$，即

$$D[t] = [\sigma(t)]^2 \approx \frac{1}{N} \sum_{i=1}^{N} (t_i - \theta)^2 \tag{2-22}$$

寿命均方差（标准差）$\sigma(t)$ 为

$$\sigma(t) \approx \sqrt{\frac{1}{N} \sum_{i=1}^{N} (t_i - \theta)^2} \tag{2-23}$$

式中：N 为该母体取值的总次数；θ 为测试产品的平均寿命；t_i 为第 i 个测试产品的实际寿命。

对于小样本(即 N 数值较小)来说，其寿命方差和均方差(标准差)分别为

$$S^2 \approx \frac{1}{N-1}\sum_{i=1}^{N}(t_i-\theta)^2 \tag{2-24}$$

$$S \approx \sqrt{\frac{1}{N-1}\cdot\sum_{i=1}^{N}(t_i-\theta)^2} \tag{2-25}$$

连续型变量的总体寿命方差可由失效概率密度函数 $f(t)$ 直接求得，即

$$D[t]=[\sigma(t)]^2=\int_0^{\infty}(t-\theta)^2 f(t)\mathrm{d}t \tag{2-26}$$

式中：$\sigma(t)$ 为寿命均方差或标准差。

例 2-5 求例 2-4 中 18 台电子设备的初次失效时间的寿命方差和寿命标准偏差。

解 式(2-24)可以简化为

$$S^2 \approx \frac{1}{N-1}\Big[\sum_{i=1}^{N}t_i^2-\frac{1}{N}\Big(\sum_{i=1}^{N}t_i\Big)^2\Big]$$

因为

$$\sum_{i=1}^{18}t_i=5\ 723\ \mathrm{h},\ \sum_{i=1}^{18}t_i^2=3\ 277\ 221\ (\mathrm{h}^2)$$

所以

$$S^2 \approx \frac{1}{18-1}\times\Big(3\ 277\ 221-\frac{1}{18}\times 5\ 723^2\Big)=85\ 743\ (\mathrm{h}^2)$$

$$S=\sqrt{85\ 743}\approx 293\ (\mathrm{h})$$

即这 18 台电子设备的寿命方差为 85 743 h^2，寿命标准偏差为 293 h。

六、可靠寿命、中位寿命和特征寿命

如前所述，产品的可靠度与它的使用期限有关。换句话说，可靠度是工作寿命的函数，可以用可靠度函数 $R(t)$ 表示。因此，当 $R(t)$ 为已知时，就可以求得任意时间 t 的可靠度。反之，若确定了可靠度，也可以求出相应的工作寿命(时间)。

可靠寿命(可靠度寿命)就是指可靠度为给定值 R 时的工作寿命，并以 t_R 表示。

可靠度 $R=50\%$ 的可靠寿命，称为中位寿命，用 $t_{0.5}$ 表示。当产品工作到中位寿命 $t_{0.5}$ 时，产品中将有半数失效，即可靠度与累积失效概率均等于 0.5。

可靠度 $R=\mathrm{e}^{-1}$ 的可靠寿命称为特征寿命，用 $t_{\mathrm{e}^{-1}}$ 表示。

可靠寿命、中位寿命和特征寿命如图 2-1 所示。

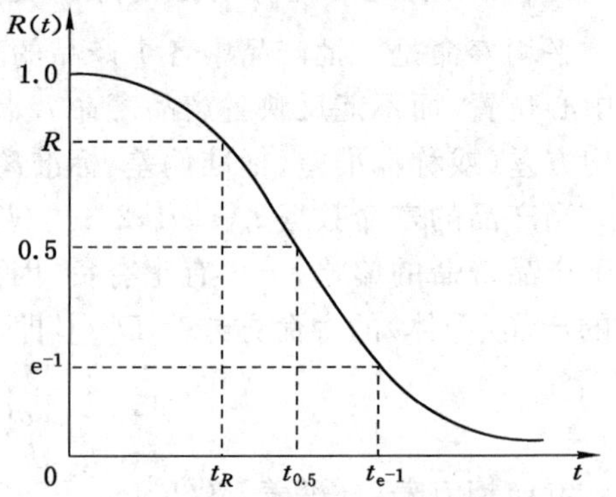

图 2-1 可靠寿命、中位寿命和特征寿命

例 2-6 若已知某产品的失效率为常数，$\lambda(t)=\lambda=0.25\times10^{-4}\ \mathrm{h}^{-1}$，可靠度函数 $R(t)=\mathrm{e}^{-\lambda t}$，试求可靠度 $R=99\%$ 时的相应可靠寿命

$t_{0.99}$，并求产品的中位寿命和特征寿命。

解　因 $R(t)=e^{-\lambda t}$，故有 $R(t_R)=R(t)=e^{-\lambda t_R}$，两边取对数：

$$\ln R(t_R)=-\lambda t_R$$

得

$$t_R=-\frac{\ln R(t_R)}{\lambda}=-\frac{\ln R}{\lambda}=-\frac{\ln 0.99}{0.25\times 10^{-4}}=402\ (\mathrm{h})$$

因而

$$t_{0.5}=-\frac{\ln R(t_{0.5})}{\lambda}=-\frac{\ln 0.5}{0.25\times 10^{-4}}=27\ 725.9\ (\mathrm{h})$$

$$t_{e^{-1}}=-\frac{\ln(e^{-1})}{\lambda}=-\frac{\ln 0.367\ 9}{0.25\times 10^{-4}}=40\ 000\ (\mathrm{h})$$

七、产品可靠性指标之间的关系

衡量产品可靠性的指标很多，可以分为两大类：一类以概率指标表示，如 $R(t)$、$F(t)$、$f(t)$ 和 $\lambda(t)$ 等；另一类以寿命指标表示，主要有可靠寿命、中位寿命和特征寿命等。在不同的场合，需要知道不同的指标，可以根据具体要求，设计一定的试验来测定所需要的指标。

但是，这两类指标之间是密切联系的，可以相互换算。把它们之间的相互关系及计算公式归纳成一个方框图，如图 2-2 所示。

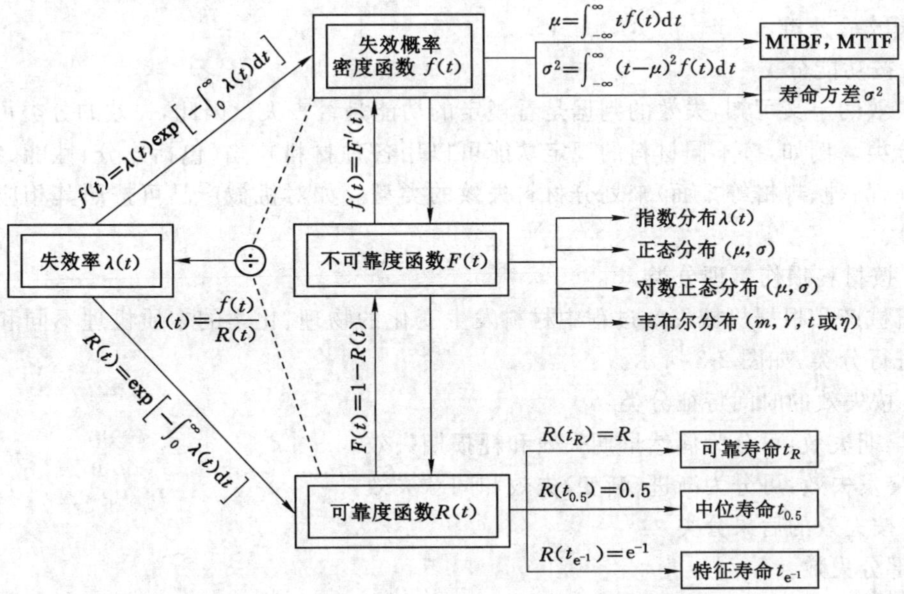

图 2-2　可靠性基本概念相互关系图

由图 2-2 可知：

① 可靠性指标间有密切的关系，其相互之间的推导公式已在图中各方块连线上示出。

② 在这些指标中有四个比较关键，即 $R(t)$、$F(t)$、$f(t)$ 和 $\lambda(t)$。知道了这四个中的任何一个，即可推导出其他所有的可靠性指标来。在图中这四个指标用双框示出。

③ 研究可靠性，主要是通过试验或实际运行积累的资料，掌握产品的失效分布（或分布

密度)及分布参数,这样便可掌握产品的可靠度。

以上指标是对不可修复系统而言的,在可维修系统中,还需讨论维修度、有效度等可靠性指标,其定义见第五章。

第二节　产品失效率曲线和失效规律

一、失效及失效分类

1. 失效及相关定义

失效(failure)是指产品丧失了在预定期限内规定的功能。失效不仅指零部件或物体本身的失效,其他方面如软件不好用、硬件与软件不匹配、人为差错等,同样会导致系统的失效,而且有没有维护和修理,失效的情况是完全不同的。

"失效"和"故障"在含义上大体相同,故障是指产品在应达到的功能上丧失了能力。失效与故障仅是强调点不同,故障可排除并可恢复产品应达到的功能,失效则强调产品已经进入了不正常状态,因此在工程应用中,两者常可替换。

"失效"与"事故"是紧密相关的两个范畴,事故强调的是后果,即造成的损失和危害,失效强调的是产品本身的功能状态。失效和事故常常有一定的因果关系,但两者没有必然的联系。

2. 失效的分类

(1) 按功能分类

由失效的定义可知,失效的判据是看规定的功能是否丧失。因此,失效的分类可以按功能进行分类。例如,按不同材料的规定功能可以用各种材料缺陷(包括成分、性能、组织、表面完整性、品种、规格等方面)来划分材料失效的类型。如对机械产品可按照其相应规定功能来分类。

(2) 按材料损伤机理分类

如机械产品根据机械失效过程中材料发生变化的物理、化学的本质机理不同和过程特征差异进行分类,如图 2-3 所示。

(3) 按失效的时间特征分类

① 早期失效:可分为偶然早期失效和耗损期失效。

② 突发失效:可分为渐进(渐变)失效和间歇失效。

(4) 按失效的后果分类

① 部分失效。

② 完全失效。

③ 轻度失效。

④ 危险性(严重)失效。

⑤ 灾难性(致命)失效。

3. 失效分析

判断失效的模式,查找失效的原因和机理,提出预防再失效的对策的技术活动和管理活动称为失效分析。失效分析是人们认识事物本质和发展规律的逆向思维和探索,是变失效为安全的基本环节和关键,是人们深化对客观事物认识的源头和途径。

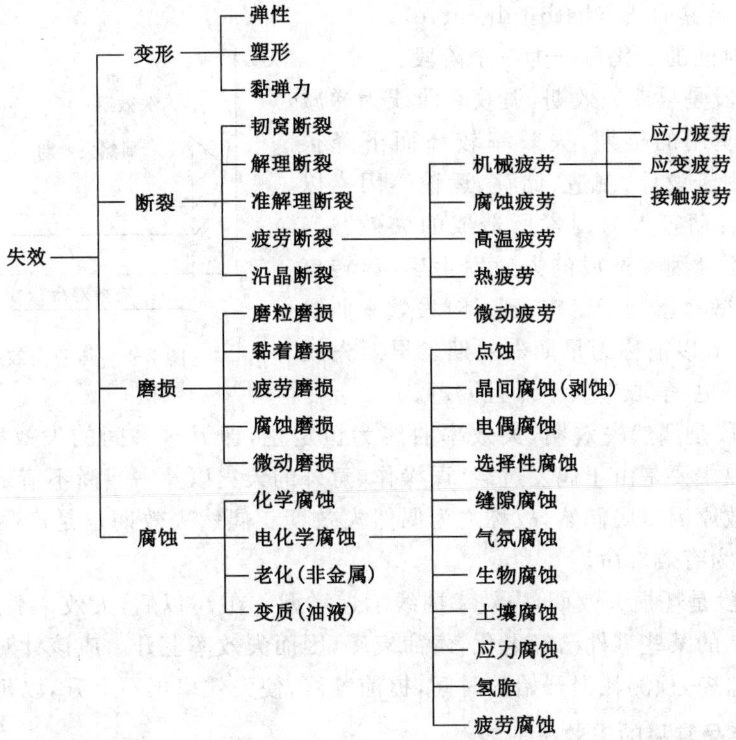

图 2-3 按材料损伤机理分类

失效分析按分析目的不同可分为：

① 狭义的失效分析：主要目的在于找出引起产品失效的直接原因。

② 广义的失效分析：不仅要找出引起产品失效的直接原因，而且要找出技术管理方面的薄弱环节。

③ 新品研制阶段的失效分析：对失效的研制品进行失效分析。

④ 产品试用阶段的失效分析：对失效的试用品进行失效分析。

⑤ 定型产品使用阶段的失效分析：对失效的定型产品进行失效分析。

⑥ 修理品使用阶段的失效分析：对失效的修理品进行失效分析。

从人类认识客观世界的历史长河来说，人的认识是有限的，而客观时间是无限的。失效是人们的主观认识与客观事物相互脱离的结果，失效发生与否是不以人们的主观意志为转移的，因此，失效是绝对的，而安全则是相对的。失效分析是人们认识客观物理本质和规律的逆向思维探索，是对正向思维研究的不可缺少的重要补充，是变失效（失败）为安全（成功）的基本关键，是人们深化客观事物认识的知识源泉。失效分析、改进提高、再失效分析研究、再提高发展，如此往复循环、螺旋上升、发展飞跃，就是人类科学技术发展的历史，乃至于社会发展历史的全过程。因此，广义地说，人类的科学技术发展史、社会发展史就是与广义失效不断作斗争，变失效（失败）为安全（成功）的历史。

二、典型的失效率曲线

对常用的电子元器件和由为数众多的零件构成的设备来说，其失效率与时间的关系如图 2-4所示。该失效率（或故障率）曲线反映产品总体在整个寿命期失效率的情况，它有时被形象地称为“浴盆曲线”(bath-tub curve)。

失效率随时间的变化可分为三个阶段：

① 第一阶段是早期失效期，失效率曲线为递减型。产品投入使用的早期，失效率较高而下降很快。这主要是由于设计、制造、储存、运输等因素以及调试、加电、启动等人为因素所造成的失效。当这些所谓先天不良因素造成的失效发生后，运转也逐渐正常，则失效率就趋于稳定，到 t_0 时失效率曲线已经开始变平。t_0 以前称为早期失效期。早期失效应该尽量设法避免，争取失效率低且 t_0 短。

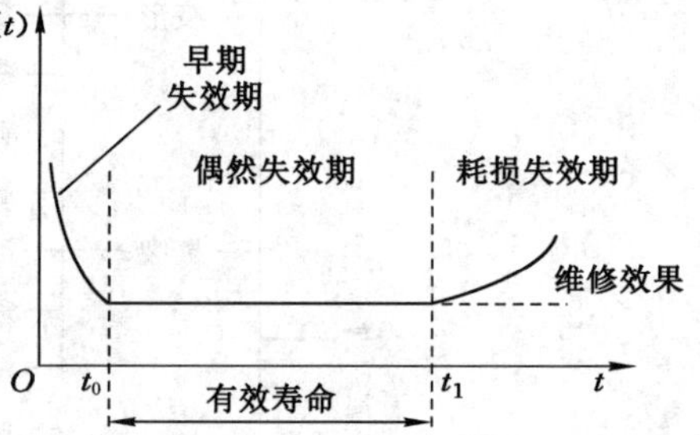

图 2-4　典型失效率曲线

② 第二阶段是偶然失效期，失效率曲线为恒定型，即 $t_0 \sim t_1$ 间的失效率近似为常数。这个阶段的失效主要是由于偶发过载、误操作、意外的天灾以及一些尚不清楚的偶然因素造成的。由于失效原因多属偶然，故称之为偶然失效期。偶然失效期也是产品有效工作的时期，这段时间称为有效寿命。

③ 第三阶段是耗损失效期，失效率曲线为递增型。在 t_1 以后，失效率上升较快，这是因为产品(设备)上的某些零件已经老化，寿命衰竭，因而失效率上升。应该针对耗损失效的原因，注意检查、监控，预测耗损开始的时间，提前维修，使失效率仍不上升，以延长有效寿命。

三、机械产品常见的失效率曲线

在规定的使用寿命期内，失效率曲线三阶段的变化过程往往并不全部出现。同样的产品，在不同条件下工作，失效率曲线形状也会不同，如图 2-5 所示为不同载荷时的失效率曲线。

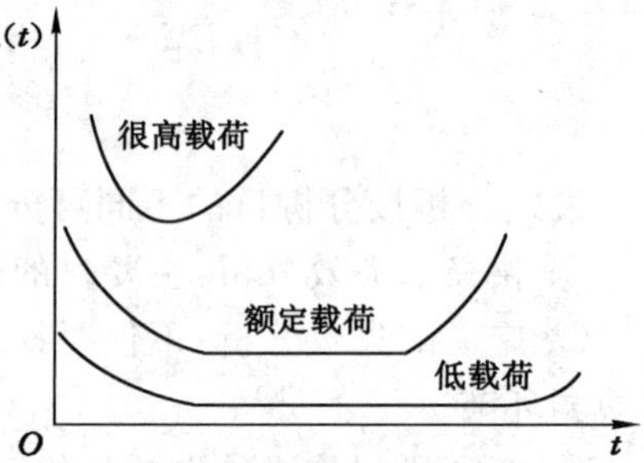

图 2-5　不同载荷时的失效率曲线

有些产品在正式使用前经过严格的检查、调试、筛选，因此早期失效期几乎不出现，如图 2-6(a)所示，$t_0 \approx 0$；有些产品达到耗损期的时间 t_1 很长，因此在使用寿命内不出现耗损期，如图 2-6(b)所示；有些产品在整个使用期内失效率一直递增，如图 2-6(c)所示；有些产品 $t_0 \approx 0$，t_1 也很大，故在全寿命

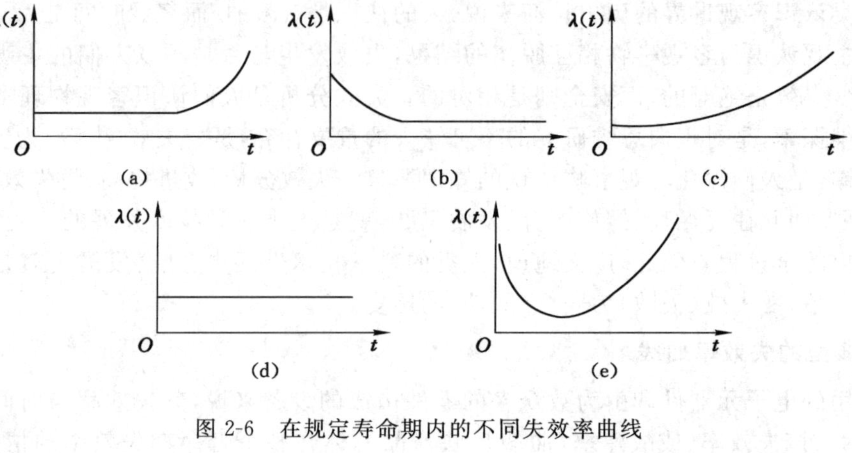

图 2-6　在规定寿命期内的不同失效率曲线

期内失效率几乎不变，如图 2-6(d)所示；也有些产品由于设计、制造不良，或由于目前技术水平尚无法避免其早期失效，使用不久失效率就急剧上升，如图 2-6(e)所示。

虽然不同的机械产品失效率曲线不同，但对于由许多单元组成的机器、设备，其失效率曲线基本上仍为浴盆状，如图 2-7 中虚线所示。应该指出，每经过一次较大的拆修工作，产品常会重现早期失效，其实际失效率曲线如图 2-7 中实线所示。可见，不适当的预防性维修对恒定型故障率的改善不仅没有裨益，反而会使故障率有所增高。

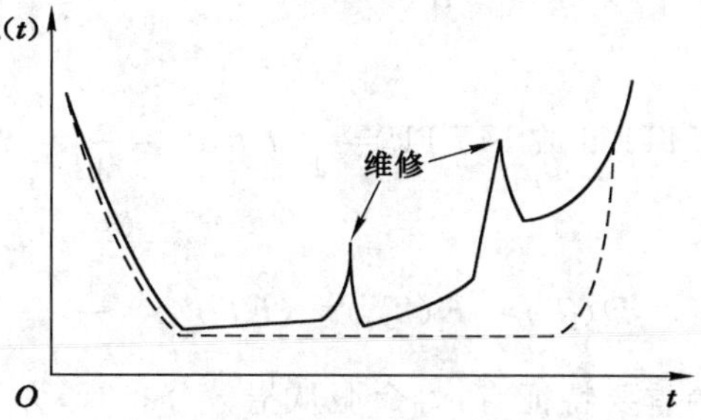

图 2-7　复杂机械设备的故障率曲线

第三节　常用的寿命分布

常用的寿命分布分为连续型随机变量的分布和离散型随机变量的分布。连续型随机变量的分布有指数分布、正态分布、对数正态分布、威布尔分布等；离散型随机变量的分布有二项分布和泊松分布等。它们在可靠性研究中有着广泛的应用。

一、连续型随机变量的分布

1. 指数分布

在可靠性理论中，指数分布是最基本、最常用的分布，适合于失效率 $\lambda(t)$ 为常数的情况。它不但在电子元器件偶然失效期普遍使用，而且在复杂系统和整机方面以及机械技术的可靠性领域也得到使用。

指数分布常用于描述由于偶然因素冲击，引起系统失效的失效规律，通常认为在很短时间间隔内几乎不会发生多于一次冲击，而且在这些短的时间间隔内是否发生冲击是彼此独立的，这样的冲击施加到系统上时，可以证明在 $(0,t)$ 内发生的冲击次数 $N(t)$ 服从以 λt 为参数的泊松分布，即 $N(t)$ 为泊松过程。其概率分布为

$$P\{N(t)=k\}=\frac{(\lambda t)^k}{k!}\mathrm{e}^{-\lambda t},\quad k=0,1,2,\cdots$$

如果在 $(0,t)$ 内无冲击，即冲击次数 $k=0$ 时的概率，也就是产品的可靠度为

$$R(t)=P\{N(t)=0\}=\mathrm{e}^{-\lambda t},\quad t\geqslant 0$$

从而可得失效分布为

$$F(t)=1-\mathrm{e}^{-\lambda t},\quad t\geqslant 0 \tag{2-27}$$

失效密度为

$$f(t)=\lambda\mathrm{e}^{-\lambda t},\quad t\geqslant 0 \tag{2-28}$$

若产品寿命 T 具有失效分布式(2-27)，或者具有失效密度式(2-28)，则称产品寿命 T

服从参数为 λ 的指数分布。

根据可靠性指标间的相互关系，可求出指数分布场合下的可靠性特征量如下。

可靠度：

$$R(t)=1-F(t)=\mathrm{e}^{-\lambda t},\quad t\geqslant 0 \tag{2-29}$$

失效率：

$$\lambda(t)=\frac{f(t)}{R(t)}=\lambda,\quad t\geqslant 0 \tag{2-30}$$

平均寿命：

$$\text{MTBT 或 MTTF}=\int_0^{\infty}\mathrm{e}^{-\lambda t}\,\mathrm{d}t=\frac{1}{\lambda}=\theta \tag{2-31}$$

寿命方差：

$$D(T)=E(T^2)-(ET)^2=\frac{1}{\lambda^2} \tag{2-32}$$

综上可知，指数分布的重要特征有：寿命服从指数分布时，失效率 λ 为常数；平均寿命与失效率互为倒数；平均寿命在数值上等于特征寿命。此外，指数分布还有一个很重要的性质就是所谓“无记忆性”，即若寿命 T 服从指数分布

$$F(t)=1-\mathrm{e}^{-\lambda t},\quad t\geqslant 0$$

则对任意时间 $t_1,t_2\geqslant 0$，有

$$P(T>t_1+t_2/T>t_2)=P(T>t_1)$$

由条件概率公式很容易得到证明。因为

$$P(T>t_1+t_2/T>t_2)=\frac{P(T>t_1+t_2,T>t_2)}{P(T>t_2)}=\frac{P(T>t_1+t_2)}{P(T>t_2)}$$

$$=\frac{\mathrm{e}^{-\lambda(t_1+t_2)}}{\mathrm{e}^{-\lambda t_2}}=\mathrm{e}^{-\lambda t_1}=P(T>t_1)$$

这意味着，若工作到 t_2 时刻仍然正常的产品，就像产品由时刻 t_2 开始工作一样，t_2 以后，其寿命仍为指数分布。简单地说，就是旧的产品与新的一样，具有“永远年轻”的性质。

值得注意的是，由于指数分布的失效率不随时间变化，因此对由指数分布的部件组成的系统，不能采用提前替换经过工作考验的部件来提高系统的可靠性。这种替换不仅干扰了系统，而且可能带来早期失效。

例 2-7 某台仪器，在某种应力条件下，其失效时间服从指数分布。有资料表明，此种仪器在 1 000 h 工作时间内将有 20%失效，试求其平均寿命。

解 由

$$F(1\,000)=1-\mathrm{e}^{-\frac{1}{\theta}\times 1\,000}\approx 0.20$$

得

$$\mathrm{e}^{-\frac{1}{\theta}\times 1\,000}\approx 0.80$$

则平均寿命

$$\theta=\frac{1\,000}{\ln\frac{1}{0.80}}=\frac{1\,000}{\ln 1.25}\approx 4\,480\ (\mathrm{h})$$

例 2-7 MATLAB 程序

2. 正态分布

正态分布也称高斯(Gauss)分布，是电子产品可靠性计算中常用的系统寿命分布类型。其失效率函数可以描述耗损失效区的失效率随时间的变化情况。若随机变量 X 的概率密

度函数为

$$f(t)=\frac{1}{\sqrt{2\pi}\sigma}\mathrm{e}^{-\frac{(t-\mu)^2}{2\sigma^2}},\quad -\infty<t<\infty \tag{2-33}$$

则称 X 服从正态分布。

根据概率密度函数可求得累积分布概率 $F(t)$ 和可靠度函数 $R(t)$ 为

$$F(t)=\int_{-\infty}^{t}f(t)\mathrm{d}t=\int_{-\infty}^{t}\frac{1}{\sqrt{2\pi}\sigma}\mathrm{e}^{-\frac{(t-\mu)^2}{2\sigma^2}}\mathrm{d}t=\frac{1}{\sqrt{2\pi}\sigma}\int_{-\infty}^{t}\mathrm{e}^{-\frac{(t-\mu)^2}{2\sigma^2}}\mathrm{d}t \tag{2-34}$$

$$R(t)=1-F(t)=\frac{1}{\sqrt{2\pi}\sigma}\int_{t}^{\infty}\mathrm{e}^{-\frac{(t-\mu)^2}{2\sigma^2}}\mathrm{d}t \tag{2-35}$$

通常正态分布的随机变量 X 记为 $X\sim N(\mu,\sigma^2)$。当 $\mu=0,\sigma=1$ 时，$N(0,\sigma^2)$ 称为标准正态分布，记作 $X\sim N(0,1)$。当样品数目 $n>100$ 时，二项分布可近似为正态分布。

μ 和 σ 是正态分布的两个特征参数，它们确定下来了，则整个分布的特征就定下来了。μ 改变、σ 一定时，分布曲线沿 t 轴平移而其形状不改变，如图 2-8 所示；如果 μ 不变而仅改变 σ，分布曲线的位置不变，但分散程度有所改变，反映在曲线的形状则是“肥”“瘦”的不同，如图 2-9 所示。

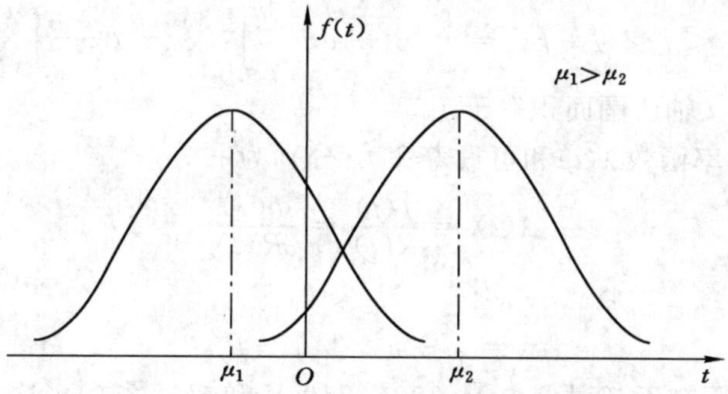

图 2-8　μ 改变、σ 一定时正态分布曲线

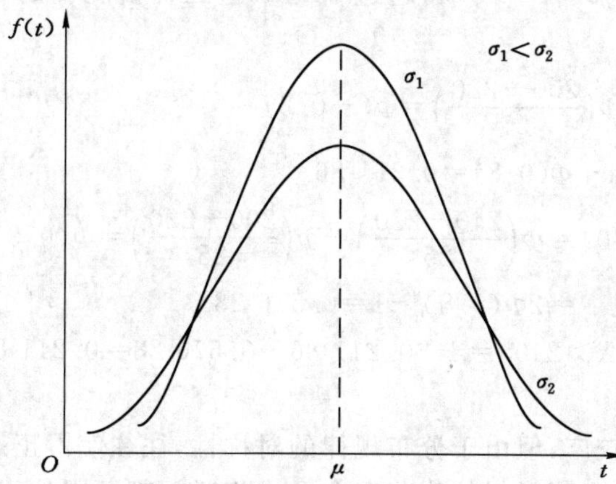

图 2-9　μ 不变、σ 改变时正态分布曲线

正态分布函数有一个主要的特点，即对称性，且在 $t=\mu$ 处，$f(t)$ 最大。

$$f(\mu)=\frac{1}{\sqrt{2\pi}\sigma} \tag{2-36}$$

一般,按照式(2-34),计算很复杂和困难,我们将其表达式进行变换,即令 $z=(t-\mu)/\sigma$,$\mathrm{d}t=\sigma\mathrm{d}z$,从而有

$$F(t)=\int_{-\infty}^{\frac{t-\mu}{\sigma}}\frac{1}{\sqrt{2\pi}}\mathrm{e}^{-\frac{z^2}{2}}\mathrm{d}z=\int_{-\infty}^{z}\varphi(z)\mathrm{d}z=\Phi(z) \tag{2-37}$$

式中:$\varphi(z)$和$\Phi(z)$分别为标准正态分布密度函数和累积概率分布函数。

因此,当随机变量 t 呈正态分布且均值 μ 和标准差 σ 已知时,可以将它的分布函数转换为标准正态分布,且特性不变,即

$$F(t)=\Phi(z) \tag{2-38}$$

假设 t 服从均值为 μ、标准差为 σ 的正态分布,那么在区间 $\mu\pm k\sigma$ 的累积概率值可由下式计算:

$$P(\mu-k\sigma\leqslant t\leqslant\mu+k\sigma)=\int_{\mu-k\sigma}^{\mu+k\sigma}f(t)\mathrm{d}t=\int_{-\infty}^{\mu+k\sigma}f(t)\mathrm{d}t-\int_{-\infty}^{\mu-k\sigma}f(t)\mathrm{d}t$$

对上式进行变量代换,令$z_1=\dfrac{(\mu+k\sigma)-\mu}{\sigma}=k$,$z_2=\dfrac{(\mu-k\sigma)-\mu}{\sigma}=-k$,则有

$$P(\mu-k\sigma\leqslant t\leqslant\mu+k\sigma)=\int_{z_2}^{z_1}\varphi(z)\mathrm{d}z=\int_{-\infty}^{k}\varphi(z)\mathrm{d}z-\int_{-\infty}^{-k}\varphi(z)\mathrm{d}z$$

正态分布曲线与 t 轴所围面积等于1。

正态分布的失效率函数 $\lambda(t)$和可靠寿命 t_R 分别为

$$\lambda(t)=\frac{f(t)}{R(t)}=\frac{\Phi(z)}{\sigma R(t)} \tag{2-39}$$

其中,$R(t)=1-F(t)$。

$$t_R=\mu+\sigma\Phi^{-1}(1-R) \tag{2-40}$$

例 2-8 电源电压在不超过 200 V,200~240 V 和超过 240 V 这三种情况下,部件损坏的概率分别为 0.1,0.001 和 0.2。设电压 X 服从正态分布,$X\sim N(220,25^2)$。求:电压分别在小于 200 V,200~240 V 和超过 240 V 这三种情况下的概率。

例 2-8 MATLAB 程序

解
$$P\{X<200\}=\Phi\left(\frac{200-220}{25}\right)=\Phi(-0.8)$$
$$=1-\Phi(0.8)=0.211\ 86$$

$$P\{200\leqslant X\leqslant 240\}=\Phi\left(\frac{240-220}{25}\right)-\Phi\left(\frac{200-220}{25}\right)=\Phi(0.8)-\Phi(-0.8)$$
$$=2\Phi(0.8)-1=0.576\ 28$$

$$P\{X>240\}=1-0.211\ 86-0.576\ 28=0.211\ 86$$

3. 对数正态分布

正态分布虽然应用较广,但由于分布规律的对称性,往往使得正态分布在实际应用中受到一定的限制,例如定应力下材料的疲劳寿命及维修时间都不服从正态分布,即分布曲线不对称。而对数正态分布是描述此类寿命与耐久性的一种好的分布,它解决了对称正态分布在描述式样未经试验即 $t=0$ 时出现失效的不合理性,能使之更符合实际。

假设随机变量 x 服从正态分布 $N(\mu_0,\sigma_0)$,则 $t=\mathrm{e}^x$ 随机变量服从对数正态分布,其概率

分布密度函数为

$$f(t)=\frac{1}{\sqrt{2\pi}\ \sigma_0 t}e^{-\frac{1}{2}\left(\frac{\ln t-\mu_0}{\sigma_0}\right)^2},t>0 \tag{2-41}$$

失效概率函数为

$$F(t)=\int_0^T\frac{1}{t\sigma_0\sqrt{2\pi}}e^{-\frac{1}{2}\left(\frac{\ln t-\mu_0}{\sigma_0}\right)^2}dt,t>0 \tag{2-42}$$

或写成标准正态分布形式

$$F(t)=\int_0^{\mu_p}\frac{1}{\sqrt{2\pi}}e^{-\frac{x^2}{2}}dx,t>0 \tag{2-43}$$

其中

$$\mu_p=\frac{\ln t-\mu_0}{\sigma_0}$$

可靠度为

$$R(t)=\int_{\mu_p}^{\infty}\frac{1}{\sqrt{2\pi}}e^{-\frac{x^2}{2}}dx,t>0 \tag{2-44}$$

失效率函数为

$$\lambda(t)=\frac{f(t)}{R(t)}=\frac{\frac{1}{t\sigma_0}e^{-\frac{1}{2}\left(\frac{\ln t-\mu_0}{\sigma_0}\right)^2}}{\int_{\mu_p}^{\infty}e^{-\frac{x^2}{2}}dx},t>0 \tag{2-45}$$

对数正态分布的两个参数 μ_0 和 σ_0，分别称为对数均值和对数标准差，通常 μ_0 和 σ_0 确定后分布曲线形状也就确定下来。图 2-10 和图 2-11 分别表示 μ_0 相同、σ_0 取值不同时的对数正态分布概率密度函数曲线和失效率函数曲线。

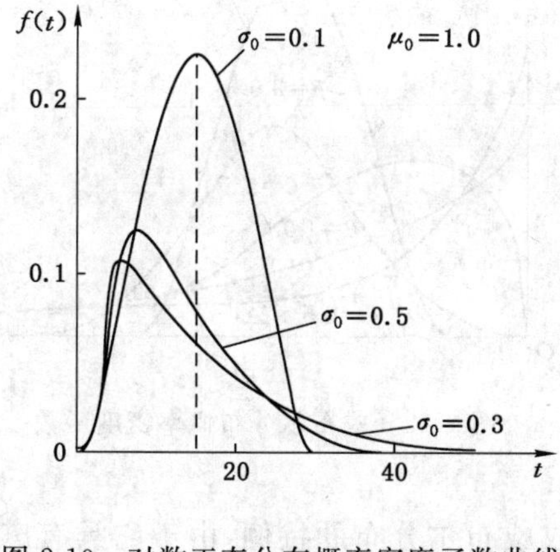

图 2-10　对数正态分布概率密度函数曲线

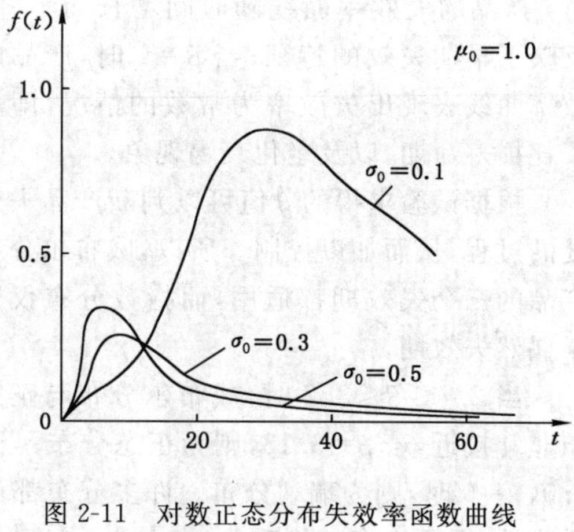

图 2-11　对数正态分布失效率函数曲线

对数正态分布的数学期望（均值）为

$$E(t)=E(e^x)=\int_{-\infty}^{\infty}tf(t)dt=e^{\mu_0+\frac{\sigma_0^2}{2}}\int_{-\infty}^{\infty}\frac{1}{\sigma_0\sqrt{2\pi}}e^{\left\{-\frac{[x-(\mu_0+\sigma_0^2)]^2}{2\sigma_0^2}\right\}}dx$$

$$=\int_{-\infty}^{\infty}e^x\frac{1}{\sigma_0\sqrt{2\pi}}e^{-\frac{(x-\mu_0)^2}{2\sigma_0^2}}dx=e^{\mu_0+\frac{\sigma_0^2}{2}}$$

对数正态分布的方差为

$$D(t)=E(t^2)-[E(t)]^2=E(e^{2x})-[E(x)]^2$$

$$=e^{2\mu_0+2\sigma_0^2}-(e^{\mu_0+\frac{\sigma_0^2}{2}})^2=e^{2(\mu_0+\frac{1}{2}\sigma_0^2)(e^{\sigma_0^2}-1)} \tag{2-46}$$

4. 威布尔分布

威布尔分布是一种含有三参数或两参数的分布，由于其适应性强而获得广泛应用。三参数的威布尔分布的密度函数和概率分布函数为

$$f(t)=\frac{\beta}{\eta}\left(\frac{t-\gamma}{\eta}\right)^{\beta-1}e^{-(\frac{t-\gamma}{\eta})^\beta} \tag{2-47}$$

累积概率分布为

$$F(t)=1-e^{-(\frac{t-\gamma}{\eta})^\beta} \tag{2-48}$$

式中：β 为形状参数；η 为尺度参数；γ 为位置参数。

可靠度函数和失效率为

$$R(t)=e^{-(\frac{t-\gamma}{\eta})^\beta}$$

$$\lambda(t)=\frac{f(t)}{R(t)}=\frac{\beta}{\eta}\left(\frac{t-\gamma}{\eta}\right)^{\beta-1} \quad (\gamma\leqslant t,\beta,\eta\geqslant 0)$$

当 $\gamma=0$ 时，则称为两参数威布尔分布。其概率密度函数和累积分布函数分别为

$$f(t)=\frac{\beta}{\eta}\left(\frac{t}{\eta}\right)^{\beta-1}e^{-(\frac{t}{\eta})^\beta} \tag{2-49}$$

$$F(t)=1-e^{-(\frac{t}{\eta})^\beta} \tag{2-50}$$

威布尔分布概率密度函数如图 2-12 所示。

指数分布是威布尔分布的特例。当 $\beta<1$ 时，产品的失效率曲线随时间增长而下降，即反映了早期失效的特征；当 $\beta=1$ 时，产品的失效率曲线表现出失效率为常数的情况，即反映了耗损寿命期，以及老化衰竭现象。

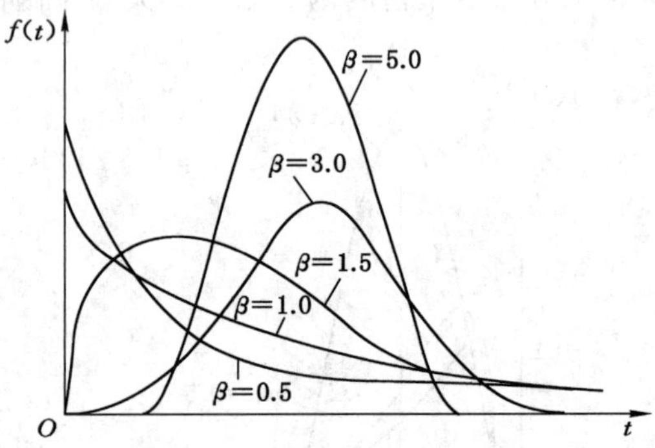

图 2-12　威布尔分布概率密度函数

根据试验求得的 β 值可以判断产品失效所处的过程，从而加以控制。所以，威布尔分布对产品的三个失效期都适用，而指数分布仅适用于偶然失效期。

当 $2.7\leqslant\beta\leqslant3.7$ 时，威布尔分布与正态分布非常接近，若 $\beta=3.13$，则为正态分布；当 $\beta=2.0$，$\gamma=0$ 时，则为瑞利分布。许多分布都可以看成威布尔分布的特例，由于它具有广泛的适应性，因而许多随机现象，如寿命、强度、磨损等，都可以用威布尔分布来拟合。

二、离散型随机变量的分布

1. 二项分布

二项分布是一种离散型分布，它由 n 次伯努利试验组合而成。其中，每次试验只有成功和失败两种结果。若事件 A 发生的概率为 p，则不发生的概率为 q，$q=1-p$，称随机变量 A 服从二项分布。则 n 次重复独立试验发生 k 次的概率为

$$P\{X=k\}=\mathrm{C}_n^k p^k q^{n-k} \tag{2-51}$$

其中，$k=0,1,2,\cdots,n$；$p,q>0$，且 $p+q=1$，此时称随机变量 X 服从二项分布 $B(n,p)$。

显然由概率得数学期望、方差、累计分布函数和可靠度函数分别为

$$E(x)=np=\sum_{k=0}^{n}(k\cdot \mathrm{C}_n^k\cdot p^k\cdot q^{n-k}) \tag{2-52}$$

$$\mathrm{var}(x)=npq=E(X^2)-(EX)^2 \tag{2-53}$$

随机变量 X 取值不大于 k 次的累计分布函数为

$$F(k)=P(X\leqslant k)=\sum_{r=0}^{k}(\mathrm{C}_n^r\cdot p^{kr}\cdot q^{n-r}) \tag{2-54}$$

随机变量 X 取值大于 k 次的可靠度函数为

$$R(k)=P(X>k)=1-F(k)=\sum_{r=k+1}^{n}(\mathrm{C}_n^r\cdot p^r\cdot q^{n-r}) \tag{2-55}$$

二项分布是一种离散型分布，广泛应用于可靠性和质量控制领域。在可靠性试验和可靠性设计中，常用于相同单元平行工作的冗余系统的可靠性指标的计算。另外，二项分布在可靠性抽样检查中也很有用，在一定意义下，确定 n 个抽样样本中所允许的不合格品数，就需要用二项分布来计算。但在客观实际中，真正完全重复的现象是不多见的，应当根据实际问题的性质来决定是否可以应用此模型来处理，如“有放回”地抽取是重复试验，“无放回”地抽取不是重复试验，但当产品的批量很大而抽取的总次数相对来说很小时，可近似地看作“有放回”来处理。

例 2-9　测试 10 台压缩机，已知每台失效概率为 0.1，求：(1) 没有一台失效的概率；(2) 至少有两台失效的概率。

解　设 X 为失效的压缩机台数，则 X 服从二项分布，其概率分布为

$$P(X=k)=\mathrm{C}_{10}^k 0.1^k 0.9^{10-k}\quad (k=0,1,\cdots,10)$$

(1) 没有一台失效的概率为

$$P(X=0)=0.9^{10}=0.348\ 7$$

(2) 至少有两台失效的概率为

$$\begin{aligned}P(X\geqslant 2)&=1-P(X=0)-P(X=1)\\&=1-0.9^{10}-\mathrm{C}_{10}^1\times 0.1\times 0.9^9=0.263\ 9\end{aligned}$$

例 2-10　某人进行射击，每次射击的命中率为 0.02，独立射击 400 次。试求击中次数大于或等于 2 的概率。

解　将每次射击看成是一次试验。令 X 表示击中的次数，则 X 服从参数为 $n=400$，$p=0.02$的二项分布，其概率分布为

$$P(X=k)=\mathrm{C}_{400}^k\times(0.02)^k\times(0.98)^{400-k}\quad (k=0,1,2,\cdots,400)$$

例 2-10　MATLAB 程序

于是，所求的概率是

$$\begin{aligned}P(X\geqslant 2)&=1-[P(X=0)+P(X=1)]\\&=1-(0.98^{400}+400\times 0.02\times 0.98^{399})\end{aligned}$$

直接计算上式是很麻烦的。当 n 很大、p 很小时，二项分布的计算可近似用泊松分布来代替。

2. 泊松(Poisson)分布

在二项分布中，如果$\lim\limits_{n\to\infty}(np)=\lambda$(常量)，则式(2-51)变为

$$P(X=k)=\frac{\lambda^k}{k!}e^{-\lambda}\quad(k=0,1,2,\cdots,n,\lambda>0)\tag{2-56}$$

此时称随机变量 X 服从参数为 λ 的泊松分布。

因此，泊松分布可以认为是当 n 无限大时二项分布的推广。当 n 很大、p 很小时，可用泊松分布近似代替二项分布，有如下的近似公式：$C_n^k p^k q^{n-k}\approx\frac{\lambda^k}{k!}e^{-\lambda}(k=0,1,2,\cdots,n)$，其中 $\lambda=np$。一般地，当 $n\geqslant20$、$p\leqslant0.5$ 时，近似程度较好。用泊松分布公式计算，可直接查泊松分布表，这样可免去许多复杂的计算。

其数学期望值、方差分别为

$$E(X)=\lambda$$
$$D(X)=\lambda$$

随机变量 X 取值不大于 k 次的累计分布函数为

$$F(k)=P(X\leqslant k)=\sum_{r=0}^{k}\left(\frac{\lambda^r}{r!}e^{-\lambda}\right)\tag{2-57}$$

随机变量 X 取值大于 k 次的可靠度函数为

$$R(k)=P(X>k)=1-F(k)=\sum_{r=k+1}^{n}\left(\frac{\lambda^r}{r!}e^{-\lambda}\right)\tag{2-58}$$

在可靠性分析中，若要考虑依时间的演变过程，此时式(2-56)就成为

$$P[X(t)=k]=\frac{(\lambda t)^k}{k!}e^{-\lambda t}\quad(k=0,1,2,\cdots,n)\tag{2-59}$$

而且同样可得

$$E[X(t)]=\lambda t$$
$$D[X(t)]=\lambda t$$
$$F(k)=P(X\leqslant k)=\sum_{r=0}^{k}\frac{(\lambda t)^r}{r!}e^{-\lambda t}$$
$$R[X(t)]=\sum_{r=k+1}^{n}\frac{(\lambda t)^r}{r!}e^{-\lambda t}$$

式(2-56)中的 X 称为泊松随机变量，而式(2-59)中的 $X(t)$ 称为泊松随机过程。

通常可用泊松分布来描述电子仪器在某段时间(0,t)内受到外界“冲击”的次数。这类随机现象一般具有以下三个特点：

① 产品在某段时间(a,$a+t$)内受到 k 次“冲击”的概率与时间起点 a 无关，仅与该段时间的长短 t 有关。

② 在两段不相重叠的时间(a_1,a_2)和(b_1,b_2)内，产品受到“冲击”的次数 s 和 h 是相互独立的。

③ 在很短的时间(0,t)内，产品受到两次或更多“冲击”的概率很小，而受到一次“冲击”的概率近似于 λt。

可以推得电子仪器在时间(0,t)内受到外界的“冲击”次数 X 的概率分布律为式(2-59)，当 $t=1$时，X 就表示电子仪器在单位时间内受到外界“冲击”的次数，此时 X 的概率分布

律为式(2-56)。

在实践中,具有泊松分布的随机变量是很多的,例如某段时间内纺纱机上线的断头数、电话总机接到的呼唤数、到某商店去的顾客数等。

例 2-11　某电话总机,平均每分钟接到电话 3 次,求每分钟接到电话多于 5 次的概率。

解　设 X 为某电话总机每分钟接到的呼叫次数,服从参数为 $\lambda=3$ 的泊松分布,则其概率分布律为

$$P(X=k)=\frac{3^k}{k!}\mathrm{e}^{-3}(k=0,1,2,\cdots)$$

因此 $P(X>5)=1-P(x\leqslant 5)=1-\sum\limits_{k=0}^{5}\frac{3^k}{k!}\mathrm{e}^{-3}=1-0.916\ 1=0.083\ 9$

即每分钟接到电话多于 5 次的概率为 0.083 9。

例 2-12　为了保证设备正常工作,需要配备适量的维修工人(工人配备多了造成浪费,配备少了又要影响生产)。现有同类型设备 300 台,各台工作是相互独立的,发生故障的概率都是 0.01,在通常情况下,一台设备的故障可由一个人来处理。问至少要配备多少工人,才能保证设备发生故障却不能及时维修的概率小于 0.01?

解　令 X 表示同一时刻发生故障的设备台数,需要配备 N 个维修工人才能满足题意要求,所要解决的问题是确定 N,使得

$$P(X>N)\leqslant 0.01$$

例 2-12　MATLAB 程序

由泊松分布,$\lambda=np=3$,得

$$\begin{aligned}P\{X>N\}&=1-P\{X\leqslant N\}=1-\sum_{k=0}^{N}P\{X=k\}\\&=1-\sum_{k=0}^{N}\left[\mathrm{C}_{300}^{k}p^k\ (1-p)^{300-k}\right]\\&\approx 1-\sum_{k=0}^{N}\frac{3^k}{k!}\mathrm{e}^{-3}=\sum_{k=N+1}^{\infty}\frac{3^k}{k!}\mathrm{e}^{-3}\end{aligned}$$

这样,问题转化成:对于参数为 3 的泊松分布,求 N,使得

$$\sum_{k=N+1}^{\infty}\frac{3^k}{k!}\mathrm{e}^{-3}\leqslant 0.01$$

通过计算可知,最小的 $N+1=9$,即需要达到上述要求必须配备 8 名维修工人。

三、概率分布的应用

为了对产品进行可靠性分析与设计,需要通过实验数据的统计推断,明确其分布特征,但选择哪一种概率分布来拟合,则往往比较困难:原因之一是试验数据有限;原因之二是分布类型往往与产品类型无关,而与失效机理和失效形式有关(有些分布,如威布尔分布、对数正态分布的中间部分不容易分辨,只有尾部才有所不同)。因此,某些分布能否较准确地描述某一失效现象,仍存在争议。当没有足够证据选择何种分布时,作为第一次尝试可假设某随机变量服从正态分布,对产品的寿命则假设服从威布尔分布,这已被许多领域的大量应用证明是有效的。为了借鉴以往的经验与试验事例,表 2-1 提供了常用概率的应用范围。

表 2-1　常用概率的应用范围

分布类型	应用范围	试验事例
二项分布	从一个次品率为 p 的大批量产品中抽出样本容量 n 中的次品，一组 y 事件中出现 x 事件的概率，涉及“过-不过”“正品-次品”“好-坏”型的情况；抽样的结果不显著改变整批的比例	一次装运的钢制零件中次品的检查；一个生产批量中有缺陷轮胎的检查；有缺陷焊缝的确定；一台生产机器完成其功能的概率
正态分布	各种物理、机械、电气、化学等特性	铝合金板的抗拉强度，按月温度变化，钢试件的穿透深度，铆钉头直径，某给定地区的电力消耗，电阻抗，磨损，风速，硬度，发射弹药的膛内压力
指数分布	系统、部件等的寿命。对于元件，则适用于失效只是由于偶然原因出现且与使用时间无关的情况，当设计完全排除了在生产误差方面的故障时则常常使用	真空管失效寿命；在可靠性试验过程中探测不良设备的预期成本；雷达设备中使用的指示管的预期寿命；照明灯泡、洗碗机、热水器、发电机、飞机用泵、汽车变速箱等的失效寿命
对数正态分布	寿命现象，事件集中发生在范围尾端的不对称情况，且观察值的差异很大	不同用户的汽车里程累计；不同用户的用电量；大量电器系统的故障时间；灯泡的照明强度等
威布尔分布（两参数）	同于对数正态分布。也使用于产品的寿命的早期失效期、偶然失效期和耗损失效期，失效率随所测特性的增加而可能减小、增加或保持不变的情况	电子管、滚动轴承、传动箱齿轮和其他许多机械和电子元件的寿命；腐蚀寿命；磨损寿命
威布尔分布（三参数）	同于两参数威布尔分布。此外，还使用于各种物理、机械、电气、化学等特性的统计，只是没有正态分布应用那样普遍	同于两参数威布尔分布。此外，还有电阻、电容、疲劳强度等

*本章案例：*德国高速列车脱轨事故的再思考

（赵云生. 德国高速列车脱轨事故的再思考[J]. 中国质量，2021(05)：115-116）

习　题

1. 简述可靠度、失效率、失效概率、平均寿命的定义。可靠度、失效率、失效概率和平均寿命存在怎样的关系？

2. 产品的失效呈现什么样的规律？如果产品的可靠性提高，失效率曲线将有何变化？

3. 有 12 台设备，其无故障连续工作时间的数据为(单位：h)：30，45，65，95，170，260，410，520，675，920，1 250，1 500。试估计此设备的平均寿命和寿命标准差。

4. 某设备的寿命服从指数分布，要使它连续工作 1 000 h 的可靠度不低于 0.8，其失效率应限制在多大？

5. 某设备的失效率 $\lambda=10^{-4}\ h^{-1}$，求其平均寿命、中位寿命和可靠度为 0.95 的可靠寿命。

6. 某零件的寿命服从正态分布，其平均寿命为 5 000 h，寿命标准差为 600 h，求其工作 4 000 h 的可靠度和可靠度为 0.99 的可靠寿命。

7. 某零件的疲劳寿命服从威布尔分布，已知其最低寿命为 100 h，特征寿命为 2 000 h，威布尔形状参数为 2。试求：

(1) 该零件的平均寿命；

(2) 该零件工作 1 000 h 的可靠度；

(3) 可靠度为 0.95 的可靠寿命。

8. 设某设备的失效时间随机变量服从指数分布，其平均无故障工作时间为 223 h。求失效概率分别为 0.5 与 0.9 时该设备的寿命 $t_{0.5}$ 和 $t_{0.9}$。

第三章　可靠性数据的收集与分析

可靠性数据是定量研究产品可靠性的重要基础，可靠性设计、可靠性试验和可靠性管理都离不开可靠性数据，因此可靠性数据的收集与分析作为可靠性研究的基础工作已在可靠性工程中深入开展并得到了广泛应用。

随着可靠性及维修性工作的深入开展，可靠性数据的收集与分析越来越显示出其重要的作用与价值。在实际工作中，人们深深体会到有效的可靠性数据和信息是开展可靠性研究的基础，是决策的依据。没有可靠性数据，可靠性工程将是无本之木，无源之水。

第一节　可靠性数据收集与分析的概念

在研究产品的可靠性水平或改进可靠性设计时，必须采用适当的方法去收集可靠性研究所需要的数据，并对这些数据进行分析。可靠性数据贯穿于产品的设计、生产、试验和使用维护等全寿命周期的各个阶段，是改进产品质量和可靠性、改善各个环节工作质量的原始资料和依据，是判断产品质量诸多因素变化、影响质量波动的基本依据，也是进行可靠性决策的重要依据。随着可靠性与维修性工作的迅猛发展，可靠性数据的收集与分析越来越突显其重要的地位和作用。

一、可靠性数据的概念及其统计特性

可靠性数据是可靠性工程的基础，是可靠性数据收集与分析的对象，从产品计划、设计到制造、使用、维修等各个阶段都要收集与分析大量可靠性数据。那么什么是可靠性数据？具体地说，可靠性数据是指在各项可靠性工作及活动中所产生的描述产品可靠性水平及状况的各种信息和数据等，可以是数字、图表、符号、文字和曲线等多种形式。

在收集和分析可靠性数据时，首先必须了解可靠性数据的特点。从可靠性的定义可以很清楚地知道，在时间、条件、功能三要素中缺少任何一个因素都不能准确了解可靠性。只要其中一个因素发生变化，可靠性也就随之变化了，因此可靠性数据必须是时间、条件和功能都记录得非常明确的数据。

可靠性数据往往是在实验室和现场中得到的数据，因而具有试验数据的一些通用特性：

(1) 随机性。可靠性数据是一系列从工程实际中得到的与概率相关联的数值，其随机性表现在产品出现故障不是确定性的，而是随机的，所以描述故障发生的变量也是随机变量，具有较大的分散性。

(2) 统计性。尽管想知道产品母体的可靠性水平，可是真正能够观测到的仅是作为母体一部分的样本。可靠性数据是从特定母体提取的样本中得到的，具有统计特性，通过统计

处理，分析其特征量，才能了解产品母体的可靠性特性。

（3）代表性。可靠性数据的样本不能是为进行试验而专门生产的高品质的产品，也不能是质量低下的产品，而必须是随机抽取的产品，即随机样本，能够代表其母体的性能。

可靠性数据在其寿命周期内还表现出一些其他的特点，这些特点为我们研究产品的可靠性提供了依据。

1. 时间性

可靠性一般是用“概率”来度量其工作能力，可靠性数据又多是用时间来描述的。当然这里的时间是广义的，包括工作周期、运行距离、循环次数等。

2. 有价性

可靠性数据的有价性表现在收集的高代价和使用的高价值两方面。一方面，数据的收集需要花费大量的财力和物力，所以获取数据要付出代价，尤其是那些与故障发生时间相关的数据，所以无论是试验数据还是现场数据都有周期长、费用高、代价大的特点。另一方面，经分析和处理的可靠性数据，对可靠性工程具有指导作用。

3. 时效性

产品的可靠性与产品寿命周期各个阶段密切相关，各阶段的可靠性数据只反映了该阶段产品的可靠性，可靠性数据随着时间的变化而不断变化，所以具有时效性。

4. 可追溯性

随着时间的推移，可靠性数据反映了产品可靠性发展的过程和趋势。对于经过改进的产品，虽然可靠性增长了，当前的数据与过去的数据变化了，但是还是相关的，这些数据都具有可追溯性。

可靠性数据统计处理的前提条件是样本的好坏，样本要能很好地代表产品的品质和可靠性。在实际工作中要取得理想的可靠性数据是比较困难的，因此为取得尽可能多的样本要研究可靠性数据的分析和处理方法。因而数据的收集方法和分析方法是可靠性研究中十分重要的内容。

二、可靠性数据收集与分析的地位和作用

可靠性研究在当代产品质量中占据了重要的地位。要进行可靠性研究，了解可靠性水平，制定可靠性目标，就要先进行数据的收集与分析，因为没有可靠性数据，就没有可靠性问题的研究，更不可能掌握可靠性的规律性。所以，可靠性数据的收集与分析在产品的可靠性研究中处于十分重要的位置。

可靠性数据收集与分析需要花费大量的人力、物力、财力获得，是大量试验与经验教训的结晶，而更主要的是通过它可转化为财富，并创造出新的财富。可靠性数据在产品寿命的不同阶段发挥着重要作用：

（1）在开发研制阶段，收集分析同类零部件的失效数据可以为产品的改进和定型提供科学的依据。

（2）在生产制造阶段，定期抽取样品进行试验，可以动态反映产品的设计和制造水平，有利于产品质量的控制。

（3）在产品使用阶段，收集分析产品的实际使用和维修数据，真实反映产品的可靠性水平，可以为老产品的改进和新产品的研发提供最权威的信息。

可靠性数据的收集与分析，是为了改进产品和对产品进行可靠性预测，其分析结果同样

适用于可靠性的保障、维修等方面，在整个产品生命周期和整个可靠性工程中均发挥着重要的作用。

三、可靠性数据收集与分析的目的和任务

可靠性数据的收集与分析在可靠性工程中占据重要的地位并起着重要的作用，所以在收集与分析可靠性数据时，必须要有明确的目的并确定适当的任务。可靠性数据收集与分析的目的包括：

① 在产品寿命周期内有效地收集和分析产品的各种数据，为产品的改进和可靠性的提高提供必要的信息。

② 根据可靠性试验数据，改进产品的设计与制造工艺，提高可靠性，并为新技术的研究和新产品的研制提供信息。

③ 根据现场使用数据增进产品维修性，使产品结构合理，方便维修，提高产品的质量。

④ 根据可靠性数据预测系统的可靠性和维修性，开展系统的可靠性和维修性设计。

⑤ 根据可靠性数据进行产品可靠性分析及参数评估。

总之，可靠性数据收集和分析的根本目的就是减少故障发生的机会，查明故障发生的机制，并针对所发生的故障模式采取必要的预防措施。只有充分明确可靠性数据收集与分析的根本目的，才能在具体的可靠性工程的操作中，找到问题的关键所在。

可靠性数据收集和分析的任务是根据可靠性工作的需要而提出的。产品从初步设计生产到最后投入市场，不同的阶段有着不同的任务：

① 在研制设计阶段进行可靠性增长试验时，根据试验数据对参数进行评估，分析发生故障的原因，找出最薄弱的环节，提出改进方案，以求产品可靠性的逐步增长。

② 在投入生产制造阶段前，根据可靠性试验结果，评估可靠性水平是否达到设计标准。

③ 在生产制造阶段，根据验收试验来评定产品的可靠性。检验生产工艺水平能否达到产品要求的可靠性。

④ 在投入市场早期，注重现场可靠性数据的收集与分析，找出产品出现故障的主要早期原因，并进行改进，加强可靠性管理，降低产品的早期故障率，提高可靠性。

⑤ 在产品使用中，定期对产品进行可靠性分析与评估，最终使产品达到用户的要求。

在产品寿命周期的不同阶段，根据可靠性数据收集和分析的目的制定可靠性工作的任务，获取所需要的可靠性数据和结果，为以后的可靠性研究打下基础。

四、可靠性数据、信息与可靠性信息系统管理

可靠性数据、信息是进行可靠性决策的科学依据，是实施可靠性工程的基础。在产品的全寿命周期，通过可靠性设计、可靠性试验和可靠性管理来提高产品的可靠性。可靠性信息为可靠性的设计、试验和质量管理者的决策提供了依据，成为发现和预防产品组件、材料和工艺等方面缺陷的参考，在产品全寿命的各个阶段发现可靠性薄弱环节，从而进行分析改进设计，不断提高产品可靠性。但是，一方面产品零部件以及材料的可靠性数据分布在各个单位，对于各个单位其利用价值是有限的；另一方面，任何一个单位都不可能有足够的财力、物力和时间收集和分析每种产品的零部件以及材料的可靠性数据和信息。同时，可靠性数据的收集与分析、可靠性信息的交流与传递是非常复杂的工作，需要严密的可靠性信息系统来管理与控制。对其实行有计划、有组织的管理，才能保证数据收集的完整、准确和有效。

1. 可靠性信息

可靠性信息包括产品论证、研制、生产和使用阶段中有关可靠性的数据、资料以及文件等。可靠性信息具有与可靠性数据不同的特性：

① 分散性与相关性。可靠性信息存在于产品寿命周期的各个阶段，并产生于各有关部门和人员的试验之中，因而是相当分散的。但各种信息之间往往又相互联系、相互影响、密切相关。这一性质决定了可靠性信息工作是项多层次、多环节、相互关联的复杂工作。

② 发生的随机性和度量的时间性。可靠性活动中，随时可能产生可靠性信息，但何时产生、产生什么样的信息却又是随机的，不确定的。同时，产品的可靠性一般均与其工作时间(或次数)相关。因此，其度量一般均使用与时间有关的单位(或概率)表示。这一性质决定了可靠性信息的随机性和时间性。

③ 潜在的价值性。可靠性信息是潜在的丰富的资源，大量的分散的原始信息必须通过有计划、有目的的收集、筛选、加工并加以科学的分析处理才能成为有用的信息。其开发的程度、价值和效益与相关人员对可靠性的认识、技术水平和管理有关，也取决于对可靠性信息驾驭的能力。这一性质决定了可靠性信息还有潜在的价值，有待深入开发。

④ 继承性和时效性。随着产品的更新换代，一方面新产品应用了历史资料和数据，可靠性信息不断被积累和继承，可靠性信息宝库不断被丰富和完善；另一方面，可靠性信息又在不断被更新，信息的价值随着时间的推移而不断衰减。这一性质又决定了可靠性信息工作既是一项具有很强时效性的工作，又是一项需要坚持的长期性的工作。

可靠性信息是实施可靠性系统工程的基础，是提高和保障产品可靠性和维修性的重要依据，也是在新产品开发中进行可靠性与维修性设计、试验、评审和管理，实现可靠性增长的必要技术支持。

可靠性信息的重要性还体现在它已被人们看作一种资源，与各种物质资源一样，在产品的全寿命周期当中发挥着巨大的社会效益和经济效益。据美国政府工业数据交换网调查，工程师通常需要花费他们研究时间的20%～30%来获得必要的可靠性数据，而且往往是不成功的，但利用数据交换网，就可以方便地获得所需要的数据。有资料表明，美国一个较大的企业，全面利用数据交换网的数据，一年可以节省200万美元以上的费用。我国已建立了国家、行业、企业三级可靠性信息管理机构，为产品的可靠性工程提供越来越多的便利。但是可靠性数据的收集并不是一件容易的事情，特别是现场数据的收集，所以要把可靠性信息看成全社会的共同资源和财富，充分发挥可靠性信息的作用。

可靠性信息只有通过交换才能更好地发挥作用。可靠性信息交换的途径是多方面的。例如与上级部门的交换，与协作和供应单位的交换，与生产单位的交换，与使用部门的交换，以及企业内部的交换。可靠性信息中心或数据库是一种有效的、畅通的可靠性信息交换渠道，为可靠性工程提供了便利。因此，可靠性信息应按照信息类别、数据类别分档管理，经整理分别存入数据库或存档以备使用。

可靠性信息和数据的收集，要依靠企业和有关管理机构建立故障数据反馈网，以及各部门、单位积极合作才能很好地完成。为此，各种产品、设备、系统及其故障的编码应达到行业或全国统一标准。目前发达国家已经认识到可靠性数据的重要性，建立了很多政府或个人自主的数据库。建立可靠性数据库最主要的目的是收集、积累和规范来自现场的数据信息。这些信息可以用档案柜或计算机储存。数据主要内容包括：故障数据，用户每个产品的性能描述，制造记录和各种规范。详细的数据主要有：① 产品种类（名称，编号等）；② 产品经历（使用时间，维修状况等）；③ 发生故障前的状态（使用环境，条件等）；④ 发生故障的情况（故障零件名称模式）。

目前，国家、行业和企业逐渐建立了可靠性信息中心，形成了完善的可靠性信息交换网，也制定了相应的规章制度，如可靠性信息交换网工作细则、可靠性信息员手册等。国外一些先进的工业国家的可靠性信息交换网建立了数据库远程终端的联机检索，从而使参加数据交换网的企业可以通过网络对所需的可靠性信息进行查询和检索，大大提高了可靠性工程的工作效率，实现了数据交换的网络化、数字化和现代化。我国的可靠性数据交换网与国外的先进水平存在很大差距，在传输速度和准确性方面有待加强。可靠性信息通过储存和交换为可靠性工程提供了便利，发挥了巨大作用，真正使可靠性信息成为全社会的共同财富。

2. 可靠性信息系统

可靠性信息系统是指以产品为受控对象，以系统论和控制论为指导，由一定的组织、人员、硬件和软件组成的，按照规定的程序和要求，从事可靠性信息事务，以支持和控制可靠性工程活动的有效运行的系统。可靠性系统包括可靠性数据的收集系统和数据分析系统，它们负责对各种可靠性数据的收集与分析，以满足各项可靠性工作和领导部门的决策需要。数据的收集与分析给信息系统提出了管理要求，信息系统又对数据的收集与分析起到组织、计划与控制的作用，而有效的可靠性信息系统将使可靠性数据的应用价值得到体现，如图 3-1所示。

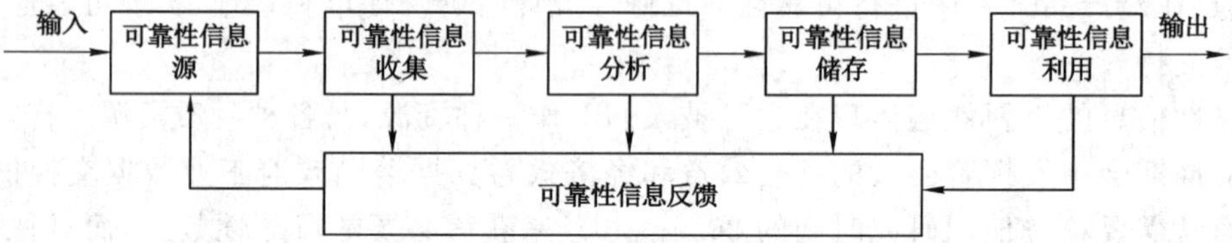

图 3-1　可靠性信息系统示意图

可靠性信息系统的构成主要包括：

(1) 信息源

信息源可以是可靠性设计、研究和生产者（研究所或工厂），也可以是产品的使用者（用户）。

(2) 可靠性数据的收集

可靠性数据大都是用时间表示的量，很难收集齐全，因此就产生了数据收集的技术问题，如抽样观测中断的数据问题，必须给予重视。可靠性数据收集的方法包括“控制式”和“非控制式”。“控制式”方法是培养一批专业人士，编制调查表，有目的、有计划地进行现场调查，准确详细地记录和收集产品的可靠性数据。而“非控制式”方法，就是直接发给有关企业或部门相应的数据调查表格，逐项填写，然后进行回收和分析。前者可以获得较广泛的可靠性数据，后者可以获得准确而有效的数据。应充分结合使用两种方法，从而收集到更好的可靠性数据。

(3) 可靠性数据的处理

因为可靠性数据是经过大量的试验观测得到的，只有达到一定的信息量才能准确地反映可靠性的特征值，所以在可靠性数据处理前，必须注意所收集数据的真实性和信息量。另外统计分析方法的合理性，也是获得可靠性数据的必要条件。由于可靠性试验的观察结果具有随机性，因此简单地罗列一堆原始数据很难看出数据的规律性。为了反映数据的规律性，通常用具有代表性的统计特征量来表示，数据的集中性可以用算术平均值、几何平均值、中位数、众数等来表示，数据的分散性可以用极差、方差、标准方差等来表示。但这些统计特征量并不能完全反映样本数据的整体面貌，所以往往需要对整批数据进行统计分布分析，包括图估法、分布类型的假设分析、分布参数的点估计、区间估计法等等。综上所述，数据处理的合理性和统计分析的置信度是可靠性数据工作的关键。

(4) 信息流

信息流即以信息载体为媒介所形成的信息流程，由信息收集、加工处理、储存、反馈与交换等基本环节所组成。可靠性信息流在可靠性信息系统中是一个不断循环的闭环流动过程。

3. 可靠性信息管理

可靠性管理是通过制定目标、组织实施、督促检查，并根据检查取得的信息及时做出处理决策，来控制和提高产品可靠性，完成管理上的一个个循环。可靠性信息管理是可靠性管理的重要组成部分，是保证和衡量产品可靠性的依据，是应用和发展可靠性技术，实施可靠性工程的基础。

可靠性信息管理的主要内容是可靠性信息的收集、处理、储存和交换。可靠性信息可以分为 A、B 两大类：

A 类信息是具体的数字数据，包括：质量认证数据，质量评估数据，失效率数据，寿命试验数据，可靠性筛选数据，储存试验数据，现场使用数据等。

B 类信息是可靠性文献资料，包括：可靠性试验报告，故障分析报告，可靠性标准和规范，可靠性技术文献，可靠性研究报告和技术成果，主要产品型号、规格、性能和生产厂家等。

可靠性信息管理的主要任务包括：

① 收集、分析、处理和积累可靠性信息，包括可靠性试验数据，现场使用数据，以及有关报告、文献和各种数据库提供的数据。

② 对可靠性数据按不同类别进行传递、反馈，使数据在可靠性工程中发挥作用。

③ 定期提出质量动态分析报告。

④ 对失效产品进行初步分析，提出改进措施。

⑤ 指导质量统计员的业务活动，健全企业的数据反馈网络。

要实现可靠性管理的目标，必须使可靠性信息流动形成闭环。在提高可靠性过程中，可靠性闭环管理的有效方法是合理建立和有效利用失效报告，并建立分析与纠正措施的可靠性信息系统。一切可靠性活动都是围绕失效展开的，都是为了防止、消除和控制失效的发生。所以，对研制、制造、试验过程中出现的失效，一定要抓住不放并充分利用失效信息去分析、评估和改进产品的可靠性。失效信息的收集和处理应按规定程序进行，以使失效信息形成闭环。

失效处理的程序也可按图 3-1 可靠性信息系统的信息流动方式来处理。失效信息首先通过失效报告方法来收集和处理。在研制、制造和试验过程中发生的所有硬件和软件的失效均按规定的格式和要求进行记录，在规定的时间内向规定的管理级别进行报告（包括协作和供应单位在研制生产过程中的失效信息和使用单位在使用过程中的失效信息的收集）。

根据失效信息，按以下程序进行失效分析：① 失效调查与实施；② 工程分析；③ 统计分析。

通过失效分析查明失效原因，以便有针对性地采取纠正措施。纠正措施要经过分析、计算和必要的试验验证，并经评审通过后付诸实施。失效纠正活动完成后，应编写失效分析报告，汇集失效分析和纠正过程中形成的各种数据和资料，并立案归档。在上述可靠性信息的闭环管理中，实现了产品的可靠性增长，也为防止类似失效的重复出现奠定了基础。

例 3-1 汽车可靠性数据收集与分析。

根据汽车可靠性试验数据的特点，应用数据库理论，建立汽车可靠性试验的数据收集与分析系统，说明数据库的结构及其功能，对汽车可靠性试验数据的分析方法进行探讨。

汽车可靠性试验数据库的建立参考国家汽车质量监督检验测试中心对汽车行业进行的15 000 km整车质量抽查试验的内容。汽车可靠性行驶里程分配如下：一般公路，2 500+12 500×C_1；山路，12 500×C_2；高速公路，12 500×C_3；强化环路，12 500×C_4。其中C_1、C_2、C_3、C_4分别为试验场定型可靠性试验规程规定的基本型车定型可靠性行驶里程中的一般公路、山路、高速路、强化环路所占的比例。汽车可靠性数据来源于两大类：一类是描述汽车特性的，如产品名称、车牌号、车型等，表示汽车某一方面的特征；另一类是描述故障特性的，如故障部位、故障模式、排除故障措施等，表示故障某一方面的特征。以某品牌某车型的数据为例，见表 3-1。

表 3-1 某品牌某车型的故障数据表

整车特性		故障特性	
产品名称	轻型客车	故障部位	油底壳
车牌号		故障模式	漏油
车型号	SQJ6481B	故障类别	3
生产厂家		故障里程/km	2 584.6
质量等级	合格	故障排除措施	更换密封垫

根据上面的数据建立汽车的可靠性数据库，编制相应的管理程序。形成完整的数据库系统，可以实现数据输入、检索、维护等一系列功能。

第二节 可靠性数据收集的内容与方法

一、可靠性数据收集的基本要求和内容

1. 可靠性数据收集的基本要求

对可靠性数据收集的要求是根据产品寿命周期内不同阶段有不同的分析需要决定的。数据的需求是对所要获取数据的目的进行分析的过程，有了需求分析才能确定数据的收集点、收集方式、收集内容等。因此，从总体上来说，收集到的可靠性数据要尽量满足产品寿命周期内不同阶段的不同需求。然而，数据本身的质和量对数据分析的结果影响也很大。因

此，从统计观点看，要求收集到的能够处理的数据量尽量大一些，因而在费用允许的条件下，获取更多的数据是数据收集的基本要求。在对数据满足一定量的条件下，对收集到的可靠性数据有如下的基本要求：

① 真实性。可靠性数据的真实性是准确进行可靠性分析的前提，只有对产品数据如实记录和描述，才能准确判断问题。无论是试验数据还是现场数据都必须能够真实代表产品实际状况，特别是对产品故障的描述，应针对具体产品，对其发生故障的时间、原因、故障现象、造成影响和处理措施均明确记录。

② 连续性。收集的可靠性数据要求具有可追溯性，随着时间的推移，能够反映产品可靠性的趋势。为了保证数据具有可追溯性，要求数据的记录要连续。其中最重要的是产品在工作过程中所有事件发生的时间记录以及对所经历过程的描述。在对产品实行可靠性监控和信息的闭环管理时，连续性更是对数据的基本要求。

③ 完整性。在可靠性工程中，要求所记录的数据尽可能完整，即对某一次故障或维修事件的发生，包括故障产品本身的使用状况及该产品的历史及送修、报废等都应尽可能记录清楚，这样才能对产品的可靠性进行全面分析，也有利于更好地制定改进及维护措施。

为了有效地收集可靠性数据，收集数据的整个过程要注意全面性、合理性和方便性。所谓全面性就是要尽量利用整个过程的各个信息，使记载的项目全面，内容尽可能详细。所谓合理性就是能准确记载产品的工作条件、工作时间和故障情况，记录的信息合理地反映客观现实。所谓方便性就是设计的报表要便于记载、便于分类查找、便于统计分析、便于保存，总之，方便数据的分析和使用。同时要保证原始数据具有足够的信息量，只有达到一定信息量后，才能使后续分析可靠性的结论准确可靠。

2. 可靠性数据收集的内容

收集可靠性数据必须准确和齐全。当承载着大量可靠性数据的资料汇集到分析人员的手中时，如果发现缺少某些内容，就无法对这些数据进行准确的分析，或得到合理的结论，因此在收集前必须明确收集的内容。主要包括：

① 收集对象，例如产品、系统、材料、零部件等具体事项。

② 环境影响，例如温度、湿度、地区、工作环境等影响。

③ 使用条件，例如应力大小、人机界面、维修情况及效果等条件。

④ 失效状况，例如故障性质、失效时间、寿命数据等信息。

可靠性数据存在于产品寿命周期的各个阶段，贯穿产品的设计、制造、试验、使用、维护的整个过程。

二、可靠性数据收集的方法

可靠性数据收集的方法主要有以下几种：

① 直接收集法，即由可靠性设计或管理人员亲自动手直接收集。此法精度高，成本也高。

② 调查表法，即把要收集的内容制成调查表发给用户，由使用者填写后寄回。此法简单、成本低，但回收率不高，精确率也有问题。

③ 定期反馈法，即在产品的主要用户、专业维修厂家、经销商和技术服务网点，建立使用档案，定期反馈故障数据和失效规律。此法成本低，但精度不高。

④ 可靠性试验法，即为了评价和验收产品的可靠性，有意识、有计划地组织一些试验，

从而取得必要的试验数据。此法效果好，但成本高。

三、可靠性数据分类

收集的可靠性数据可分为实验室数据和现场数据。

（一）实验室数据的收集

1. 实验室数据收集的特点

产品可靠性是设计出来的，但必须通过试验予以验证。实验室得到的试验数据是在受控条件下，有计划进行可靠性试验得到的数据。通过可靠性试验可以暴露设计中可能存在的问题，对其加以改进使可靠性逐步增长，最终达到预定的可靠性水平。可靠性试验是为提高产品的可靠性而进行的有关系统、产品的失效及其效应的试验。实验室试验原理就是模拟真实工作条件，将各种工作模式及应力按照一定时间关系，按一定循环次序反复施加到受试产品上，经过对试验数据进行失效分析和处理，将信息反馈到设计、制造和管理部门进行改进，从而提高产品的固有可靠性。从实验室得到的数据是质量优良的数据，因为数据的收集者往往是分析数据的本人，对试验目的、方法完全了解，他们亲自参与到试验中去观测、记录数据，所获得的数据的不确切性要小得多。

然而实验室的可靠性试验不同于一般的功能试验或现场试验，具有以下特点：

① 破坏性项目比较多。没有破坏性试验就得不到足以证明可靠度水平的证据。虽然可靠性试验不能说都是破坏性的，但大部分是破坏性的。

② 试验时间长。破坏性试验需要足够长的时间，没有足够的时间就难以取得足以说明可靠度水平的数据。

③ 试验条件设定困难。实验室试验的条件必须很好地模拟实际使用的条件和状况，从而需要广泛的知识来预测故障。

④ 样本数量较大。试验的数量要得到保证，尤其对于故障率低、可靠度高的产品。没有一定的样本，不发生故障，就不可能准确估计母体真实情况。

⑤ 重视故障分析。实验室中的可靠性试验是在受控条件下进行，在试验中发生了失效或故障，及时分析原因，追查失效因素，提高其可靠性相对比较容易。

当然在产品寿命周期的各个阶段，通过实验室的可靠性试验数据来检验分析产品的可靠性，还要与产品的可靠性设计、生产制造技术和各种试验方法相配合，才能得到理想的效果。

2. 可靠性试验的目的

可靠性试验是为了了解、分析和提高产品的可靠性而进行的试验的总称，所以从广义上说，凡在设计、制造和使用过程中为确认可靠性水平而进行的试验都可称为可靠性试验，或者说可靠性试验是指为了验证产品在规定时间内、规定使用条件下，能否实现规定功能而进行的试验的总称。

可靠性试验的实施内容显然是根据可靠性试验的目的而变化的。而可靠性试验的目的根据实际情况也是不同的，是多种多样的，归纳起来主要有以下几种：

① 摸底了解产品在各种条件下的可靠性特征，包括寿命或强度的分布模型、可靠性的数字特征，为可靠性决策提供必要的信息。

② 鉴定已投产的产品或新产品，进行可靠性鉴定以判断设计和生产工艺是否符合可靠性要求，发现在设计、材料和工艺方面的各种缺陷，为提高新产品的可靠度提供努力的方向。

③ 验收判断产品是否符合或达到可靠性水平规定的指标(定量要求),是否满足用户需求,以使用户决定是否接受产品,同时预测产品或系统的可靠度,为改善设备完好率、降低失效率、减少维修费用和保障费用提供理论依据。

可见,可靠性试验的目的就是对产品可靠性的各种特征量进行摸底、鉴定和验收。可靠性试验也是一种有助于改进产品可靠性的有效方法。

3. 可靠性试验的方法

正因为可靠性试验的上述目的,可靠性试验有很多种类型方法:

(1) 按试验目的可以分为两大类四种类型(图 3-2)。

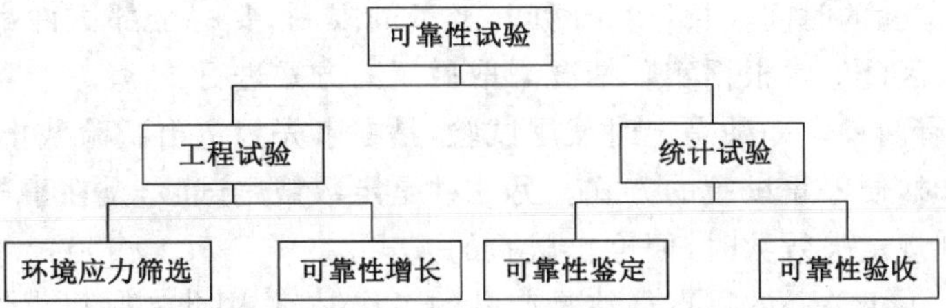

图 3-2　按试验目的进行的可靠性试验分类

① 工程试验的目的是发现产品设计、工艺、元器件、原材料等方面的缺陷,并加以排除,提高产品可靠性。

② 统计试验的目的是验证产品是否达到规定的可靠性要求,而不是了解产品的寿命或存在的缺陷。

(2) 按破坏性质也能分成两大类四种类型(图 3-3)。

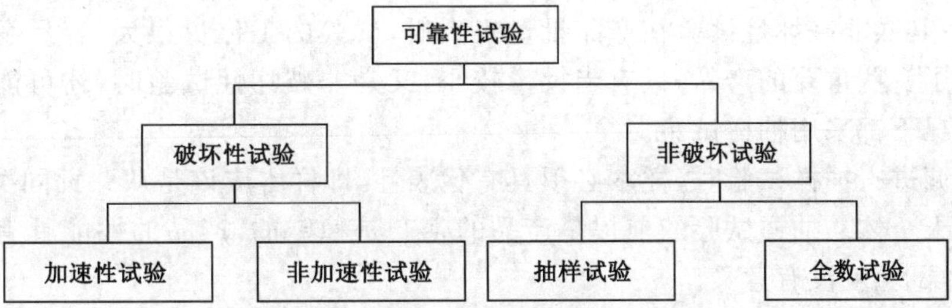

图 3-3　按破坏性质进行的可靠性试验分类

① 破坏性试验是指试验实施后会改变产品使用价值的试验,或者使产品受到破坏的试验,例如抗拉试验、弯曲试验、电镀表面腐蚀试验等。

② 非破坏性试验是指试验完成后不改变产品使用价值的试验,例如超声探伤试验、X线透视试验、显微技术试验等。

(3) 进一步分析可靠性试验,还有加速性试验、截尾试验和抽样试验等特殊试验方法。

① 加速性试验。加速性试验是为了缩短试验时间而按更严格的条件(包括工作应力)展开的对试验产品或系统的可靠性的评定。从理论上应该按实际使用条件来进行试验分析和评价,但由于时间和经济上的原因,总希望在较短的时间内用较少的费用得到合理满意的试验结果。加速性试验的基本思路是利用加大应力(诸如热应力、电应力、机械应力等)的方法来加速产品失效,缩短试验时间,运用加速寿命的方法来估计产品在正常工作应力下的可

靠性特征值。

加速性试验的方法很多,但其前提是不改变故障的基本机理和模式,只是通过强化使用条件进行试验来外推产品寿命。如果改变了产品的失效机理,就无法外推产品寿命,这样的试验就毫无意义。

加速性试验在严苛条件下观察到的寿命值(或故障率)同正常条件下观察到的寿命值(或故障率)之间有一定的规律性,利用此种规律性可以剔除可靠度低的零件,预测正常条件下的寿命(或故障率)并确定产品或零部件的安全裕度。

② 截尾试验。截尾试验是为了缩短试验时间而采取截尾方式进行的可靠性试验。可靠性产品的寿命试验的时间较长,由于时间、经费的限制,要将全部试件都进行到失效再停止是比较困难的,因此经常根据实际情况采取截尾的方式进行。

截尾试验也有两种。一种是定时截尾试验,是在事先规定出试验截止的时间,当试验进行到规定的时间时,便停止试验的方式。另一种是定数截尾试验,是在事先规定出一个失效数,当试验进行到规定失效数时,便停止试验的方式。

一般情况下,由于关心的重点往往是产品的工作时间,因此实际可靠性试验经常使用的是定时截尾试验。

③ 抽样试验。可靠性抽样试验是为了节省可靠性试验的工作量,从整批产品中抽取一部分作为样本进行可靠性试验,并根据样本的试验结果判断全部产品可靠度的试验方式。这是一种经济可行的科学方法,既可在一定程度上反映出整批产品的可靠性水平,又能减少时间、费用和工作量。例如在母体为 1 000 件产品中抽取 50 件子样进行可靠性试验,通过这 50 件的试验数据来判断 1 000 件产品母体的可靠性水平。

在生产高度发展的今天,抽样试验势在必行。首先破坏性试验在实际工作中不可能进行全数试验;其次非破坏性试验在产品批量很大时,试验的工作量很大,容易发生漏检和错检。因而除了一些重要的产品,只有当批量较小,又是非破坏性试验时,才可能采用全数试验。一般情况下都采用抽样试验。

必须强调进行抽样试验时,样本必须具有代表性,即样本应该是从一批同类型产品中随机抽出的若干个体。抽样试验的前提是产品的生产是稳定的,产品的性能具有较好的一致性,否则抽样试验就没有意义。

可靠性抽样试验方法与产品质量的抽样检验相类似,但有其特点:在方法上为了缩短试验时间,往往采用截尾方式和加速试验方式;在目标上,评价尺度为 MTBF、故障率 λ 或可靠度等。

而每一个具体的可靠性抽样试验方案,往往与一条可靠性抽样特性曲线相对应。

4. 实验室数据收集的程序

由于可靠性试验的目的不同,实验室数据收集的程序也有所不同,但一般情况下可以把其流程归纳为图 3-4 所示的情况。

(1) 明确数据目的

根据工作的需要和提出的问题、产品和系统的最终用途,明确数据的使用目的。只有明确数据使用的目的,才能确定实验室试验的规模、时间和条件。

根据可靠性试验目的,进一步确定可靠性试验要求,应得到的可靠性信息(包括故障率、MTBF、故障模式、故障机理等),同时落实故障判定基准,即构成故障的特征和应用的参数。

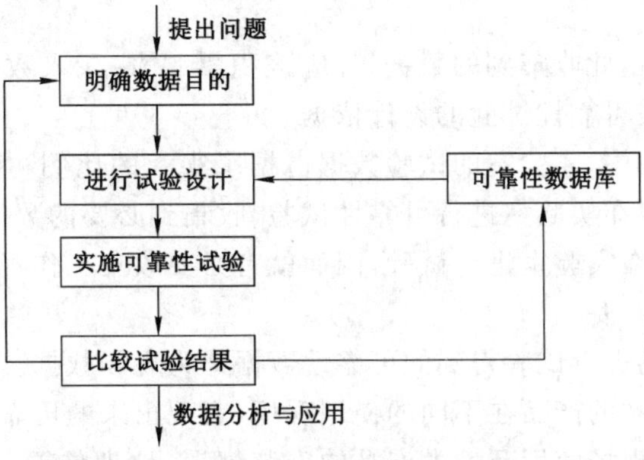

图 3-4　实验室数据收集的程序

故障判定基准应通过专业技术分析来确定，并列入可靠性试验规范中。

(2) 进行试验设计

制定可靠性试验工作的细节和方案，包括：

① 查询可靠性信息。收集相关资料和信息有助于设计合理的试验，同时在试验前如果掌握有一定的可靠性信息和数据，还可进行试验结果的预测和估算，从而做到心中有数。

② 试验条件的确定。

确定工作应力。试验工作应力应该大于设计规定的工作应力，从而排除不可靠的结构和潜在的不可靠的因素，但也不宜过高，以免诱发原有故障以外的故障机理。

确定试验时间。应该确保有一定的时间裕量，从而确保有足够的时间揭示出潜在的故障，但在满足试验要求的前提下，也应尽量缩短时间，从而节省人力、物力、财力。

确定试料的数量。为了保证试验结果的可信性，要保证一定的试验数量，试件数量随置信度要求的提高而增加。但考虑到经济因素又往往按最小试件个数选用。

③ 试验设备的准备。根据试验条件和要求，具体确定试验装置和测量装置，并安排调整、校正、维修和管理工作。试验设备的准备还要考虑样本大小、测量精度、试验规模等因素。

(3) 实施可靠性试验

可靠性试验的实施是一项细致的技术工作，应注意以下事项：

① 精心管理试验设备，维持其功能以保持试验条件的稳定。

② 严格控制可靠性试验的工作条件，确保其稳定在规定的范围内。

③ 加强可靠性管理与进度控制，以及做好试验操作人员的管理工作。

④ 做好可靠性试验的数据记录。特别注意记载由试验人员、试验设备等引起的故障，以及外部干扰引起的故障。

(4) 比较试验结果

通过可靠性试验可以取得一系列的信息及相应的数据，比较试验结果与试验目的要求是否相符。如果不相符，则要分析问题，提出改进措施，并进一步做可靠性试验。如果相符，则要进一步开展数据分析。

在定性分析方面，通过专业技术进行调查研究，弄清故障模式、机理与原因(显性原因与潜在原因)。在定量分析方面，对可靠性分布、可靠性寿命、故障率、MTBF、平均无故障时间做出估计。

但无论相符与否，由此收集到的数据，都应该积累起来，录入数据库，归档保存，作为可靠性预测和进一步开展可靠性试验的设计依据。

在可靠性数据收集中，实验室的试验数据占据了很大的比例，并扮演着重要的角色，但是不是所有情况都可以在实验室进行可靠性试验，收集到必要的数据。特别是复杂的、昂贵的设备，不可能每台都在实验室进行试验，因而就有必要收集工作现场的数据。

（二）现场数据的收集

在产品的使用现场进行试验得到的可靠性数据即为现场数据。产品的使用环境对产品的可靠性影响很大，同样的产品在不同的使用现场，表现出来的可靠性特征值很可能会有很大的差异，而且真实的现场使用环境由产品的安装情况、地理位置、自然条件和完成的任务等因素组成，差别很大且不断变化。在实验室里往往不可能完全逼真地模拟真实的现场使用条件。而且有时现场使用需要很宽的场地、很大的空间、很长的时间，在实验室中可能根本无法满足要求，只能在现场完成。尤其在许多情况下只有在现场真实环境条件下，才能得到准确的可靠性数据，从而做出正确的评价。现场数据反映了产品在实际使用现场和维护条件下的实际情况，是最符合实际的数据，比实验室数据更代表产品的真实表现，因而是极其珍贵的，也是非常重要的数据。

1. 现场数据收集的目的

① 验证产品的可靠性指标。进行产品可靠性的评价和验证，检查产品是否达到了合同规定的可靠性定量要求，以此作为产品验收的依据，或为制定产品合理的可靠性指标提供依据。

② 发现产品实际存在的缺陷。现场数据是在综合复杂的应用条件下，按照实际承担的任务取得的试验数据，有利于暴露产品的缺陷和问题，从而采取有效的措施，提高可靠性水平。

③ 比较实验室试验数据，验证实验室模拟环境和应力条件是否合理，为制定更合理、更切合实际的实验室试验方案提供依据。同时，验证应用实验室数据测定的可靠性指标，推断现场可靠性指标的换算方案。

2. 现场数据收集的特点

现场数据和实验室数据都是可靠性试验数据的重要内容，有许多共同点，如都是在一定的环境条件下，按照规定的要求，完成一定的任务后得到的试验数据，并由此来推断产品总体的可靠性水平。但是现场数据与实验室数据相比还有许多重要的不同点，并由此形成其特殊的优点，具有不可替代性，从而受到普遍的重视。

① 综合性。现场数据的综合性，体现了现场可靠性试验的综合性，包括系统综合（各种功能的分系统和设备以及多种多样接口关系的综合）、环境综合（承受自然环境的温度、湿度、压力以及气候变化时，风、沙、雨、雪等综合影响）和配套综合（与之配套的后勤保障、设备维修的综合效益），从而获得综合的可靠性度量结果，是评估产品适用性的重要依据。

② 真实性。现场数据的真实性反映了产品使用的真实性，实际上现场试验环境条件的综合性是产品实际使用真实性的基础。只有在真实环境中的实际使用，才能获得较准确的可靠性数据，用其来评估设备的可靠性，才有较高的可信度，才有真正的价值。

③ 经济性。现场数据的经济性体现在获得这些数据可以是低成本的。如果要单独进

行产品的现场试验，其耗资可能是巨大的，但如果结合用户使用过程进行，由使用单位协助收集，则具有样本多、使用条件真实的特点，还可以大幅度降低成本，大量节省费用。

三、大数据背景下的数据收集

大数据背景下，可靠性数据收集是指在大数据环境下获取和收集高质量、准确可靠的数据的过程。在大数据时代，数据的规模不断增大、多样性不断增加，因此确保数据的可靠性对于数据分析和应用至关重要。

1. 传统数据收集与大数据收集的区别

随着技术的发展，传统数据及大数据已经成为当前数据领域中的两大重要类别。传统数据是基于结构化数据的，以结构性为核心，包括各种类型的文本、图像、视频等。而大数据则是基于多样化的数据形式，包括电子邮件、社交媒体、视频流、传感器数据等。相比传统数据而言，大数据的数量巨大，可以快速分析及挖掘出各类信息，从而带来更多的商业机会和社会价值。然而在实际应用中，大数据面临着许多的挑战，由于数据量的巨大和多样性，传统的数据处理和存储方案已经无法胜任，如数据获取、存储处理、分析等。但传统数据则相对于大数据来说会更为稳定和易于管理。

传统数据收集与大数据收集的区别如表 3-2 所示。

表 3-2　传统数据收集与大数据收集的区别

项目	传统数据收集	大数据收集
数据规模	相对较小	非常庞大
数据类型	主要处理结构化数据	数据类型更加丰富，包括结构化、半结构化和非结构化数据
数据处理方式	通常依赖人工手动处理和分析数据，容易受到人为主观因素的影响	依靠计算机算法进行数据的处理、挖掘和分析，能够更客观、准确地发现数据之间的关系和规律
数据源数量和种类	数据源有限	从各种互联网、物联网等数据源中获取大规模、多维度的数据
数据处理速度	需要耗费大量时间和人力、物力进行数据收集和整理，数据处理速度相对较慢	利用自动化工具和算法，能够快速地采集和处理大规模的数据

传统数据收集与大数据收集在数据规模、数据类型、数据处理方式、数据源数量和种类、数据处理速度以及数据的应用价值等方面存在明显的区别。大数据收集具有处理海量、数据多样化、可利用计算机算法进行自动化处理等特点。随着大数据技术的发展，大数据收集和处理能够克服在传统数据收集方面存在的一些不足，提供更高效、准确、安全的数据支持，为各行各业的决策和创新带来更广阔的可能性。

2. 大数据背景下的数据收集技术

大数据背景下的数据收集技术是指在大数据环境下，为了获取大规模、多样化的数据，采用的技术和方法。数据收集范围包括研制阶段所有试验数据、现场信息，根据需要还需收集相似产品的相关信息。

实验室的可靠性试验产生的数据一直是支撑产品设计、改良的重要依据，但是真正的可靠性数据其实应该来源于使用现场，即维修数据，或者说现场失效数据。虽然绝大部分的公司都建立了售后维修数据的收集系统，但是大多数仅作为财务目的或者业绩考核的数据来源，如统计保修成本、维修成本、大概的失效数等。

现场失效数据蕴含着丰富的可靠性工程需要的信息，如失效模式、失效影响、使用的环境条件等。但受限于维修数据库本身的设计、现场记录、维修人员的认识水平和知识范围的限制，现有维修数据能够提供的信息是有限的，大多数仅包含了失效时间、部件名称和简单的失效描述。对此，我们能做的可靠性数据分析工作也是很有限的。

传感器技术的发展使得产品在现场使用过程中的参数变化、使用环境条件变化、设备健康度的状况等信息收集得以实现。诚然，该技术发展了很多年，应用已经很成熟。真正的技术瓶颈是数据收集传输的速度、数据的存储介质以及数据分析处理的速度。但是在目前的信息技术面前，这些问题都能够迎刃而解了。高速的网络数据传输速度，GB、TB 级别的存储器，分布式计算、网格计算以及云计算带来的计算速度和方法的巨变已经构成了大数据应用的基础架构。

可以预见的是，未来在设备的关键部件和系统上将会安装传感器收集相应的参数信息，如温度、振动、电流、电压等数据，该数据将被实时或者定期传回公司的中央数据库。在公司内部的基于大数据的智能分析系统中，已经建有成熟的分析和预测模型，如分类决策树模型、回归预测模型等，根据传回的数据，系统将判别设备的健康状况：根据参数变量间潜在的关联关系、因果关系等预测设备在短期内的失效概率；决定是否需要在现有状况下进行设备维护、消耗品更换；现有系统以及各个分系统的长期寿命预计情况。另外，用户的使用习惯、设备的使用环境等因素都将关联到数据库中，对设备的失效分析提供支持。当设备出现失效的时候，其对应的所有数据信息都会被抽取进行分析，包括设计数据、FMEA 数据、材料供应商数据、生产数据、客户数据、历史的运行数据等，综合以上信息，系统将会很快判断出该失效的真正原因，并给出对应的解决措施和成本统计。

3. 大数据背景下数据收集的挑战

大数据背景下的数据收集面临数据量和速度、数据来源的多样性、数据隐私和安全、数据质量和一致性、数据存储和管理，以及法律和伦理问题等挑战。解决这些挑战需要采用先进的数据收集技术，加强数据管理和安全措施，同时注重合乎规范和伦理原则的应用。

大数据背景下，数据收集面临一些挑战，以下是一些常见的挑战：

① 数据量和速度：大数据环境下，数据量巨大且增长迅速，同时数据的产生速度也非常快。因此，如何高效地收集和处理大规模的数据成为一个挑战。传统的数据收集方法可能无法满足大数据的需求，需要采用分布式、并行化的数据收集技术。

② 数据来源的多样性：大数据时代，数据可以来自各种渠道，如传感器、社交媒体、移动应用程序等。这些数据来源的多样性使得数据收集变得更加复杂，需要处理不同格式、不同结构的数据。同时，数据的质量和准确性也需要得到保证。

③ 数据隐私和安全：随着大数据的应用范围扩大，数据隐私和安全成为一个重要的问题。在数据收集过程中，需要确保数据的安全传输和存储，同时遵守相关的法律法规和隐私政策，保护用户的个人信息和数据隐私。

④ 数据质量和一致性：大数据环境下，数据的质量和一致性对于后续的数据分析和应用至关重要。数据收集过程中可能存在数据缺失、错误、重复等问题，需要进行数据清洗和校验，以确保数据的准确性和一致性。

⑤ 数据存储和管理:大数据的存储和管理也是一个挑战。大数据需要大规模的存储系统和高效的数据管理技术,以便快速访问和处理数据。同时,数据的备份、恢复和灾备也需要得到充分考虑。

⑥ 法律和伦理问题:在大数据收集过程中,需要遵守相关的法律法规和伦理规范。例如,需要获得用户的同意和授权,保护用户的权益和隐私。同时,需要避免数据歧视和滥用,确保数据的合法和道德使用。

总之,大数据背景下的数据收集是一个复杂而关键的过程,涉及多种技术并且面临着一些挑战,它为后续的数据分析和应用提供了基础。在数据收集过程中,需要使用适当的技术和方法来获取和处理各种类型的数据,并解决数据量大、来源多样、质量不一致、隐私保护和安全性等问题。同时,还需要合理规划和管理数据存储,以确保数据的可靠性和有效性,以支持后续的数据分析和应用。

4. 可靠性大数据平台

大数据环境下的可靠性工程应用是一个集 IT 信息技术、大数据建模分析技术、专业的可靠性知识和技术相结合的复杂系统工程,需要各方面的专业人才共同努力才能够实现。建立各级可靠性信息管理系统是有效管理和利用数据的根本办法。

从 20 世纪 50 年代起,世界上以美国为首的技术先进国家就已充分意识到这一点,特别是对与军方有关的武器装备的数据管理,由国防部归口,已有一套完善的组织系统。美国有全国范围的政府与工业部门数据交换网(government industry data exchange program, GIDEP)和直属国防部的空军罗姆航空发展中心的可靠性分析中心 RAC(reliability analysis center);有各航空、航天制造公司建立的生产部门的可靠性数据系统,如 FRACAS(failure reporting analysis and corrective action system);有使用单位建立的军种级和基地级的各种可靠性、维修性及后勤保障数据系统。这些组织与美国国防部的各种数据管理机构,保证了其国内数据的来源、需求,数据的收集和分析、处理以及数据的有效利用。

美国国家航空航天局(NASA)全面更新了网站,增加了许多新功能,让开发者可以获得很多非常有价值的数据和接口,并将数据库进行了分类,使从事不同工作的人都能更方便地找到他们所需要的东西。这个网站里收集了 31 382 个数据集、194 个代码库以及 36 个 API 接口,同时 NASA 还不断更新内容。NASA 将这些资源整理为 5 个类别:航天(aerospace)、应用科学(applied sciences)、管理及运营(management/operations)、空间科学(earth science)、Apps。在可靠性领域已经有学者通过对这些数据的分析进行故障预测的工作。

我国从 20 世纪 80 年代开始,也在武器装备各部门逐步建立起各部门和行业的数据管理系统,虽然尚不健全,但也在某些方面起到了有力的作用,尤其是最早建立的全国电子元器件数据交换网以及 1985 年后建立的航空部和国防科工委航空装备质量与可靠性信息网,还颁布了有关信息管理的标准——《装备质量与可靠性信息管理要求》(GJB 1686—93)(已被 GJB 1686A—2005《装备质量信息管理通用要求》替代)。

工业和信息化部电子第五研究所(中国赛宝实验室),又名中国电子产品可靠性与环境试验研究所,是我国最早从事可靠性研究的权威机构。其中有基础支撑信息库和优选信息库,基础支撑信息库包含了 10 000 多种曾用于各型号工程的元器件、500 多种已通过电子元器件质量认证的产品、9 000 多种列入国家新品研制计划的新型元器件、50 000 条以上国外电子元器件信息;优选信息库包括了经实践证明质量稳定、可靠性较高、近期试验合格、工程应用良好、供货有保障的 2 000 多种国产元器件和 1 000 多种进口元器件。

工业和信息化部电子第五研究所推出的六性协同工作平台(CARMES)全面覆盖“六性”建模、分析、设计、试验评估等工作项目,包含 50 多个功能模块和支撑数据库,可帮助构建企业级的六性协同工作环境,实现型号六性信息化设计,满足各军兵种装备的六性设计分析及管理工程需求,实现管理与设计工具的高度融合,在航天、航空、电子、船舶、工程物理、兵器、中科院、通信、院校、轨道交通、电网、通信等领域得到广泛应用。

第三节　可靠性数据分析

一、可靠性数据分析方法

可靠性数据分析按数学方法进行归类,大致可以归纳成图形分析法和数值分析法两大类。图形分析法直观易懂、使用方便,往往可以起到数值分析法不能起到的许多作用。但是,图形分析法也有许多不足,如其所得的结果往往因人而异,同一问题由于不同的人分析可能得到不同的结果。图形分析所得到的定量分析结果精度也比较低。即便如此,图形分析法因为使用方便,对精度要求不高的分析尤其是定性分析来说是一种很好的方法,适用于可靠性数据的初步分析,在工程应用现场,工程技术人员仍然愿意使用它。在实际工程中,建议采取图形分析与数值分析相结合、定性分析与定量分析相结合的方法。

具体来分,可靠性数据的图形分析方法主要有故障数据的排列图分析、因果图分析、直方图分析和概率图分析等。

1. 故障数据的排列图分析

在可靠性数据分析寻找主要原因时,经常要用到排列图。排列图又叫巴雷特图或主次分析图,是一种分析、查找影响质量的主要因素的直观图表。巴雷特是意大利经济学家,最早用此法来统计分析社会财富分布状况,发现少数人占有大量财富,而绝大多数人处于贫困状态,即发现了所谓关键的少数和次要的多数的关系。后来,人们将此种方法用于可靠性数据原因分析,可得到失效的主要原因及次要原因,并进行主要故障模式的分析、故障的责任分析等等。

排列图的基本形式如图 3-5 所示,该图为精密铸件质量缺陷项目主次图。排列图中共有两个纵坐标和一个横坐标,若干个直方图和一条由左向右逐步上升的折线。左边的纵坐标表示频数(如失效故障数等),右边的纵坐标为频率(用百分数表示),横坐标表示影响故障的各个原因,按影响的大小从左到右排列。直方图的高度表示某一原因影响的大小,折线表示各影响原因大小的累计百分比。这条折线又称巴雷特曲线。在排列图中,通常按累计百分比把影响原因根据重要程度分为 A、B、C 三级:

A 级:在排列图中占比例最大,约占累计频率的 70%～80%,是引起失效的主要因素。

B 级:在排列图中比例很小,除去 A 级所占频率,占剩余累计频率的 95%,是引起失效的次要因素。

C 级:在排列图中比例最小,是除去 A、B 级剩余的部分,是引起失效的部分因素。

可靠性数据分析中对主要因素的分析是研究的重点。排列图对 A 类因素的确定为可靠性数据分析确定失效的主要矛盾提供了依据和方法。

如图 3-5 中,“表面”“气孔”“未充”三项占 71%,为 A 级项目,应对这些项目予以重视,

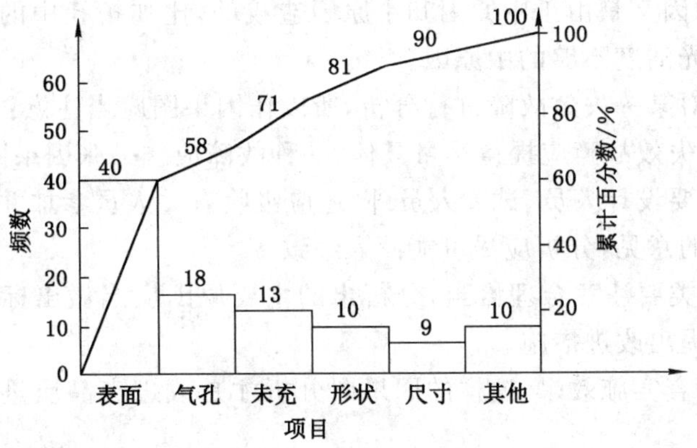

图 3-5　铸造缺陷主次图

尤其是占 40%的“表面”这一项应特别重视。应用主次图时，项目不宜过多，可把不重要项目列为其他项，并排在最后，主要项目要突出。排列分析图的优点是简单明了，可用于故障分析的各个方面，所以在可靠性数据分析和质量管理中经常用到。

2. 故障数据的因果图分析

因果图是分析故障原因的常用方法，由于它形状呈鱼骨状，又称为鱼刺图。所谓因果图法就是通过制作因果图来寻找产生故障原因的一种有效方法。一个失效问题的产生，往往不是一种或两种原因所导致的，而是多种复杂因素综合影响的结果。因果图以某种产品或系统的故障作为结果，以导致产品或系统发生故障的诸因素作为原因，绘出图形。首先分析那些对产品或系统故障影响大的原因，进而从大原因出发，寻找中原因、小原因和更小的原因。这样层层深入分析研究，从错综复杂、多种多样的故障原因中，查明和确定主要原因，从而对症下药，采取有效措施解决问题。因果图就是用箭头表示小原因→中原因→大原因→某种结果之间因果关系的图形。

例如图 3-6，是对于某轴承光洁度达不到指定要求而作出的按工序分类的因果图。因果图中，主干导致的结果是故障，各大分枝上的原因都是造成故障的原因，而大分枝上的原因又是小分枝上所列原因造成的。

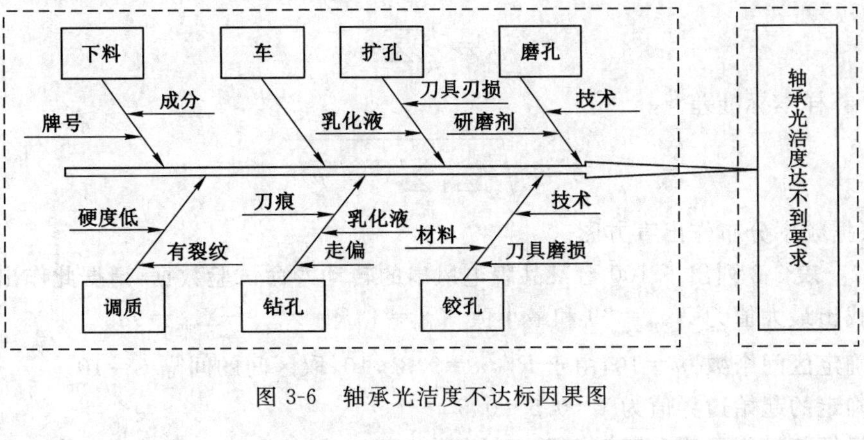

图 3-6　轴承光洁度不达标因果图

如从图 3-6 中可以看出，导致轴承光洁度达不到要求的原因，有下料、磨孔、扩孔等几个大原因，而每个大原因又是由于中原因和小原因造成的，比如扩孔中的刀具刃损，乳化液和研磨剂是造成轴承光洁度不够的中原因。

由于因果图是对某一失效故障进行分析，所以作因果图应当注意：

① 所要分析的失效故障应提得尽量具体，一种故障应作一张因果图。

② 作图时除主要设计人员、试验人员外，还应吸收有关人员参加并充分发表意见，特别应当重视现场人员的意见，分析应尽可能深入细致。

③ 各种原因归类要注意合理恰当，分析出的主要原因应当做出标记，通过试验进行验证并到现场调查后提出改进措施。

制定对策，并检查实施效果，这样的因果图分析才是改进产品质量、提高可靠性的有效工具。

因果分析图与排列分析图各有侧重点，两者优势互补，配合使用，其效果将更佳，往往能取得事半功倍、意想不到的效果。

3. 故障数据的直方图分析

直方图也称数据分布图，由于其由若干直方形排列起来而得名。在可靠性数据分析当中，直方图是用来整理故障数据，找出其规律性的一种方法，它以横坐标表示可靠性数据的特性值，以纵坐标表示数据落在各个区间的频率，直方柱的高度表示各组的频数。直方图有两种重要作用，一是可以把经过整理的可靠性数据用图形的方式直观地表示出来，二是通过对图形形状观察的分析初步估计该样本的总体分布。直方图的具体作法：

① 在收集到的一批数据中，找出数据的最大值 X_{max} 和最小值 X_{min}。

② 确定区间个数。直方图的区间个数大约为$\sqrt{n}$并取整数，其中 n 为数据的个数。

③ 确定区间间隔 C。区间间隔 C 为极差 R 除以$\sqrt{n}$，得到一个近似的值，为便于计算平均数与标准差，数据常取为 2、5 或 10 的倍数。

④ 确定各区间边界。令 X_{min} 减去最小分辨值的一半为起始边界，逐次增加区间间隔 C，以此类推逐步确定各区间的边界值。

⑤ 计算各区间的中心值，各区间中心值 t_i =（上限＋下限）/2。

⑥ 计算落入各区间的频数，并检验频数的总和应等于数据的总数。

⑦ 计算样本平均值

$$\hat{\mu} = \frac{1}{n}\sum_{i=1}^{n} t_i \tag{3-1}$$

⑧ 计算样本标准差

$$\hat{\sigma} = \sqrt{\frac{1}{n-1}\sum_{i=1}^{n}(t_i - \bar{\mu})^2} \tag{3-2}$$

⑨ 根据频率分布作出直方图。

例 3-2 表 3-3 列出了 100 台某品牌电风扇的转动寿命试验数据，请据此作出直方图。

(1) 找出最大值为 $X_{max}=99$ 和最小值 $X_{min}=1$，$R=X_{max}-X_{min}=98$。

(2) 确定区间个数$\sqrt{n}=10$，由于 $R/\sqrt{n}=9.8\approx10$，取区间的间隔 $C=10$。

(3) 确定的起始边界值为 1－0.5＝0.5。

(4) 根据起始边界值和区间间隔 C 计算各区间边界值和中心值并列于表 3-4。

表 3-3　某品牌电风扇的转动寿命试验数据

64	45	31	83	63	61	53	36	19	33	47	99	70	82	52	43	47	75	52	76
24	1	93	47	70	84	63	65	56	38	21	57	51	81	22	51	64	70	62	71
73	38	81	68	52	61	71	64	75	41	62	96	64	55	72	61	72	61	14	42
39	67	65	53	64	59	29	72	66	67	54	58	67	42	64	34	43	58	67	42
56	60	71	52	43	52	70	35	62	23	54	20	76	68	62	80	81	34	44	62

表 3-4　边界值和区间间隔 C 的计算

各区间顺序号	各区间边界值	各区间中心值	落在各区间频数
1	0.5～10.5	5.5	1
2	10.5～20.5	15.5	3
3	20.5～30.5	25.5	5
4	30.5～40.5	35.5	9
5	40.5～50.5	45.5	12
6	50.5～60.5	55.5	19
7	60.5～70.5	65.5	30
8	70.5～80.5	75.5	12
9	80.5～90.5	85.5	6
10	90.5～100.5	95.5	3
合计			100

(5) 样本均值为 $\hat{\mu} = \frac{1}{n}\sum_{i=1}^{n} t_i = 56.60$。

(6) 样本标准差为 $\hat{\sigma} = \sqrt{\frac{1}{n-1}\sum_{i=1}^{n}(t_i - \overline{\mu})^2} = 18.49$。

(7) 所作出的直方图见图 3-7。

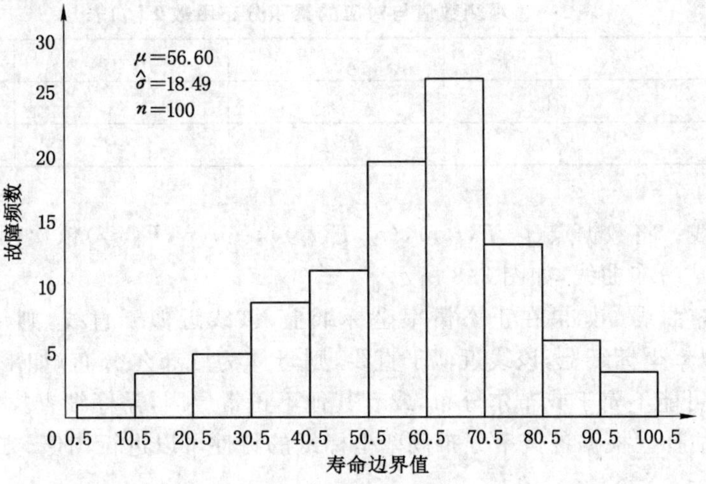

图 3-7　某品牌电风扇转动寿命的直方图

直方图非常直观清楚地表达了可靠性数据的趋中性和分散性，据此可以预测此分布特性，所以在可靠性数据的分析中得到广泛的运用。

4. 故障数据的概率图分析

概率图分析法就是使用各种概率坐标图纸进行分析。这个方法的优点是简单、方便和直观，缺点是精度低。

概率坐标图纸是一种特殊设计的坐标纸，它与普通坐标纸不同。不同的概率分布在普通坐标纸上描绘出的图形是不同形状的曲线，而在相应的概率坐标图纸上作出的则是一条直线。这是因为概率坐标图纸的坐标刻度是不均匀的，制作前会进行适当的坐标变换。常用的概率坐标图纸有指数分布概率纸（即半对数坐标纸）、正态分布概率纸、对数正态分布概率纸、威布尔分布概率纸和极值概率纸。

一般概率坐标图纸的横坐标表示观测到的数值，纵坐标表示累积分布函数值，即累积失效概率。应用概率坐标图法进行分析前，先要把收集到的数据标在概率坐标图纸上，并作出经验分布曲线，其步骤和方法如下：

① 观测数值排序。将一组观测到的数值按照由小到大的次序排队为 $t_1 \leqslant t_2 \leqslant \cdots \leqslant t_n$。

② 对应累积分布函数 $F(t_i)$。累积分布函数有多种，常用的公式有：

平均秩：

$$F(t_i) = \frac{i}{n+1} \tag{3-3}$$

中位秩：

$$F(t_i) = \frac{i-0.3}{n+0.4} \tag{3-4}$$

众数：

$$F(t_i) = \frac{i-0.5}{n} \tag{3-5}$$

式中：i 表示第 i 个数据，见表 3-5。注意此处的中位秩为近似值，实际应用时应查中位秩表。上述三个公式在 n 比较大时数值十分接近，但当 $n \leqslant 20$ 时宜选平均秩。

表 3-5　观测数值与对应的累积分布函数 $F(t_i)$ 表

顺序号 i	1	2	…	n
t_i	t_1	t_2	…	t_n
$F(t_i)$	$F(t_1)$	$F(t_2)$	…	$F(t_n)$

③ 绘点画线。将数据点 $(t_1, F(t_1))$，$(t_2, F(t_2))$，…，$(t_i, F(t_i))$ 依次画在相应的概率坐标纸上，并连接成分布曲线，如图 3-8 所示。

④ 分析分布曲线。如果在正态概率坐标纸上，该线近似于直线，则母体为正态分布。如果在威布尔概率坐标纸上，该线近似于直线，则母体为威布尔分布；如果不近似呈一条直线，那么该数据可能不属于威布尔分布，或有其他不正常原因，需仔细查找才能作出判断。

⑤ 进行点估计。根据各概率分布概率坐标纸的特性可以进行均值、方差以及分布函数的参数估计。

⑥ 置信区间估计。根据百分位秩，可以得到 $F(t_i)$ 的置信上限 $U(t_i)$ 和置信下限 $L(t_i)$，

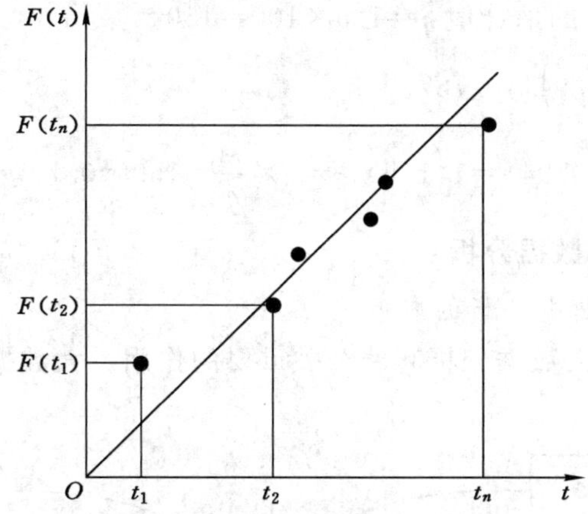

图 3-8　故障数据的概率图

连接$(t_1,U(t_1))$,$(t_2,U(t_2))$…和$(t_1,L(t_1))$,$(t_2,L(t_2))$…,可以得到分布函数曲线$F(t_i)$的置信上限曲线$U(t)$和置信下限曲线$L(t)$。这两条曲线类似于双曲线,两条曲线之间的带形域则构成该分布的置信区间,如图 3-9 所示。

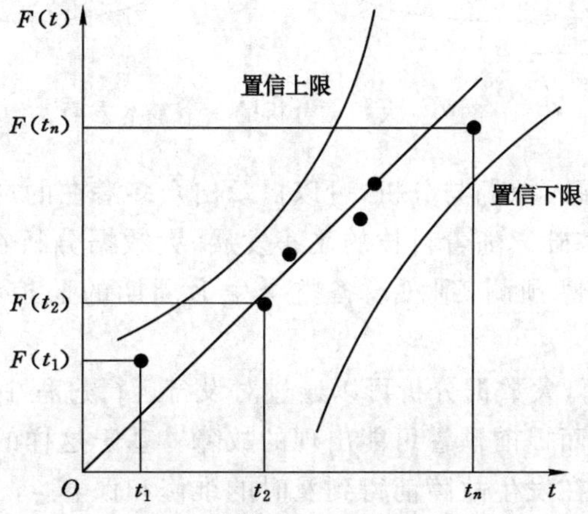

图 3-9　置信与曲线置信区间

例 3-3　对某零件以两倍于规定条件的应力进行加速寿命试验,已知$n=10$发生的故障时间(单位以 100 h 计):0.2,0.35,0.5,0.7,0.9,1.3,1.5,1.8,2.5,3.0,利用威布尔概率坐标纸法求估计值$\hat{\mu}$,$\hat{\sigma}$。

解　查中位秩表得到$F(t_i)$如表 3-6 所示,将数据点$(t_1,F(t_1))$,$(t_2,F(t_2))$,…,$(t_{10},F(t_{10}))$依次画在威布尔概率坐标纸上,连线近似于直线,说明此分布为威布尔分布。

表 3-6　$F(t_i)$数值表

t_i	0.2	0.35	0.5	0.7	0.9	1.3	1.5	1.8	2.5	3.0
$F(t_i)$	0.067	0.162	0.259	0.355	0.452	0.548	0.645	0.741	0.838	0.933

该直线的斜率为威布尔分布的形状参数β的估计值$\hat{\beta}=1.2$。

外推求得尺度参数 η 的估计值 $\hat{\eta}=1.5\times100=150$。

读取 $\frac{\mu}{\eta}$ 和 $\frac{\sigma}{\eta}$ 分别为 0.941,0.787。

则 $\hat{\mu}=\eta\times\frac{\mu}{\eta}=150\times0.941=141(\text{h})$,$\hat{\sigma}=\eta\times\frac{\sigma}{\eta}=150\times0.787=118(\text{h})$。

二、大数据背景下的数据分析

1. 可靠性工程中大数据分析的应用

在可靠性工程领域,大数据分析起着至关重要的作用。大数据分析包括六个基本方面,如图 3-10 所示。

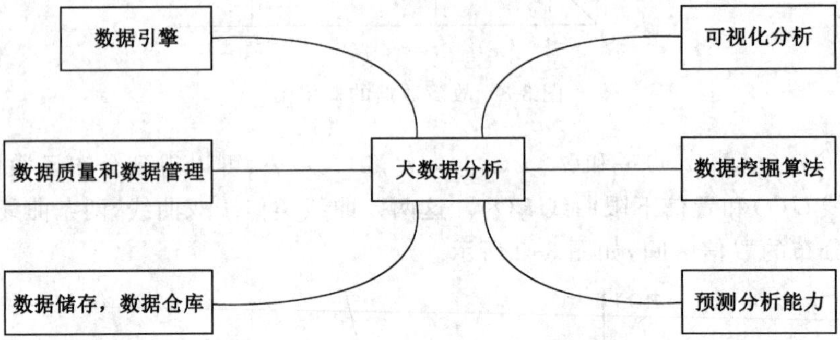

图 3-10　大数据分析的六个基本方面

通过对大量数据的深入挖掘与分析,可以揭示出众多潜在的规律和模式,从而为工程实践提供更为可靠的理论基础。随着科技的飞速发展,大数据分析在可靠性工程中的应用范围不断扩大,从简单的故障预测,到对设备整个生命周期的监控和管理,都发挥着关键的作用。

(1) 在故障预测方面,大数据分析可以通过对设备运行过程中所产生的数据进行挖掘,找出其中的异常现象,从而提前预警可能出现的故障。基于这样的预测,维护工程师可以采取相应的措施,确保设备在发生故障前得到及时的维修和保养。

如在风力发电领域,可以通过对风力发电机组的运行数据进行分析和预测,提前发现机组可能出现的故障,并采取相应的维护措施,以提高风力发电的效率和可靠性。

(2) 在设备监控和管理方面,大数据分析同样发挥着至关重要的作用。通过对设备运行过程中所产生的数据进行分析,可以实时了解设备的运行状态,并判断其是否出现异常情况。此外,大数据分析还可以帮助工程师对设备的历史运行数据进行挖掘,从而找出设备运行的最佳工况点,进一步优化设备的运行效率。

通过将各种设备和系统连接起来,我们可以实现设备和系统的远程监控和维护。同时,我们也可以通过物联网技术来实现对设备和系统的实时监测和诊断。通过这样的方式,我们可以更加便捷地进行设备和系统的维护和修复,提高设备的可靠性和寿命。

(3) 在故障诊断领域,大数据分析已成为一种广泛应用的先进技术。通过对设备故障记录的大量数据进行深入挖掘,我们可以准确找出故障发生的规律和根本原因。基于这些珍贵的数据分析和经验总结,故障诊断工程师可以采取针对性的预防和维修措施,以确保设备在出现故障时能够及时得到有效的修复和保养。这些改进措施不仅提高了设备的使用寿命和稳定性，还为企业的连续生产和高效率运营提供了坚实保障。

我们可以通过分析设备的运行数据，找出设备运行时发生的各种异常情况，如振动、温度变化等。然后，我们可以根据这些异常情况来推断故障的原因，并采取相应的措施来解决问题。

2. 大数据背景下数据分析过程

对于大数据的可靠性分析，主要涉及数据的可信度和质量评估。这是一项重要的任务，因为大数据中的错误、偏差或者异常值可能会对分析结果产生重大影响。大数据可靠性分析的一般步骤如图 3-11 所示。

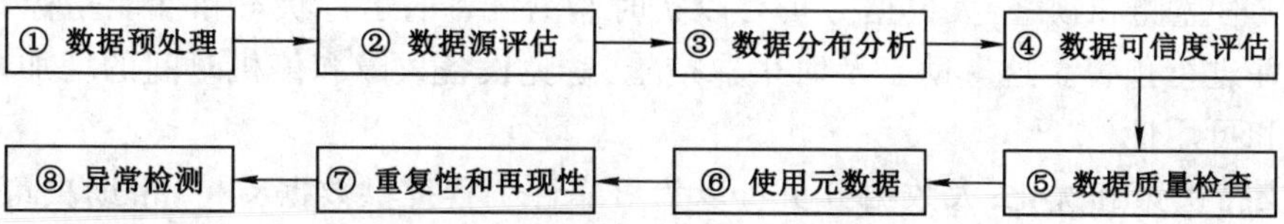

图 3-11　大数据分析的一般步骤

(1) 数据预处理：这是确保数据可靠性的重要步骤。包括数据清理（例如处理缺失值、异常值和错误值）、数据转换（例如将非结构化数据转化为结构化数据）以及数据格式标准化。

(2) 数据源评估：了解数据的来源和收集过程，以评估其可靠性。如果数据是由传感器、调查或者第三方机构收集的，那么我们需要对这些数据进行详细的评估。

(3) 数据分布分析：通过分析数据的分布情况，我们可以了解数据的一般特征和潜在的偏差。例如，可以通过检查数据是否遵循正态分布或泊松分布等概率分布来发现异常。

(4) 数据可信度评估：使用各种统计方法和机器学习方法来评估数据的可信度。例如，可以通过计算数据的集中度、离散度和其他统计量来评估数据的可信度。

(5) 数据质量检查：检查数据的一致性、准确性和完整性。例如，可以通过比较不同数据集或不同时间点的数据来检查数据的一致性；通过与已知的或可靠的数据进行比较来检查数据的准确性；通过检查数据中是否存在缺失值、重复值或异常值来评估数据的完整性。

(6) 使用元数据：元数据是关于数据的数据，可以提供关于数据的详细信息，如数据的来源、收集方法、处理方法等。通过使用元数据，我们可以更好地理解数据，并可能发现数据的潜在偏差或错误。

(7) 重复性和再现性分析：这是指用相同的方法和相同的输入重新分析相同的样本，看看结果是否一致。这种分析可以帮助我们发现任何潜在的数据处理问题。

(8) 异常检测：通过构建模型或算法来识别数据中的异常值。例如，可以使用基于统计、距离、密度、模型等多种方法进行异常检测。

在进行大数据可靠性分析时，需要注意数据的复杂性和多样性。不同的数据可能需要不同的处理和分析方法。此外，还应注意数据的动态性和实时性，因为这些都将影响数据的可靠性。

3. 大数据分析的优势

大数据背景下的可靠性数据分析是指在大数据环境下对数据的可靠性进行分析和评估的过程。在大数据时代，数据量庞大、来源多样，这可能导致无组织、不准确的数据，数据的质量和可靠性成为数据分析的重要问题。

大数据技术在可靠性工程中的应用，有着众多优势：

(1) 提供更全面的数据基础：大数据分析可以处理和分析大量的数据，包括设备运行数据、故障记录、维修数据等。通过对这些数据进行分析，可以获得更全面、准确的信息，帮助了解设备的状态和性能。

(2) 发现潜在的规律：大数据分析可以通过挖掘和分析大量的数据，发现其中的模式和规律。这些模式和规律可能是人工难以察觉的，但对于可靠性工程来说却非常重要。通过发现这些隐藏的模式和规律，可以预测设备的故障和风险，提前采取措施进行预防和维护。

(3) 实时监测和预警：大数据分析可以实时监测设备的运行状态和性能指标，及时发现异常情况并进行预警。这有助于及时采取措施，避免设备故障和停机时间的增加，提高设备的可靠性和可用性。

(4) 支持决策和优化：大数据分析可以为可靠性工程提供数据支持，帮助决策者做出更准确、科学的决策。通过对大数据的分析，可以了解设备的运行情况、故障模式和维修历史，从而制订更合理的维修计划和优化策略，提高设备的可靠性和维护效率。

(5) 提高效率和降低成本：大数据分析可以帮助可靠性工程实现更高效的运作和更低的成本。通过分析大数据，可以优化设备的维修计划和维护策略，减少不必要的维修和停机时间，提高设备的利用率和生产效率，降低维护成本。

4. 大数据分析的发展趋势

随着技术的不断发展和进步，可靠性工程中大数据分析未来的发展趋势也日益明朗。首先，随着5G、物联网等技术的不断发展，未来将会有更多的设备和系统被纳入可靠性工程的大数据分析中，推动可靠性工程与大数据分析的发展；其次，随着人工智能技术的不断进步，未来将会有更多的智能算法被应用到大数据分析中，通过使用这些技术，可以自动化地分析和处理大量的数据，从而提高可靠性工程的效率和准确性；最后，未来可靠性工程的大数据分析将更加注重数据的全面性和完整性，通过将不同来源的数据进行集成和共享，可以获得更全面、准确的数据，从而提高可靠性工程的分析和决策能力。

虽然大数据技术在可靠性工程中具有广泛的应用前景和优势，但也面临着一些挑战和困难。

(1) 数据集成的挑战

① 广泛的异构性：数据类型从以结构化数据为主转向结构化、半结构化、非结构化三者的融合。数据产生方式的多样性带来数据源的变化。

② 数据质量参差不齐：数据量增加不一定代表信息量或者数据价值的增大，相反很多时候意味着信息垃圾的泛滥。

(2) 数据分析的挑战

随着大数据时代的到来，半结构化和非结构化数据量迅猛增长，给传统的分析技术带来了巨大的冲击和挑战，主要体现在：

① 数据处理的实时性：随着时间的流逝，数据中所蕴含的知识价值往往也在衰减，因此很多领域对于数据的实时处理有强烈的需求。在实时处理的模式选择中，主要有三种思路：即流处理模式、批处理模式以及二者的融合。虽然已有的研究成果很多，但仍未有一个通用的大数据实时处理框架。

② 动态变化环境中索引的设计：关系数据库中的索引能够加速查询速率，但是传统数据管理中的模式基本不会发生变化，因此在其上构建索引主要考虑的是索引创建、更高的效率等。大数据时代的数据模式随着数据量的不断变化可能会处于不断的变化之中，这就要求索引结构的设计应简单、高效，能够在数据模式发生变化时快速调整并适应。目前，存在一些通过在 NoSQL 数据库上构建索引来应对大数据挑战的方案，但总的来说，这些方案基本都有特定的应用场景，且这些场景的数据模式不太会发生变化。在数据模式变更的假设前提下设计新的索引方案将是大数据时代的主要挑战之一。

(3) 数据隐私与安全的挑战

数据隐私与安全的挑战主要有以下几点：

① 隐形的数据暴露：大数据时代的隐私保护面临着技术和人力层面的双重考验。

② 数据公开与隐私保护的矛盾：如果仅仅为了保护隐私就将所有的数据都加以隐藏，那么数据的价值根本无法体现。数据公开是非常有必要的，大数据时代的隐私性主要体现在不暴露用户敏感信息的前提下进行有效的数据挖掘，这有别于传统的信息安全领域更加关注文件的私密性等安全属性。

③ 数据动态性：大数据时代数据的快速变化除了要求有新的数据处理技术应对之外，也给隐私保护带来了新的挑战。现有隐私保护技术主要基于静态数据集，而在现实中，数据模式和数据内容时刻都在发生着变化，因此在这种更加复杂的环境下实现对动态数据的利用和隐私保护将更具挑战。

(4) 大数据能耗的挑战

在能源价格上涨、数据中心存储规模不断扩大的今天，高耗能已逐渐成为制约大数据快速发展的瓶颈。从小型集群到大规模数据中心都面临着降低能耗的问题，但是尚未引起足够的重视，相关的研究成果也较少。在大数据管理系统中，能耗主要由两大部分组成：硬件能耗和软件能耗，二者之中又以硬件能耗为主。理想状态下，整个大数据管理系统的能耗应该和系统利用率成正比。但是实际情况并不像预期情况，系统利用率为 0 的时候仍然有能量消耗。

因此，我们需要采取相应的对策来解决这些问题，例如加强数据安全和隐私保护意识，建立完善的数据存储和处理机制，提高数据分析和处理的能力以及技术水平等。只有完成这些挑战，才能更好地发挥大数据技术在可靠性工程中的作用。

可靠性工程中的大数据分析是当前和未来发展的重要趋势和方向。通过大数据技术的应用，我们能够更好地处理和分析海量数据，从而提高产品的可靠性和稳定性。未来，我们需要继续加强大数据技术的研发和应用，从而为可靠性工程的持续发展注入新的动力和活力。

习　题

1. 可靠性数据有哪些统计特性？
2. 可靠性信息与可靠性数据有何不同？
3. 可靠性信息系统包括哪些内容？
4. 可靠性信息管理的主要任务是什么？

5. 可靠性数据收集的基本要求是什么？

6. 简述可靠性数据收集的内容。

7. 简述可靠性数据收集的方法。

8. 可靠性数据的图形分析方法主要有哪几种？

9. 对一批轴承做疲劳寿命试验，得到的数据如下：54，120，200，290，355，432，521，605（单位：10^3 h）。若其服从三参数威布尔分布，求其参数。

第四章　典型系统可靠性模型

第一节　系统与系统模型分类

一、系统分类

在系统可靠性中，对“系统”的定义是：由若干单元（可以是零件、部件或子系统）有机地组合起来，可完成某一功能的具有一定输入、输出特性的综合体。

由于研究的范畴和对象都不同，对系统的定义也就不同。系统与部件（子系统元器件）的区分是相对的，每一个系统对于它所从属的更大系统来说，又称为分系统；对于大系统来讲，它的各个分系统本身又可以单独成为一个系统，这个系统又可以分若干子系统。

二、系统模型分类

系统的可靠度取决于两个因素：一是单元本身的可靠程度，另一是其组合方式。在单元的可靠度相同的前提下，由于组合的方式不同，其可靠度是有很大差异的。

如同电路一样，单元相互组合的形式基本上有两种，如图 4-1 所示，一是串联方式（称串联系统），另一是并联方式（称并联系统）。其他更复杂的单元的组合，基本上就是这两种方式的组合与引申，如并-串联系统。在并联系统中又有工作贮备与非工作贮备系统之分。在工作贮备系统中又分为纯并联系统与表决系统等。本书就其中主要方面进行介绍。

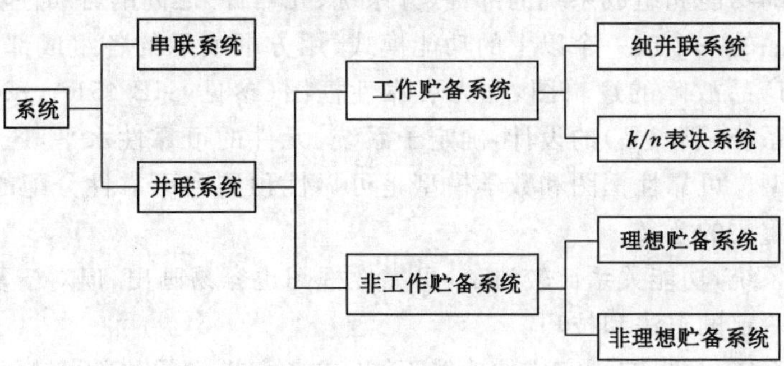

图 4-1　系统模型分类

1. 串联系统

所谓串联系统，就是系统中单元之间的失效时间随机变量互为独立，如果有某一单元发生故障，则引起系统失效的系统。如锚链就是这样的组合形式，如果其中某一环节断裂，整个链条就失效。

2. 并联系统

并联系统有时也称并联冗余系统。为了提高系统可靠性，在系统的工作过程中需有一定的贮备。因此，并联冗余系统就是为完成某一工作目的所设置的单元，除了满足其运行要求之外，还有一定冗余的系统。并联系统又可分为：

(1) 工作贮备系统

工作贮备系统是使用多个单元来完成同一任务的组合。即在系统中，所有单元一开始就同时工作，但其中任何一个单元都能单独支持整个系统运行的系统。也就是说，在系统中，只要不是全部单元失效，系统就可以正常运行。这种例子也是很多的，如飞机采用多个发动机的设计就考虑了这个问题。

工作贮备系统中，也有要求两个以上单元正常工作，系统才能正常工作的系统，如 $k/n(G)$表决系统，n 为组成系统的单元数，k 为要求至少同时正常工作的单元数。

(2) 非工作贮备系统

系统中，单元的某一个或多个处于工作状态，其他单元则处于“待命状态”，即不投入运行；当某一单元出现故障后，处于“待命状态”的单元即通过转换开关投入工作状态的系统，称非工作贮备系统。

以上两种比较起来，非工作贮备系统的可靠度要比工作贮备系统高。这是因为工作贮备系统，尽管它的每个单元都不是满负荷运行，但它们毕竟带着一定负荷在运行，设备的磨耗总是存在的，而非工作贮备系统就没有这个问题。但非工作贮备系统则存在着当处于运行的单元出现故障时，即将投入运行的待命单元是否失效的问题。因此，贮备系统根据贮备单元在贮备期内是否失效可分为两种情况：一种是贮备单元在贮备期内失效率为零，另一种是贮备单元在贮备期内也可能失效。

三、系统的结构框图与可靠性框图

系统的结构框图和可靠性框图是两个不同的概念，但往往被人们所混淆。系统的结构框图是表示组成系统的部件(分系统、元器件)之间的物理关系和工作关系，而系统的可靠性框图是描述系统的功能和组成系统的部件(分系统、元器件)之间的可靠性功能关系。

对于复杂产品的一个或一个以上的功能模式，用方框表示的各组成部分的故障或它们的组合如何导致产品故障的逻辑图，称为可靠性框图(参见 GJB 451A—2005)。可以用可靠性框图来评价系统(或产品)的设计，确定子系统、元件的可靠性水平，还可以进一步抽象出系统的数学模型。可靠性框图和数学模型是可靠性预测和可靠性分配的基础，在可靠性技术中具有十分重要的意义。

对于简单的系统，功能关系比较清楚，可靠性框图也容易画出，但对于复杂系统，要搞清其功能关系需要一定的方法和技巧。

对于同一个系统，如果它所完成的功能不同，或者定义它的失效状态不同，其可靠性框图的形式也可能是不同的。下面举几个实例来说明。

(1) 流体系统

图 4-2(a)表示控制管中流体的两个阀门 1 和 2 在结构上是串联在一起的。

如果其功能是为了使液体流通，则两个阀门有任何一个打不开(关闭)，系统就不能正常工作，其可靠性框图(功能模型)表示为一个串联系统，如图 4-2(b)所示。

如果该结构的功能是为了截住流体，则任一阀门能关闭，就能保证系统的正常，只有两个阀门均不能关闭时，系统才失效，所以其可靠性框图表示为一个并联系统，如图 4-2(c)所示。

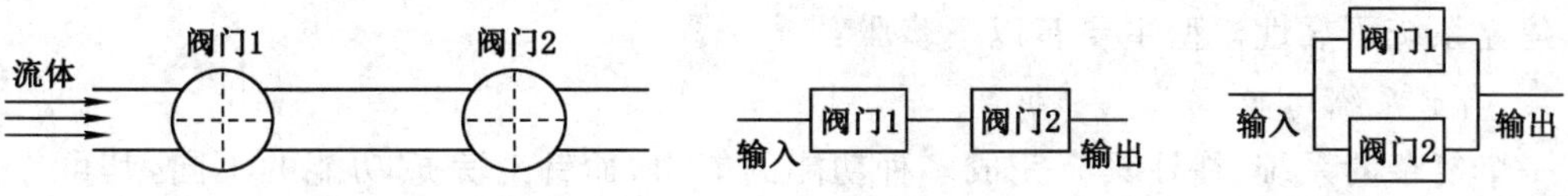

(a) 物理模型　　(b) 串联　　(c) 并联

图 4-2　流体系统

系统单元间的物理关系与功能关系是两个不同的概念，必须注意它们的区别。可靠性框图应从可靠性的角度来表示逻辑功能关系。

(2) 电容器系统

电路中经常使用并联电容器，如图 4-3(a)所示，对于这个系统，从可靠性角度来讨论就有两种分析结果。

如果所设计的系统在电容器短路时失效，显然，任何一个电容器失效均会导致该电路系统失效，从功能关系来看，该电容器系统的可靠性框图应表示为一个串联系统，如图 4-3(b)所示。

若系统的失效模式定义为开路，电容器以开路失效为其失效模式，则此时系统的可靠性框图就表示为一个并联系统，如图 4-3(c)所示。

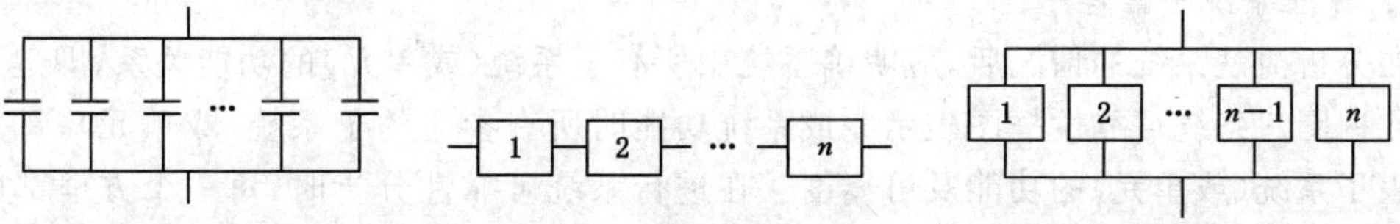

(a) 电容器模型　　(b) 串联系统　　(c) 并联系统

图 4-3　电容器系统

(3) 振动系统

振动系统的力学模型如图 4-4(a)所示。振动系统中各要素有：弹簧刚度 K、系统阻尼 C、外摩擦力 f、外载荷 F。可以根据其力学特性，利用各要素间的相互关系，建立振动方程，也

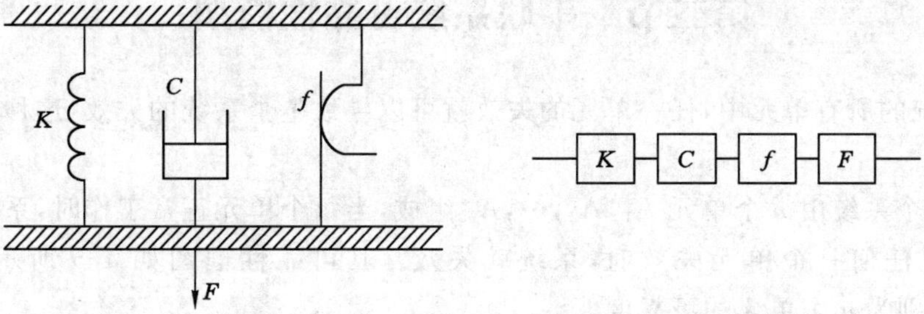

(a) 力学模型　　(b) 可靠性框图

图 4-4　振动系统

就是系统的数学模型。从力学模型看，各要素之间是并联关系，但从可靠性角度看，系统中任一要素失效，系统即丧失工作能力，因此其功能逻辑关系为串联形式，如图 4-4(b)所示。

四、系统可靠性模型的建立步骤

建立系统可靠性模型主要有以下步骤：

1. 确定系统功能

一个复杂的系统，往往具有完成多种功能的能力，而针对完成功能的不同，其可靠性模型也相应变更，如图 4-2 所示的双阀门简单系统，此时既可建立包含所有功能的相应可靠性模型，也可以建立实现单一功能的可靠性模型。

2. 确定系统的故障判据

故障(或失效)判据是指影响系统完成规定功能的故障(或失效)。此时应该找出导致功能不能完成和影响功能的性能参数及性能界限，即故障(或失效)判据的定量化。

3. 确定系统的工作环境条件

一个系统或产品往往可以在不同的工作环境下使用，但不同的使用环境条件又对系统完成功能的程度产生较大的影响，在建立系统可靠性模型时可以采用以下方法来考虑工作环境条件的影响。

(1) 同一系统用于多种工作环境条件下的情况。此时该系统的可靠性框图不变，可仅用不同的环境因子去修正其故障(或失效)率。

(2) 当系统为完成其规定的功能需经历阶段不同的环境条件时，则可按每个工作阶段建立可靠性模型并做出预估，然后综合到系统可靠性模型中。

4. 建立系统可靠性框图

在分析清楚系统的情况后，应明确系统中所有子系统(或单元)的功能关系，即建立系统可靠性框图。系统可靠性框图表示完成系统功能时所有参与的子系统(或单元)，每一个方框代表子系统(或单元)的功能及可靠度。在进行系统可靠性分析时，每一个方框都应考虑进去。

5. 建立相应的数学模型

对已建好的系统可靠性框图，建立系统与子系统(或单元)之间的可靠性逻辑关系和数量关系，即建立相应的数学模型。数学模型用数学表达式给出系统可靠性与子系统(或单元)可靠性之间的函数关系，以此来预测系统可靠性或进行系统可靠性设计。

第二节　串联系统可靠性模型

组成系统的所有单元中，任一单元的失效就可以导致整个系统的失效，这种系统称为串联系统。

例如，一个系统由 n 个单元 $A_1, A_2, \cdots, A_n$ 组成，当每个单元正常工作时，系统才能正常工作；或者说任何一个单元失效时，系统就失效。其可靠性框图如 4-5 所示，图中 R_1，$R_2, \cdots, R_n$ 分别为 n 个单元的可靠度。

串联系统是最常见的和最简单的，许多实际工程系统都是可靠性串联系统。

令第 i 个单元的寿命为 X_i，其工作时间为 t_i 的可靠度为 $R_i(t)=P\{X_i>t\}$，$X_1, \cdots, X_n$

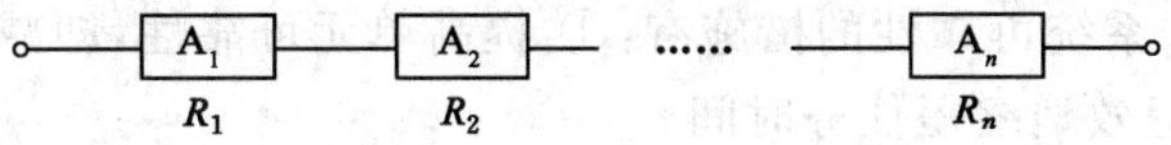

图 4-5　串联系统的可靠性框图

相互独立，由串联系统的定义可知，系统寿命为 $X=\min\{X_1,X_2,\cdots,X_n\}$，则系统可靠度为

$$R(t)=P\{\min\{X_1,X_2,\cdots,X_n\}>t\}=P\{X_1>t,X_2>t,\cdots,X_n>t\}$$
$$=\prod_{i=1}^{n}P\{X_i>t\}=\prod_{i=1}^{n}R_i(t)$$

由以上分析可知，在串联系统中，假设各单元相互独立的情况下，其系统可靠性为

$$R(t)=\prod_{i=1}^{n}R_i(t) \tag{4-1}$$

式中：$R(t)$为系统在 t 时正常工作的概率，即系统在 t 时的可靠度；$R_i(t)$为第 i 个单元在 t 时正常工作的概率，即单元 A_i 在 t 时的可靠度。

串联系统的可靠度等于各组成单元可靠度的乘积，可见组成系统的单元越多，系统可靠性越低。

如各单元的寿命分布都是指数分布，且 $R_i(t)=e^{-\lambda_i t}(t>0)$，式中 λ_i 是第 i 个单元的失效率，于是系统的可靠度为

$$R(t)=\prod_{i=1}^{n}e^{-\lambda_i t}=e^{-\sum_{i=1}^{n}\lambda_i t}=e^{-\lambda t} \tag{4-2}$$

式中：$\lambda=\sum_{i=1}^{n}\lambda_i$。

上式表明系统的寿命仍服从指数分布，其失效率为各单元的失效率之和，而系统的平均寿命 MTBF 为

$$\mathrm{MTBF}=\frac{1}{\lambda}=\frac{1}{\sum_{i=1}^{n}\lambda_i} \tag{4-3}$$

当 $\lambda t<0.1$ 时，利用近似公式 $e^{-\lambda t}\approx 1-\lambda t$，则有

$$F(t)=1-R(t)=1-e^{-\lambda t}\approx\lambda t=\sum_{i=1}^{n}\lambda_i t=\sum_{i=1}^{n}F_i(t)$$

式中：$F(t)$为系统在 t 时失效的概率，即系统的不可靠度；$F_i(t)$为第 i 个单元在 t 时失效的概率，即单元 A_i 的不可靠度。

可见，在这种情况下，串联系统的不可靠度近似等于各单元的不可靠度之和，因此可以近似求得系统可靠度。

由上面的分析可看出：

① 串联系统可靠度小于或至多等于各单元可靠度的最小值，即 $R\leqslant\min\{R_i\}$。

② 串联系统的失效率大于该系统各单元的失效率。

③ 串联系统的可靠度等于各单元可靠度的乘积，单元越多，系统可靠性越低。

④ 若串联系统的各单元服从指数寿命分布，该系统也服从指数寿命分布。

用上面的数学模型来描述串联系统的可靠度时，可以从图 4-6 与表 4-1 中看出它与串联单元的数量有很大的关系，即随着单元数的增加，系统的可靠度迅速下降。因此，从设计

的角度考虑，提高串联系统可靠性的措施有：① 提高单元可靠性，即减小失效率；② 尽量减少串联单元数目；③ 等效地缩短任务时间。

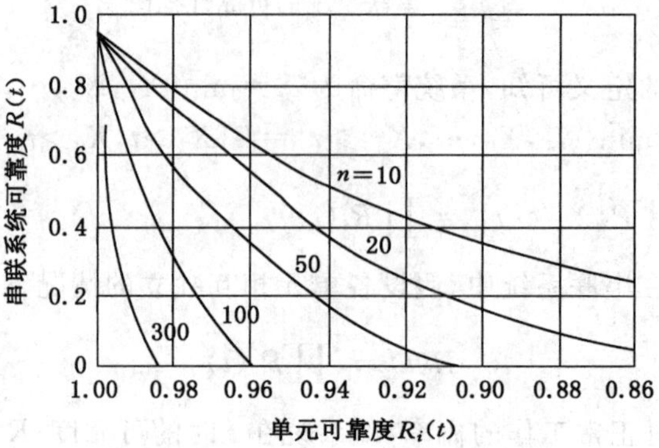

图 4-6　串联系统的可靠度

表 4-1　图 4-6 曲线中的典型值

单元可靠度	n 个单元串联系统的可靠度				
	$n=10$	$n=20$	$n=50$	$n=100$	$n=300$
n 个均为 0.99	0.904	0.818	0.605	0.366	0.049
n 个均为 0.95	0.599	0.358	0.077	0.006	0.000

例 4-1　一台计算机主要是由 5 类元器件组装而成的串联系统，这些元器件的寿命分布皆为指数分布，其失效率及装配在计算机上的数量如表 4-2 所列。不考虑结构、装配及其他因素，而只考虑这些元器件的失效与否，试求：此计算机的可靠度；$t=10$ h 的失效率及平均寿命。

表 4-2　计算机的元器件

元器件种类	1	2	3	4	5
失效率 $\lambda_i/\mathrm{h}^{-1}$	10^{-7}	5×10^{-7}	10^{-6}	2×10^{-5}	10^{-4}
元器件个数	10^4	10^3	10^2	10	2

解　由式(4-2)和式(4-3)，得

$$\lambda=\sum_{i=1}^{5}(n_i\lambda_i)=10^{-7}\times10^4+\cdots+10^{-4}\times2=0.002\ (\mathrm{h}^{-1})$$

$$R(t)=\mathrm{e}^{-\lambda t}=\mathrm{e}^{-0.002t}$$

$$R(10)=\mathrm{e}^{-0.002\times10}=0.98$$

$$\mathrm{MTBF}=\frac{1}{\lambda}=\frac{1}{0.002}=500\ (\mathrm{h})$$

例 4-1　MATLAB 程序

在机械系统中，各单元的失效概率一般都比较低，尤其是安全性失效概率一般不应大于 10^{-6}，系统可靠性失效概率一般为 $10^{-3}\sim10^{-2}$。因此，在机械系统可靠性分析中，失效概率

的计算一般都采用分系统失效概率的代数和来近似地代替系统失效概率。

第三节　并联系统可靠性模型

若系统由 n 个单元组成，只要有一个单元正常工作时，则系统正常工作，当系统失效时，必定是 n 个单元全部失效，这时称系统是由 n 个单元构成的可靠性并联系统。

例如，一个系统由 n 个单元 $A_1, A_2, \cdots, A_n$ 组成，如只要有一个单元工作，系统就能工作，或者说只有当所有单元都失效时，系统才失效，其可靠性框图如图 4-7 所示。图中 $R_1, R_2, \cdots, R_n$ 分别为 n 个单元的可靠度。

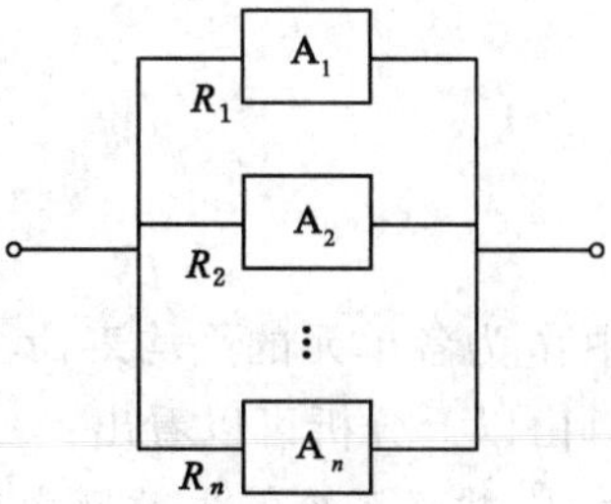

图 4-7　并联系统的可靠性框图

令第 i 个单元的寿命为 X_i，系统寿命为 X，系统工作时间为 t，假设在各单元相互独立的情况下，并联系统的可靠度为

$$\begin{aligned} R(t) &= P\{\max(X_1, X_2, \cdots, X_n) > t\} \\ &= 1 - P\{\max(X_1, X_2, \cdots, X_n) \leqslant t\} \\ &= 1 - P\{X_1 \leqslant t, X_2 \leqslant t, \cdots, X_n \leqslant t\} \\ &= 1 - \prod_{i=1}^{n}[1 - R_i(t)] \end{aligned} \tag{4-4}$$

当 $R_i(t) = e^{-\lambda_i t}$，$i = 1, 2, \cdots, n$，则

$$R(t) = 1 - \prod_{i=1}^{n}[1 - e^{\lambda_i t}] \tag{4-5}$$

上式可以改写为

$$R(t) = \sum_{i=1}^{n} e^{-\lambda_i t} - \sum_{1 \leqslant i < j \leqslant n}[e^{-(\lambda_i + \lambda_j)t} + \cdots + (-1)^{n-1} e^{-(\lambda_1 + \lambda_2 \cdots + \lambda_n)t}] \tag{4-6}$$

这表明并联系统的寿命分布已不是指数分布，这时系统的平均寿命为

$$\text{MTBF} = \int_0^{\infty} R(t)\,dt = \sum_{i=1}^{n} \frac{1}{\lambda_i} - \sum_{1 \leqslant i < j \leqslant n}\left[\frac{1}{(\lambda_i + \lambda_j)} + \cdots + (-1)^{n-1} \frac{1}{(\lambda_1 + \lambda_2 + \cdots + \lambda_n)}\right] \tag{4-7}$$

当 $n = 2$ 时，有

$$R(t) = e^{-\lambda_1 t} + e^{-\lambda_2 t} - e^{-(\lambda_1 + \lambda_2)t}$$

$$\text{MTBF} = \frac{1}{\lambda_1} + \frac{1}{\lambda_2} - \frac{1}{\lambda_1 + \lambda_2}$$

$$\lambda(t) = \frac{\lambda_1 e^{-\lambda_1 t} + \lambda_2 e^{-\lambda_2 t} - (\lambda_1 + \lambda_2) e^{-(\lambda_1 + \lambda_2)t}}{e^{-\lambda_1 t} + e^{-\lambda_2 t} - e^{-(\lambda_1 + \lambda_2)t}}$$

值得提醒的是，当单元的寿命分布为指数分布，即失效率为常数时，串联系统的失效率仍是常数，但并联系统的失效率则不是常数，而是时间的函数。

当 n 个单元的失效率相等，都为 λ 时，相应可靠度、失效率和平均寿命为

$$R(t) = 1 - (1 - e^{-\lambda t})^n \tag{4-8}$$

$$\lambda(t) = \frac{n\lambda e^{-\lambda t}(1 - e^{-\lambda t})^{n-1}}{1 - (1 - e^{-\lambda t})^n}$$

$$\text{MTBF} = \frac{1}{\lambda} + \frac{1}{2\lambda} + \cdots + \frac{1}{n\lambda} \tag{4-9}$$

当 n 较大时,有近似公式

$$\text{MTBF} = \frac{1}{\lambda}\left(1 + \frac{1}{2} + \cdots + \frac{1}{n}\right) \approx \frac{1}{\lambda}\ln n$$

这样,当 $n=2$ 时,有

$$R(t) = 1-(1-e^{-\lambda t})^2 = 2e^{-\lambda t} - e^{-2\lambda t}$$

$$\lambda(t) = \frac{2\lambda(1-e^{-\lambda t})}{2-e^{-\lambda t}}$$

$$\text{MTBF} = \frac{1}{\lambda} + \frac{1}{2\lambda} = \frac{3}{2\lambda} = \frac{3}{2}\theta$$

式中:θ 为各单元的平均寿命。

由以上分析可以看出:

① 并联系统的失效概率低于各单元的失效概率。

② 并联系统可靠度大于或至少等于并联单元可靠度的最大值,即 $R \geqslant \max\{R_i\}$。

③ 并联系统的平均寿命高于各单元的平均寿命。

这表明,通过并联可以提高系统的可靠度。由图 4-8 及表 4-3,也可以看出随单元数 n 及其可靠度的增高,系统的可靠度将有较大的提高。

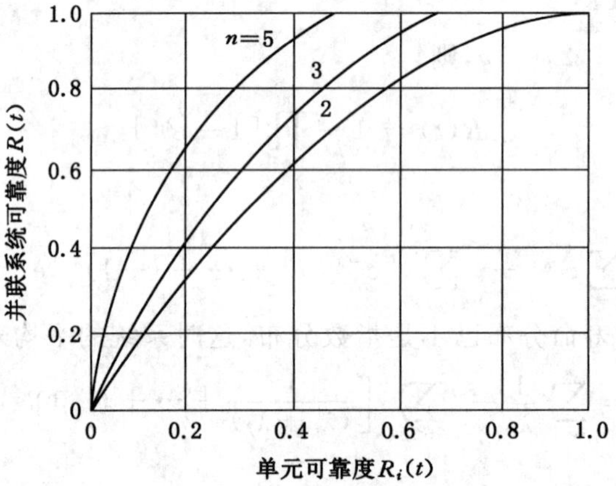

图 4-8　并联系统的可靠度

表 4-3　图 4-8 中曲线的典型值

单元可靠度	n 个单元并联系统的可靠度		
	$n=2$	$n=3$	$n=5$
0.9	0.990	0.999	≈1.000
0.7	0.910	0.973	0.998

④ 并联系统的各单元寿命分布服从指数分布时,该系统不再服从指数分布。

提高并联系统可靠性的措施,除了提高单元的可靠性和等效地缩短任务时间外,还可以通过增加并联系统单元的数目。但由式(4-9)可看出并联产生的效果:两部件并联,系统平均寿命提高 50%;3 个并联,第 3 个对提高系统平均寿命的贡献为 33.3%;4 个并联,第 4 个的贡献为 25%;随着并联部件的增多,对提高系统可靠性的贡献程度下降,所以一般只采用两个并联或 3 个并联来提高系统的可靠性,否则耗费将会大大增加。

例 4-2　某液压系统中,采用两支滤油器 1 和 2 装成串联系统,如图 4-9 所示。滤油器的故障有两种模式,即滤网阻塞或滤网破损。现假设滤油器两种故障模式的失效率相同,且两支滤网的失效率分别为:$\lambda_1=5\times10^{-5}\ \mathrm{h}^{-1}$,$\lambda_2=1\times10^{-5}\ \mathrm{h}^{-1}$,工作时间 $t=10^3$ h。试求:(1) 滤网堵塞时的可靠度、失效率和平均寿命;(2) 滤网破损时的可靠度、失效率和平均寿命。

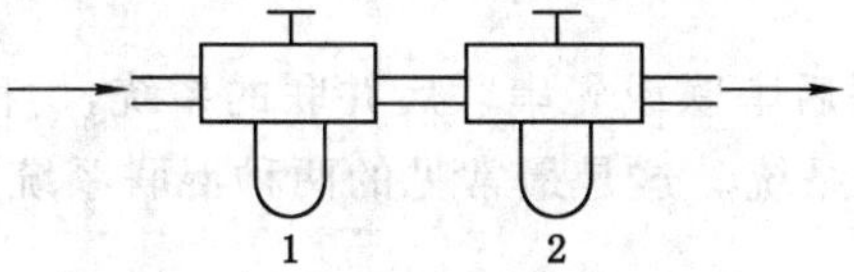

图 4-9　滤油器的结构图

解　(1) 由题意知,滤油器失效率 λ 为常数,故其服从指数分布。滤油器的故障模式为滤网阻塞失效时,系统的可靠性框图如图 4-10 所示,为串联系统。则有

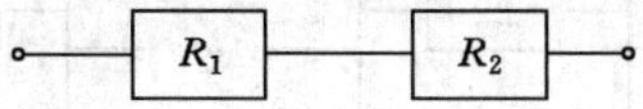

图 4-10　滤网堵塞失效时的可靠性框图

例 4-2　MATLAB 程序

$$\lambda=\lambda_1+\lambda_2=5\times10^{-5}+1\times10^{-5}=6\times10^{-5}(\mathrm{h}^{-1})$$

$$R(1\ 000)=\mathrm{e}^{-\lambda t}=\mathrm{e}^{-6\times10^{-5}\times1\ 000}=0.941\ 8$$

$$\mathrm{MTBF}=\frac{1}{\lambda}=\frac{1}{6\times10^{-5}}=16\ 667\ (\mathrm{h})$$

(2) 滤油器的故障模式为滤网破损失效时,系统的可靠性框图如图 4-11 所示,为并联系统。则有

$$\begin{aligned}R(1\ 000)&=\mathrm{e}^{-\lambda_1 t}+\mathrm{e}^{-\lambda_2 t}-\mathrm{e}^{-(\lambda_1+\lambda_2)t}\\&=\mathrm{e}^{-5\times10^{-5}\times1\ 000}+\mathrm{e}^{-1\times10^{-5}\times1\ 000}-\mathrm{e}^{-(5+1)\times10^{-5}\times1\ 000}=0.999\ 5\end{aligned}$$

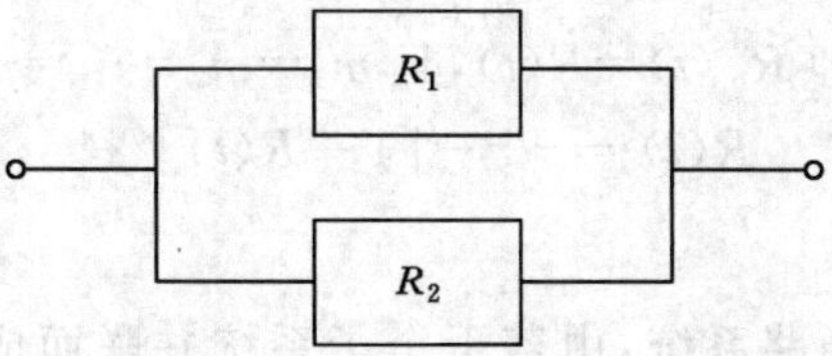

图 4-11　滤网破损失效时的可靠性框图

$$\begin{aligned}\lambda(t)&=\frac{\lambda_1\mathrm{e}^{-\lambda_1 t}+\lambda_2\mathrm{e}^{-\lambda_2 t}-(\lambda_1+\lambda_2)\mathrm{e}^{-(\lambda_1+\lambda_2)t}}{\mathrm{e}^{-\lambda_1 t}+\mathrm{e}^{-\lambda_2 t}-\mathrm{e}^{-(\lambda_1+\lambda_2)t}}\\&=\frac{5\times10^{-5}\times\mathrm{e}^{-5\times10^{-5}\times1\ 000}+1\times10^{-5}\mathrm{e}^{-1\times10^{-5}\times1\ 000}-6\times10^{-5}\mathrm{e}^{-6\times10^{-5}\times1\ 000}}{\mathrm{e}^{-5\times10^{-5}\times1\ 000}+\mathrm{e}^{-1\times10^{-5}\times1\ 000}-\mathrm{e}^{-(5+1)\times10^{-5}\times1\ 000}}\\&=9.57\times10^{-7}(\mathrm{h}^{-1})\end{aligned}$$

$$\mathrm{MTBF}=\frac{1}{\lambda_1}+\frac{1}{\lambda_2}-\frac{1}{\lambda_1+\lambda_2}=\frac{1}{5\times10^{-5}}+\frac{1}{1\times10^{-5}}-\frac{1}{6\times10^{-5}}=103\ 333.3\ (\mathrm{h})$$

由例 4-2 可以看出，系统功能逻辑框图不仅与单元的功能有关，还与单元的故障模式有关。所以，在分析系统可靠性时，必须弄清其功能及失效模式，决不能只从系统结构上认定系统可靠性模型的类型。

第四节　混联系统可靠性模型

凡是可以分解为先并联后串联或先串联后并联的系统，均称为混联系统。前者称为串-并联系统，后者称为并-串联系统。这是最常见的两种混联系统。

一、串-并联系统

串-并联系统又称附加单元系统，由若干个子系统串联而成，其中每个子系统又由若干个单元并联组成。其系统逻辑框图如图 4-12 所示。

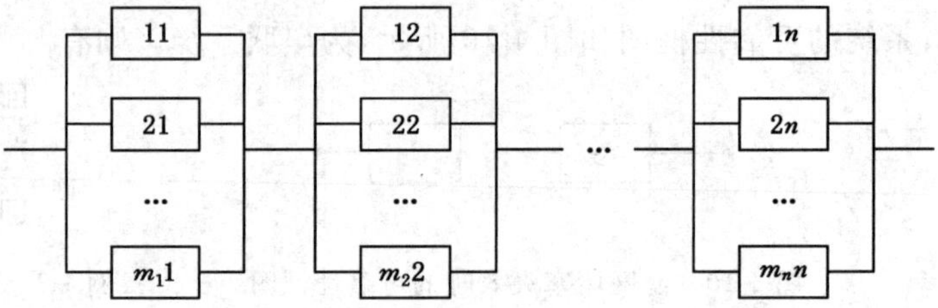

图 4-12　串-并联系统逻辑框图

设每个单元的可靠度为 $R_{ij}(t)$，$i=1,2,\cdots,m_j$，$j=1,2,\cdots,n$，则第 j 列子系统的可靠度为

$$R_j(t)=1-\prod_{i=1}^{m_j}[1-R_{ij}(t)] \tag{4-10}$$

串-并联系统的可靠度为

$$R(t)=\prod_{j=1}^{n}R_j(t)=\prod_{j=1}^{n}\{1-\prod_{i=1}^{m_j}[1-R_{ij}(t)]\} \tag{4-11}$$

若各单元可靠度相等，即 $R_{ij}(t)=R(t)$，且 $m_1=m_2=\cdots=m_n=m$，则系统可靠度为

$$R(t)=\{1-[1-R(t)]^m\}^n \tag{4-12}$$

二、并-串联系统

并-串联系统又称附加通路系统，由若干个子系统并联而成，其中每个子系统又由若干个单元串联组成。其系统逻辑框图如图 4-13 所示。

设每个单元的可靠度为 $R_{ij}(t)$，$i=1,2,\cdots,m$，$j=1,2,\cdots,n_m$，则第 i 行子系统的可靠度为

$$R_i(t)=\prod_{j=1}^{n_j}R_{ij}(t) \tag{4-13}$$

并-串联系统的可靠度为

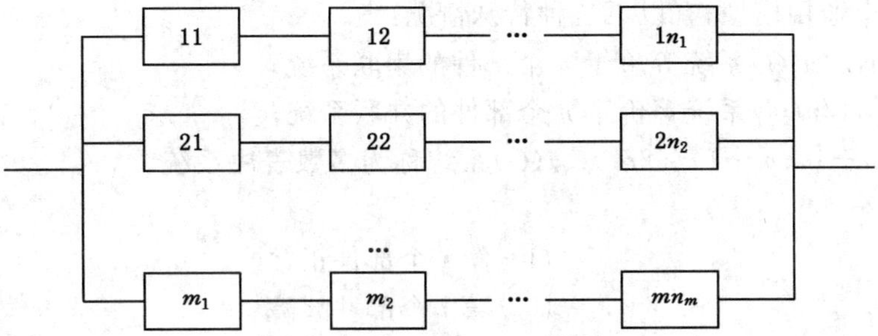

图 4-13　并-串联系统逻辑框图

$$R(t) = 1 - \prod_{i=1}^{m}[1 - R_i(t)] = 1 - \prod_{i=1}^{m}[1 - \prod_{j=1}^{n_j}R_{ij}(t)] \tag{4-14}$$

若各单元可靠度相等，即 $R_{ij}(t)=R(t)$，且 $n_1=n_2=\cdots=n_m=n$，则系统可靠度为

$$R(t) = 1 - [1 - R^n(t)]^m \tag{4-15}$$

例 4-3　若在 $m=n=5$ 的串-并联系统与并-串联系统中，各单元可靠度均为 $R(t)=0.75$，试分别求出这两个系统的可靠度。

解　(1) 对于串-并联系统

$$R(t)=\{1-[1-R(t)]^m\}^n=[1-(1-0.75)^5]^5=0.9951$$

(2) 对于并-串联系统

$$R(t) = 1 - [1 - R^n(t)]^m = 1 - (1 - 0.75^5)^5 = 0.7419$$

上述计算结果表明，在单元数目及单元可靠度相同的情况下，串-并联系统可靠度高于并-串联系统可靠度。这是由于串-并联系统的每一个并联子系统中各单元互为后备，当其中一个单元失效时，并不影响整个并联子系统。而在并-串联系统中，若其中一个单元失效时，串联子系统中的一个支路就失效。

第五节　表决系统可靠性模型

n 中取 k 的表决系统由 n 个部件组成，当 n 个部件中有 k 个或 k 个以上部件正常工作时，系统才能正常工作($1<k<n$)，即当失效的部件数大于或等于 $n-k+1$ 时系统失效，记作 $k/n(G)$ 系统。例如电力系统、多个发动机的飞机、由多根钢索拧成的钢缆等，都可以称为 $k/n(G)$ 系统。表决系统的可靠性框图如图 4-14 所示。

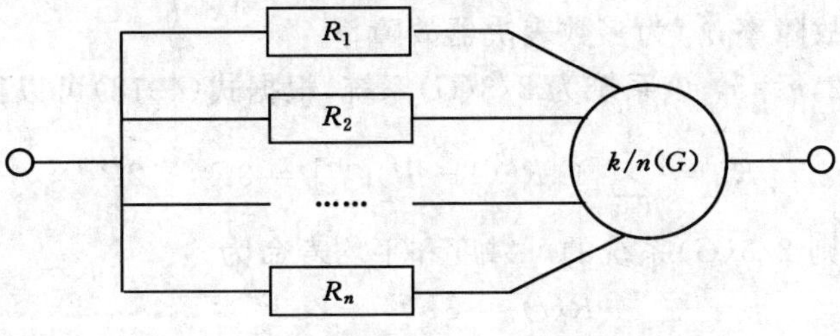

图 4-14　表决系统的可靠性框图

$k/n(G)$是个通用模型，有以下三种特殊情况：

① 当 $k=n$，$n/n(G)$系统等价于 n 个部件的串联系统；

② 当 $k=1$，$1/n(G)$系统等价于 n 个部件的并联系统；

③ 当 $k=m+1$，$(m+1)/(2m+1)(G)$系统称为多数表决系统。

定义：

$$x_i=\begin{cases}1 & \text{第 } i \text{ 个部件正常}\\ 0 & \text{第 } i \text{ 个部件故障}\end{cases}$$

若系统完好必须满足下式：

$$\sum_{i=1}^{n} x_i \geqslant k \tag{4-16}$$

对于 n 个部件相同的情况，可借助二项定理求其可靠度。当系统由 n 个相同的部件组成时，设某一部件在规定的时间内的可靠度为 R，那么在规定时间内的不可靠度为 Q，且 $R+Q=1$，对于 n 个部件来说：

$$(R+Q)^n=1$$

将上式展开

$$(R+Q)^n = R^n + C_n^1 R^{n-1} Q + C_n^2 R^{n-2} Q^2 + \cdots + Q^n = 1 \tag{4-17}$$

即可得到 $k/n(G)$系统的可靠度为：

$$R(t) = \sum_{i=k}^{n} \left[C_n^i R^i \, (1-R)^{n-i} \right] \tag{4-18}$$

当部件的寿命服从参数为 λ 的指数分布，即 $R_i(t)=e^{-\lambda t}$，$i=1,2,\cdots,n$，则 $k/n(G)$表决系统的可靠度表达式为：

$$R(t) = \sum_{i=k}^{n} \left[C_n^i e^{-i\lambda t} \, (1-e^{-\lambda t})^{n-i} \right] \tag{4-19}$$

$$\theta = \int_0^{\infty} R(t)\,dt = \sum_{i=k}^{n} C_n^i \int_0^{\infty} e^{-i\lambda t} \, (1-e^{-\lambda t})^{n-i} dt = \sum_{i=k}^{n} \frac{1}{i\lambda} \tag{4-20}$$

当 $k=1$，$1/n(G)$即为并联系统 $R_s=1-(1-R)^n$。

当 $k=n$ 时，$n/n(G)$即为串联系统 $R_s=R^n$。

当 $k=m+1$ 时，$(m+1)/(2m+1)(G)$，即为多数表决系统。多数表决系统的可靠度函数表达式为：

$$R(t) = \left[\sum_{i=m+1}^{2m+1} C_{2m+1}^i e^{-\lambda t(2m+1-i)} \, (1-e^{-\lambda t})^i \right] e^{-\lambda_v t} \tag{4-21}$$

式中：λ 为系统部件故障率；λ_v 为多数表决器故障率。

特殊地，若 $k=2$，$n=3$，该系统为 $2/3(G)$系统，根据式(4-18)可以得到其可靠度：

$$R_s = \sum_{k=2}^{3} \left[C_n^i R^k (1-R)^{3-k} \right] = 3R^2 - 2R^3 \tag{4-22}$$

若 $R(t)=e^{-\lambda t}$，则 $2/3(G)$系统的可靠度和平均寿命为

$$R(t) = 3e^{-2\lambda t} - 2e^{-3\lambda t} \tag{4-23}$$

$$\theta = \int_0^{\infty} R(t)\,dt = \frac{3}{2\lambda} - \frac{2}{3\lambda} = \frac{5}{6\lambda} \tag{4-24}$$

例 4-4 设每个单元的可靠度 $R(t)=e^{-\lambda t}$，且 $\lambda=0.001/h$，当 $t=100\ h$ 时，试求：(1) 一

个单元系统的可靠度 R_1;(2) 二单元串联系统可靠度 R_2;(3) 二单元并联系统可靠度 R_3;(4) 2/3(G)表决系统的可靠度 R_4。

解　$t=100$ h 时,4 个系统的可靠度如下:

一个单元系统的可靠度为

$$R_1(100)=e^{-0.001\times 100}=e^{-0.1}=0.905$$

例 4-4　MATLAB 程序

由式(4-1)可得两单元串联系统的可靠度为

$$R_2=R_1^2=(e^{-0.1})^2=0.819$$

由式(4-4)可得两单元并联系统的可靠度为

$$R_3=1-(1-R_1)^2=1-(1-e^{-0.1})^2=0.991$$

由式(4-22)可得 2/3(G)表决系统的可靠度为

$$R_4=3R_1^2-2R_1^3=3e^{-0.2}-2e^{-0.3}=0.975$$

下面讨论以上 4 种系统可靠度的大小。若 $t=1\,000$ h,4 种系统的可靠度 R_1,R_2,R_3,R_4 为

$$R_1=R(1\,000)=e^{-0.001\times 1\,000}=e^{-1}=0.368$$

$$R_2=R_1^2=(e^{-1})^2=e^{-2}=0.135$$

$$R_3=1-(1-R_1)^2=1-(1-e^{-1})^2=0.600$$

$$R_4=3R_1^2-2R_1^3=3e^{-2}-2e^{-3}=0.306$$

可见,当 $R_1=0.905$ 时,有 $R_2<R_1<R_4<R_3$;当 $R_1=0.368$ 时,有 $R_2<R_4<R_1<R_3$。

实际上可以论证:当 $R_1>0.5$ 时,有 $R_2<R_1<R_4<R_3$;当 $R_1=0.5$ 时,有 $R_2<R_1=R_4<R_3$;当 $R_1<0.5$ 时,有 $R_2<R_4<R_1<R_3$。

上述关系可画成图,如图 4-15 所示。

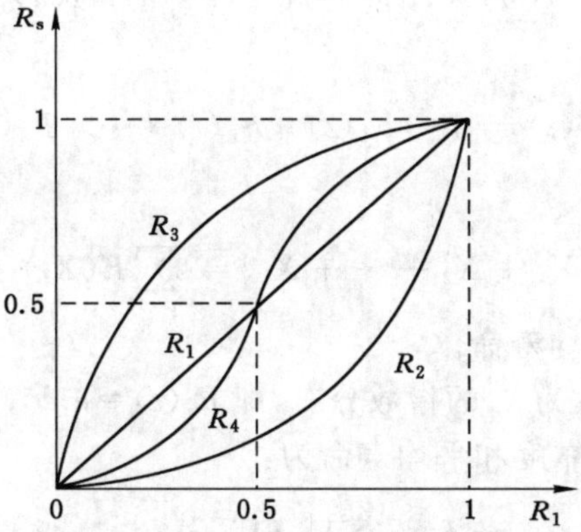

图 4-15　4 种系统的可靠度比较

由此可见,两个单元的串联系统可靠度最低,两个单元的并联系统可靠度最高。当单元可靠度 R_1 小于 0.5 时,2/3(G)系统的可靠度 R_4 甚至不如一个单元的系统,因此为了改善 2/3(G)系统的可靠度特性,必须采取措施。由此可见表决系统在可靠度方面的优越性不大,但表决系统往往是从功能的需要建立的,所以也要掌握该系统的可靠度计算方法。

第六节　贮备系统可靠性模型

为了提高系统的可靠性，还可以贮备一些单元，以便当工作单元失效时，能立即由贮备单元接替，这种系统称为贮备系统，其可靠性框图如图4-16所示。

贮备系统是很常见的，如飞机的正常放起落架和应急放起落架系统、车辆的正常刹车和应急刹车系统、备用轮胎等。贮备系统与并联系统的区别是：并联系统中每个单元一开始就同时处于工作状态，而贮备系统中仅有一个单元工作，其余单元处于待机工作状态。

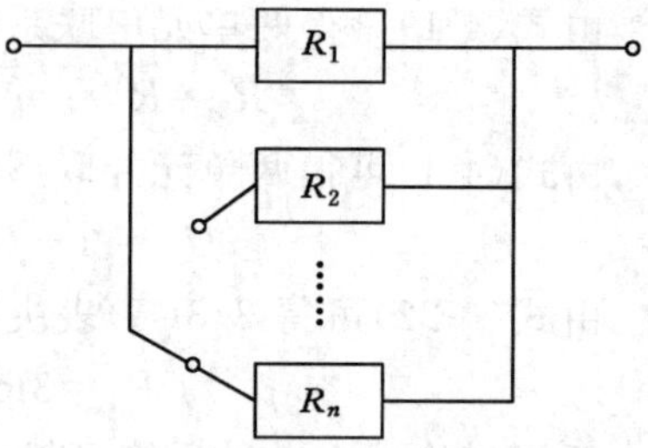

图4-16　贮备系统可靠性框图

贮备系统根据贮备单元在贮备期内是否失效可分为两种情况：一种是贮备单元在贮备期内失效率为零，另一种是贮备单元在贮备期内也可能失效。

一、贮备单元完全可靠的贮备系统

若系统由 n 个单元组成，其中一个单元工作，$n-1$ 个单元备用，且第 i 个单元的寿命为 X_i，其分布函数为 $F_i(t)(i=1,2,\cdots,n)$，且相互独立；系统的工作寿命为 X，故有 $X=\sum X_i$，因此，系统的累积故障分布为：

$$F(t)=P\{X_1+X_2+\cdots+X_n\leqslant t\}=F_1(t)*F_2(t)*\cdots*F_n(t) \tag{4-25}$$

其中，$F_i(t)=1-R_i(t)$是第 i 个部件的累积故障分布，$*$ 表示卷积。

$$A(t)*B(t)=\int_0^t B(t-u)\mathrm{d}A(u) \tag{4-26}$$

因此，系统的可靠度为：

$$R(t)=1-F_1(t)*F_2(t)*\cdots*F_n(t) \tag{4-27}$$

系统的平均寿命为：

$$\theta=E\{X_1+X_2+\cdots+X_n\}=\sum_{i=1}^{n}E(X_i)=\sum_{i=1}^{n}T_i \tag{4-28}$$

其中，T_i 是第 i 个部件的平均寿命。

当部件的寿命服从参数为 λ_i 的指数分布，即 $R_i(t)=\mathrm{e}^{-\lambda_i t}$，$i=1,2,\cdots,n$，且 $\lambda_1,\lambda_2,\cdots,\lambda_n$ 两两不相等，贮备系统的可靠度和平均寿命为：

$$\begin{cases}R(t)=\sum\limits_{i=1}^{n}\left[\prod\limits_{\substack{k=1\\k\neq i}}^{n}\dfrac{\lambda_k}{\lambda_k-\lambda_i}\right]\mathrm{e}^{-\lambda_i t}\\[2ex]\theta=\sum\limits_{i=1}^{n}\dfrac{1}{\lambda_i}\end{cases} \tag{4-29}$$

当 $\lambda_i=\lambda$，$i=1,2,\cdots,n$，则贮备系统的可靠度和平均寿命为：

$$\begin{cases}R(t)=\sum\limits_{i=0}^{n-1}\dfrac{(\lambda t)^i}{i!}\mathrm{e}^{-\lambda t}\\[2ex]\theta=\dfrac{n}{\lambda}\end{cases} \tag{4-30}$$

当 $n=2,\lambda_1=\lambda_2=\lambda$，代入上式得

$$\begin{cases} R(t) = e^{-\lambda t} + \lambda t e^{-\lambda t} \\ \theta = \dfrac{2}{\lambda} \end{cases} \tag{4-31}$$

由前面的讨论可知：串联系统的寿命小于或等于单元中最小的寿命，并联系统的寿命大于或等于单元中最大的寿命，而贮备单元完全可靠的贮备系统的寿命为所有单元寿命之和，即有 $\min(X_1,X_2,\cdots,X_n)\leqslant\max(X_1,X_2,\cdots,X_n)<(X_1+X_2+\cdots+X_n)$，这说明贮备单元完全可靠的贮备系统的可靠性最佳，串联系统的可靠性最差。

二、贮备单元不完全可靠的贮备系统

在实际使用中，贮备单元由于受到环境因素的影响，在贮备期间失效率不一定为零，这种系统称为热贮备系统。下面考虑最简单的两个单元的热贮备系统，其中一个为工作单元，另一个为贮备用单元，又假设两个单元工作相互独立，贮备单元进入工作状态后的寿命与其经过的贮备期长短无关。

设两个单元的工作寿命分别为 X_1,X_2，且相互独立，均服从指数分布，失效率分别为 λ_1,λ_2；第二个单元的贮备寿命为 Y，服从参数为 λ_0 的指数分布。

当工作的单元 1 失效时，贮备单元 2 已经失效，即 $X_1>Y$，表明贮备无效，系统也失效，此时系统的寿命就是工作单元 1 的寿命 X_1；当工作的单元 1 失效时，贮备单元 2 未失效，即 $X_1<Y$，贮备单元 2 立即接替单元 1 的工作，直至单元 2 失效，系统才失效，此时系统的寿命是 X_1+X_2。根据以上分析，系统的寿命 X 可以表示为

$$X=X_1+yX_2$$

其中

$$y=\begin{cases} 1 & \text{当 } X_1<Y \text{ 时} \\ 0 & \text{当 } X_1>Y \text{ 时} \end{cases}$$

系统寿命分布

$$\begin{aligned} F(t) &= P\{X_1+yX_2\leqslant t\} = P\{X_1\leqslant t, Y<X_1\} + P\{X_1+yX_2\leqslant t, Y>X_1\} \\ &= \int_0^t P\{Y<u\}\mathrm{d}P\{X_1\leqslant u\} + \int_0^t P\{X_2<t-u, Y>u\}\mathrm{d}P\{X_1<u\} \\ &= \int_0^t (1-e^{-\lambda_0 u})\mathrm{d}(1-e^{-\lambda_1 u}) + \int_0^t [(1-e^{-\lambda_2(t-u)})]e^{-\lambda_0 u}\mathrm{d}(1-e^{-\lambda_1 u}) \\ &= (1-e^{-\lambda_1 t}) - \frac{\lambda_1}{\lambda_1+\lambda_0-\lambda_2}[e^{-\lambda_2 t} - e^{-(\lambda_1+\lambda_0)t}] \end{aligned} \tag{4-32}$$

系统可靠度

$$R(t) = 1-F(t) = e^{-\lambda_1 t} + \frac{\lambda_1}{\lambda_1+\lambda_0-\lambda_2}(e^{-\lambda_2 t} - e^{-(\lambda_1+\lambda_0)t}) \tag{4-33}$$

系统平均寿命

$$\theta = \int_0^\infty R(t)\mathrm{d}t = \frac{1}{\lambda_1} + \frac{\lambda_1}{\lambda_1+\lambda_0-\lambda_2}\left(\frac{1}{\lambda_2} - \frac{1}{\lambda_1+\lambda_0}\right) = \frac{1}{\lambda_1} + \frac{\lambda_1}{(\lambda_1+\lambda_0)\lambda_2} \tag{4-34}$$

当 $\lambda_0=0$，即贮备期不会失效，则

$$R(t) = e^{-\lambda_1 t} + \frac{\lambda_1}{\lambda_1-\lambda_2}(e^{-\lambda_2 t} - e^{-\lambda_1 t})$$

$$\theta = \frac{1}{\lambda_1} + \frac{1}{\lambda_2} \tag{4-35}$$

系统变成贮备单元完全可靠的贮备系统。

当 $\lambda_0 = \lambda_2$ 时，则

$$R(t) = e^{-\lambda_1 t} + e^{-\lambda_2 t} - e^{-(\lambda_1+\lambda_2)t}$$

$$\theta = \frac{1}{\lambda_1} + \frac{1}{\lambda_2} - \frac{1}{\lambda_1 + \lambda_2} \tag{4-36}$$

为两部件并联系统。

第七节　网络系统的可靠性模型

在实际工作中经常遇到的复杂系统，不能简化为简单的串、并联等上述典型可靠性模型，如一台大型的自动机床，综合机械、液压、气动、集成电路等单元而构成了一个具有复杂结构的网络系统，它不能用典型的串、并联等数学模型来进行计算。下面介绍网络系统的基本求解方法。

一、布尔真值表法（穷举法）

布尔真值表法也称为状态穷举法，是一种比较直观的用于复杂系统的可靠度计算方法。

假设系统由 n 个单元组成，且每个单元均有“正常”（用“1”表示）和“失效”（用“0”表示）两种状态，所以系统的状态有 2^n 种。对这 2^n 种状态逐一进行分析，即可得出系统正常工作的概率，再将所有正常工作的概率相加，即可得到系统的可靠度。

如图 4-17 所示 5 个单元组成的电桥式系统，$e_1 \sim e_5$ 单元各有“正常”与“失效”两种状态，将系统的 $2^5 = 32$ 种状态列成布尔真值表，如表 4-4 所示。系统状态序号从 1 到 32，逐一判断系统每个状态是否正常，在系统状态栏中记下“S”表示正常，“F”表示失效。若已知各单元的可靠度，即可算得系统各正常状态下的概率。例如，对序号 7 的状态，e_1，e_2，e_5 3 个单元处于失效状态，而 e_3，e_4 状态为正常，系统能正常工作的概率为

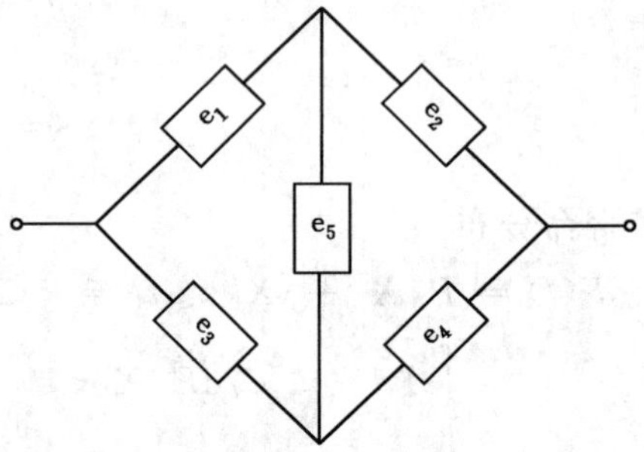

图 4-17　电桥式系统

$$R_7 = (1 - R_{e_1})(1 - R_{e_2}) R_{e_3} R_{e_4} (1 - R_{e_5})$$

对序号 14 的状态，系统正常工作的概率为

$$R_{14} = (1 - R_{e_1}) R_{e_2} R_{e_3} (1 - R_{e_4}) R_{e_5}$$

依次类推，算得每个正常工作状态的概率，最后相加得到系统的可靠度。

若 $R_{e_1} = R_{e_3} = 0.8$，$R_{e_2} = R_{e_4} = 0.75$，$R_{e_5} = 0.9$，则系统可靠度为

$$R = \sum_{i=1}^{32} R_i = R_1 + R_2 + \cdots + R_{32} = 0.894$$

布尔真值表法简单易用，但当系统的单元数较大时，计算量较大，可应用计算机辅助进行。

表 4-4　布尔真值表

序号	单元工作状态					系统状态	正常概率	序号	单元工作状态					系统状态	正常概率
	e_1	e_2	e_3	e_4	e_5				e_1	e_2	e_3	e_4	e_5		
1	0	0	0	0	0	F	0	17	1	0	0	0	0	F	0
2	0	0	0	0	1	F	0	18	1	0	0	0	1	F	0
3	0	0	0	1	0	F	0	19	1	0	0	1	0	F	0
4	0	0	0	1	1	F	0	20	1	0	0	1	1	S	0.027
5	0	0	1	0	0	F	0	21	1	0	1	0	0	F	0
6	0	0	1	0	1	F	0	22	1	0	1	0	1	F	0
7	0	0	1	1	0	S	0.003	23	1	0	1	1	0	S	0.012
8	0	0	1	1	1	S	0.027	24	1	0	1	1	1	S	0.108
9	0	1	0	0	0	F	0	25	1	1	0	0	0	S	0.003
10	0	1	0	0	1	F	0	26	1	1	0	0	1	S	0.027
11	0	1	0	1	0	F	0	27	1	1	0	1	0	S	0.009
12	0	1	0	1	1	F	0	28	1	1	0	1	1	S	0.081
13	0	1	1	0	0	F	0	29	1	1	1	0	0	S	0.012
14	0	1	1	0	1	S	0.027	30	1	1	1	0	1	S	0.108
15	0	1	1	1	0	S	0.009	31	1	1	1	1	0	S	0.036
16	0	1	1	1	1	S	0.081	32	1	1	1	1	1	S	0.324

二、最小通路法

从系统的最小通路出发，由最小通路的可靠度去求系统的可靠度，这就是最小通路法。

设网络 S 所有的最小通路为 $A_1, A_2, \cdots, A_m$，且用 $A_i(i=1, 2, \cdots, m)$ 也表示"第 i 条路中所有弧正常"事件，则网络 S 正常事件为：

$$S=\bigcup_{i=1}^{m} A_i \tag{4-37}$$

从而，求网络系统可靠度 R 的问题就可归为两步：

第一步，求出网络 S 的最小通路 $A_1, A_2, \cdots, A_m$。

第二步，计算概率

$$R = P(S) = P(\bigcup_{i=1}^{m} A_i) \tag{4-38}$$

当 $m=2$ 时，则

$$R = P(A_1 \cup A_2) = P(A_1) + P(A_2) - P(A_1A_2)$$

当 $m=3$ 时，则

$$R=P(A_1 \cup A_2 \cup A_3)=P(A_1)+P(A_2)+P(A_3)-$$
$$P(A_1A_2)-P(A_1A_3)-P(A_2A_3)+P(A_1A_2A_3)$$

可以归纳出一般公式为：

$$P(\bigcup_{i=1}^{m} A_i) = \sum_{i=1}^{m} (-1)^{i-1} \sum_{1 \leqslant j_1 \leqslant \cdots \leqslant j_i \leqslant n} P(A_{j_1} A_{j_2} \cdots A_{j_i}) \tag{4-39}$$

例 4-5 如图 4-18 所示的网络系统 S，各弧的可靠度分别为 $P_1=0.7, P_2=0.9, P_3=0.8, P_4=0.95, P_5=0.6$。试求此网络系统 S 的可靠度 R。

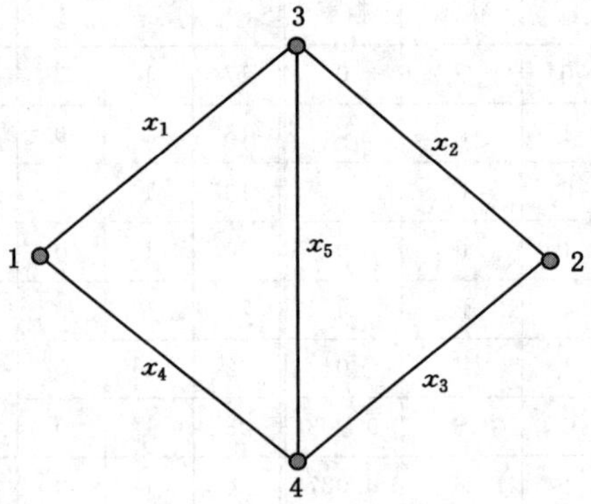

图 4-18 桥形网络系统

解 此系统共有 4 个最小通路 $T_1\{x_1, x_2\}$、$T_2\{x_1, x_5, x_3\}$、$T_3\{x_4, x_5, x_2\}$、$T_4\{x_4, x_3\}$，则各最小通路的可靠度分别为：

$$P(A_1)=P_1P_2=0.630$$
$$P(A_2)=P_1P_5P_3=0.336$$
$$P(A_3)=P_4P_5P_2=0.513$$
$$P(A_4)=P_4P_3=0.760$$

且

$$P(A_1A_2)=P_1P_2P_3P_5=0.302\ 4$$
$$P(A_1A_3)=P_1P_2P_4P_5=0.359\ 1$$
$$P(A_1A_4)=P_1P_2P_3P_4=0.478\ 8$$
$$P(A_2A_3)=P_1P_2P_3P_4P_5=0.287\ 3$$
$$P(A_2A_4)=P_1P_3P_4P_5=0.319\ 2$$
$$P(A_3A_4)=P_2P_3P_4P_5=0.410\ 4$$

$$\begin{aligned}P(A_1A_2A_3)&=P(A_1A_2A_4)=P(A_1A_3A_4)=P(A_2A_3A_4)\\&=P(A_1A_2A_3A_4)=P_1P_2P_3P_4P_5=0.287\ 28\end{aligned}$$

从而得：

$$\begin{aligned}R&=P(\bigcup_{i=1}^{m}A_i)\\&=P(A_1)+P(A_2)+P(A_3)+P(A_4)-P(A_1A_2)-P(A_1A_3)-P(A_1A_4)-\\&\quad P(A_2A_3)-P(A_2A_4)-P(A_3A_4)+P(A_1A_2A_3)+P(A_1A_3A_4)+\\&\quad P(A_1A_2A_3)+P(A_2A_3A_4)-P(A_1A_2A_3A_4)\\&=0.943\ 66\end{aligned}$$

当网络的结构不太复杂或最小通路的数目 m 比较小时，采用最小通路法求网络可靠度 R 是比较容易的。但是，当网络的结构比较复杂或路数 m 比较多时，找出网络系统全部的最小通路就比较困难了，更难于求出系统可靠度 R。

三、最小割集法

若在网络上去掉某一部分弧后，发点与收点之间便无路可通，则称这部分弧构成一个割集。例如,图 4-19 中的联集 $A\{x_1,x_9,x_8\}$、$B\{x_1,x_{10},x_9,x_{18},x_7\}$、$C\{x_1,x_9,x_{18},x_{21}\}$都是割集。容易看出,发点与收点之间和每条最小路都至少包含割集中的一个弧。

若在割集中随意去掉一个弧就不再成为割集,则称此割集为最小割集。如上述割集 A 就是最小割集,而割集 B 与 C 却不是最小割集。

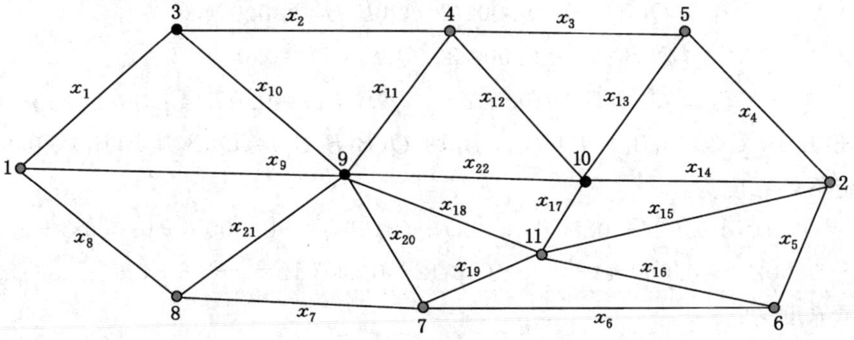

图 4-19　网络系统

最小割集法的基本思想是:若最小割集失效,即割集中所有弧全部失效,则网络失效。因此,可由各个最小割集的不可靠度,求得网络的不可靠度,从而求得网络的可靠度。

设网络 S,其中 l 个最小割集为 $B_i(i=1,2,\cdots,l)$,当任一割集 B_i 的所有弧全发生失效的事件也记为 B_i,其概率记为 $Q(B_i)(i=1,2,\cdots,l)$;又设系统 S 失效事件记为 B,其概率为 $Q(B)$。则

$$B=\bigcup_{i=1}^{l}B_i$$

从而求网络系统可靠性 R 的问题就可归纳为以下三步:

第一步,求出网络 S 的所有最小割集 $B_1,B_2,\cdots,B_l$。

第二步,计算概率 $Q(B)=P(\bigcup_{i=1}^{l}B_i)$。

当 $m=2$ 时,则

$$Q(B)=P(B_1)+P(B_2)-P(B_1B_2)$$

当 $m=3$ 时,则

$$Q(B)=P(B_1)+P(B_2)+P(B_3)-P(B_1B_2)-P(B_1B_3)-P(B_2B_3)+P(B_1B_2B_3)$$

一般公式为:

$$Q(B)=\sum_{i=1}^{l}(-1)^{i-1}\sum_{1\leqslant j\leqslant\cdots j_i\leqslant n}P(A_{j1},A_{j2},\cdots,A_{ji})\tag{4-40}$$

第三步,计算网络系统可靠度

$$R=1-Q(B)\tag{4-41}$$

例 4-6　如图 4-18 所示的桥形网络系统 S,各弧的不可靠度分别为 $q_1=0.3$,$q_2=0.1$,$q_3=0.2$,$q_4=0.05$,$q_5=0.4$。试求网络系统 S 的可靠度。

解　此网络系统共有 4 个最小割集,即 $B_1\{x_1,x_4\}$、$B_2\{x_1,x_5,x_3\}$、$B_3\{x_4,x_5,x_2\}$、$B_4\{x_2,x_3\}$,各个最小割集的不可靠度分别为

$$Q(B_1)=q_1q_4=0.3\times0.05=0.015$$

$$Q(B_2)=q_1q_5q_3=0.3\times0.4\times0.2=0.024$$

$$Q(B_3)=q_4q_5q_2=0.05\times0.4\times0.1=0.002$$

$$Q(B_4)=q_2q_3=0.1\times0.2=0.02$$

并且

$$Q(B_1B_2)=0.001\,2\quad Q(B_1B_3)=0.000\,6$$

$$Q(B_1B_4)=0.000\,3\quad Q(B_2B_3)=0.000\,12$$

$$Q(B_2B_4)=0.002\,4\quad Q(B_3B_4)=0.000\,4$$

$$Q(B_2B_3B_4)=Q(B_1B_3B_4)=Q(B_1B_2B_4)=Q(B_1B_2B_3)=Q(B_1B_2B_3B_4)=0.000\,12$$

则系统不可靠度为：

$$Q(B)=(0.015+0.024+0.002+0.02)-(0.001\,2+0.000\,6+0.000\,3+0.000\,12+0.002\,4+0.000\,4)+4\times0.000\,12-0.000\,12=0.056\,34$$

系统可靠度为：

$$R=1-Q(B)=0.943\,66$$

第八节　系统可靠性模型的应用

系统可靠性模型在可靠性工程及可靠性管理中具有重要作用，主要包括以下几个方面的应用。

一、复杂系统可靠性分析与预测

可靠性是系统(或产品)最重要的特性之一，确保系统的可靠性是工程设计中最重要的课题之一。对于复杂系统，以一个整体去分析和预测其可靠性几乎是不可能的。而系统可靠性模型是将子系统及其单元的可靠性有机地结合起来，形成对系统可靠性的描述。因此，先对相对简单的子系统或单元进行可靠性分析，进而采用其系统可靠性模型对系统进行可靠性分析和预测则较容易做到。

二、系统可靠性设计

当一个系统的可靠性达不到要求时，则必须采取措施加以改进。通过对该系统进行可靠性分析能够提供改进提高系统可靠性的方向。而直接采用可靠性设计则提出了解决该问题的一种合适的方法。

三、维修决策

系统(或产品)会随着使用时间的推移发生功能衰退并最终失效，对于很多机械系统(或产品)可以通过维修来延缓系统(或产品)的失效。维修过程中要投入较多的费用，延缓失效又可以获取收益，一般来说收益大于投入，维修才值得。系统可靠性模型能在进行维修活动分析中提供帮助。

四、产品质量保证策略

在当今市场经济条件下，产品的质量是企业生存的根本保证，也是消费者的基本要求。产品(或系统)的可靠性是衡量产品质量的重要指标之一，其指标的数量化借助于产品(或系统)的可靠性模型分析获得。

五、风险分析

对复杂及昂贵的系统(或产品),在可靠性分析中要涉及出现失效(或故障)时引起负面后果的概率。可靠性模型可应用于解决此类问题。

对于不同系统可靠性模型的可靠度、失效率、平均寿命总结如表 4-5 所示。假设组成系统的各单元寿命服从指数分布,且失效率相同,各单元可靠度为 $R=\mathrm{e}^{-\lambda t}$。

表 4-5　不同系统可靠性模型的可靠度、失效率、平均寿命(系统各单元相同)

系统	可靠度	失效率	平均寿命
串联系统	$R_s=\mathrm{e}^{-n\lambda t}$	$\lambda_s=n\lambda$	$T_s=\frac{1}{\lambda_s}=\frac{1}{n\lambda}$
并联系统	$R_s(t)=1-(1-\mathrm{e}^{-\lambda t})^n$	$\lambda_s=\frac{n\lambda(1-\mathrm{e}^{-\lambda t})^{n-1}\mathrm{e}^{-\lambda t}}{1-(1-\mathrm{e}^{-\lambda t})^n}$	$T_s=\frac{1}{\lambda}+\frac{1}{2\lambda}+\cdots+\frac{1}{n\lambda}$
串并联系统	$R_s=\prod_{i=1}^{n}\{1-[1-R_i(t)]^m\}$		
并串联系统	$R_s(t)=1-[1-\prod_{i=1}^{n}R_i(t)]^m$		
表决系统	$R_s(t)=\sum_{i=k}^{n}\mathrm{C}_n^i\mathrm{e}^{-i\lambda t}(1-\mathrm{e}^{-\lambda t})^{n-i}$		$T_s=\sum_{i=1}^{n}\frac{1}{i\lambda}$
储备系统	(单元完全可靠) $R_s(t)=\mathrm{e}^{-\lambda t}(1+\lambda t)(n=2)$	(单元完全可靠) $\lambda_s(t)=\frac{\lambda^2 t}{1+\lambda t}(n=2)$	(单元完全可靠) $T_s=\frac{2}{\lambda}(n=2)$
	(单元完全不可靠) $R_s(t)=\mathrm{e}^{-\lambda t}+\frac{\lambda}{\mu}(\mathrm{e}^{-\lambda t}-\mathrm{e}^{-(\lambda+\mu)\lambda})(n=2)$		(单元完全不可靠) $T_s=\frac{1}{\lambda}+\frac{1}{\lambda+\mu}(n=2)$

本章案例:矿井通风系统可靠性分析

(摘自:程五一,李季.《系统可靠性理论及其应用》,北京航空航天大学出版社,2012)

习　题

1. 简述建立系统可靠性模型的目的。

2. 简述系统的结构框图与可靠性框图的区别与联系。

3. 已知某并联系统由两个服从指数分布的单元组成,两个单元的失效率分别为 $\lambda_1=0.000\ 2/\mathrm{h}$,$\lambda_2=0.000\ 3/\mathrm{h}$,工作时间 $t=800\ \mathrm{h}$。试求该系统的可靠度、失效率和平均寿命。

4. 某网络系统如图 4-21 所示,假设 $R_1=R_2=R_3=R_4=R_5=R_6=R_7=R$,求该系统的可靠度 R。

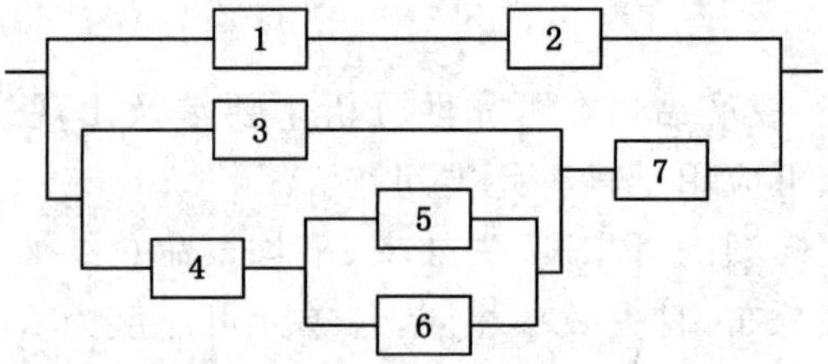

图 4-21　题 4 图

5. 假设单元寿命服从指数分布，失效率 $\lambda=0.0005\ h^{-1}$，系统工作时间 $t=100$ h，试比较均有两个相同单元组成的串联系统、并联系统、贮备系统的可靠度及系统平均寿命。

6. 已知某产品可靠度的表达式为 $R_t=e^{-\lambda t}$，当 $\lambda=5\times10^{-4}$/h，求 $t=100$ h，$t=1\ 000$ h，$t=2\ 000$ h 的可靠度，并求该产品的平均寿命。

7. 试比较分析下列 4 个系统的可靠度，设各单元的可靠度相同，均为 $R=0.99$。

(1) 4 个单元构成的串联系统；

(2) 4 个单元构成的并联系统；

(3) 串-并联系统($m=2,n=2$)；

(4) 并-串联系统($m=2,n=2$)。

第五章　可修复系统可靠性模型

可修复系统是当组成系统的部件故障时能通过维修使其恢复功能的系统。可修复系统是由一些部件和一个(或几个)修理设备(修理工)所组成。在系统发生故障后,修理设备对发生故障的部件进行修理,修复后的部件可以继续工作。修理的好坏直接影响系统的可靠性。因此,对这样的系统,除了要研究其固有可靠性外,还必须研究它的维修性问题。也就是说,要研究涵盖狭义可靠性和维修性在内的广义可靠性,即有效性问题。

研究可修复系统的主要数学工具是随机过程理论。当组成系统的各部件的寿命分布和故障后的修理时间分布及其他出现的有关分布均为指数分布时,系统通常可用马尔可夫过程(Markov)来描述。马尔可夫型可修系统是实践中应用最多的一类可修复系统。

第一节　维修性及其数量指标

一、维修性

1. 维修性的概念

维修性是产品在规定的条件下和规定的时间内,按规定的程序和方法进行维修时,保持或恢复其规定状态的能力。维修性是产品的一种质量特性,即由设计赋予的使产品维修简便、迅速、经济的固有属性。

维修性反映对产品进行维护的容易程度,或者按照预定的需要对某一功能部件进行维护的容易程度,因此有时也称易维护性。对软件而言,维修性称为“可维护性”,是在与任务要求相一致的预定期间内,使软件能保持或恢复到规定状态的概率。易修性,是指产品使定期维修或预防性维修(包括专用工具、保障设备、技能和人力使用)要求最少和改善这些维修(包括目视检查和保养)方便性的设计、布局和装配特性。易修性反映设备修理的难易程度。可修复性是产品被修复的固有能力,是指出现故障的系统在规定的实际修理时间内使其恢复到可工作状态的能力。

维修性中的“维修”包括预防性维修、修复性维修、应急性修复和改进性维修等内容。在维修中常常需要检测、隔离故障(诊断),进行测试,并作为维修中的重要活动。测试性一般指系统能否及时、准确地检测隔离故障并确定其状态。随着系统越来越精密、复杂化,测试性已经成为与维修密切相关的质量特征。目前,一般地说维修性包含测试性。

(1) 预防性维修

预防性维修(preventive maintenance)是指通过系统检查、检测和消除产品的故障征兆,使其保持在规定状态所进行的全部活动。从定义可知,预防性维修主要是针对故障征兆,即它是在发生故障之前,目的是保持装备规定状态,一般包括擦拭、润滑、调整、检查、定期拆修和定期更换。对于有冗余的设备而言,可以认为检查并排除那些未能造成显著后果的故障(通常是隐蔽性故障)所采取的措施,如故障检查,也是预防性维修。

预防性维修通常适用于故障后果危及安全和任务完成或导致较大经济损失的情况。根据人们长期积累的经验,它一般可分为定期(时)维修、视情维修、预先维修和故障检查等方式。

① 定期(时)维修(hard time maintenance)是指产品使用到预先规定的间隔期时,即按事先安排的内容进行的维修。其优点是便于安排维修工作,组织维修人力和准备物资。定期维修适用于已知寿命分布规律且确有损耗期的设备。这种设备的故障与使用时间有明确的关系,大部分项目能工作到预期的时间以保证定期维修的有效性。

② 视情维修(on-condition maintenance)是指对产品进行定期或连续的监测,发现其有功能故障征兆时进行有针对性的维修,又称为预测性维修(predictive maintenance)。视情维修适用于耗损故障初期有明显劣化症候的设备,并需有适当的监测手段和标准。其优点是维修的针对性强,能够充分利用机件的工作寿命,又能有效地预防故障。

③ 预先维修(proactive maintenance)是指针对故障根源采取的识别、监测和排除活动。它主要适用于故障后果极其严重的机械类故障。这里的故障根源是指导致设备物理、化学性能发生变化的外围事件或条件。

④ 故障检查(failure-finding)是指检查设备是否仍能工作的活动,也称为功能检查。它主要是针对那些后果不明显的故障,所以它适用于平时不使用的设备或产品的隐蔽功能故障。

此外,对设备所进行的例行擦拭、清洗、润滑、加油注气等活动,是为了保持设备以正常工作状态运转,也属于预防性维修的一种,通常叫作维护或保养(servicing)。

(2) 修复性维修

修复性维修(corrective maintenance)是指产品发生故障后,使其恢复到规定状态所进行的全部活动。它可以包括下述一个或多个步骤,即故障定位、故障隔离、分解、更换、组装、调校及检测等,也称为修理或排除故障维修。

(3) 应急性维修

应急性维修(emergency maintenance)是指产品在使用过程中遭受损伤或发生故障后,在无法按照正常维修程序开展维修的条件下,采用快速诊断与应急修复技术恢复、部分恢复必要功能或自救能力所进行的现场修理。

(4) 改进性维修

改进性维修(modification or improvement)是指利用完成设备维修任务的时机,对设备进行经过批准的改进和改装,以提高设备的性能、可靠性、维修性或保障性,或使之适合某一特殊的用途。

维修还有其他分类方法,如按维修对象是否撤离现场,可分为现场维修与后送维修;按维修对象是否拆离原来所在位置可分为原位维修和离位维修;按是否预先有计划安排,可分为计划维修和非计划维修。

2. 维修性的要求

要使产品的维修性进入设计领域,在研制过程进行设计、分析、验证,必须有明确、具体的维修性指标、要求;否则,就不会有系统的维修性工作。

维修性要求,是对所要求的维修性特性的全面说明,用定性和定量的术语表示,由产品设计予以满足。

对产品维修性的基本要求应包括维修性定性要求和维修性定量要求。维修性定性要求是描述定量指标的必要条件,而定量指标是在定性要求的约束下来实现的。通常在设计之前就应明确定性和定量要求,将定性要求转化为设计准则,按定量要求确定选用参数和指标。

(1) 维修性定性要求

维修性定性要求是维修简便、迅速、经济的具体化。它有两个方面的意义:一是实现定量指标的具体技术途径或措施;二是定量指标的补充,即有些无法定量反映出来的要求,只好定性描述。定性要求概括为:

① 具有良好的可达性。可达性是维修时接近产品不同组成单元的相对难易程度,也就是接近维修部位的难易程度。维修部件应看得见、够得着,不需要拆装其他单元或简单拆装即可达到维修部位,良好的可达性是维修性的首要要求,也是缩短维修时间的首要因素。

② 提高模块化和互换性。模块化是广泛采用模块(件)结构的一种设计方法,可以增进测试能力和方便维修。互换性是某一产品(包括零件、构件)与另一产品在尺寸、功能上能够彼此互相替换的性能。有时将模块化和互换性要求转化为系列化、通用化、组合化要求。标准化、互换性和通用化,不仅有利于产品设计和生产,而且也使产品维修简便,能显著减少维修备件的品种、数量,简化保障,降低对维修人员技术水平的要求,大大缩短维修工时。

③ 确保维修安全性。安全性指避免维修活动时人员伤亡或设备损坏的一种设计特性。这也是维修性设计需要考虑的问题。

④ 完善的防差错措施及识别标记。为防止维修时零部件的装错、装反或装漏等差错,设计人员应在设计上采取措施,确保不出差错。对外形相近而功能不同的零件、重要连接部件和安装时容易发生差错的零部件,应从结构上加以区别或有明显的识别标记。

⑤ 维修的简便性。减少维修内容是维修性工程追求的又一目标。产品设计时,在满足规定功能条件下,其结构和外形应尽量简单,使维修简便、迅速;避免经常拆卸和维修,同时应采取措施预防和控制锈蚀、霉烂和磨损,并能适应所要求的各种不同的自然条件。

⑥ 重视贵重件的可修复性。贵重件应具有便于在其磨损、变形或有其他形式后修复原件的性能。

⑦ 符合人因工程要求。产品设计时应考虑设备维修中人的各种能力(如体力、感官力、耐受力、心理容量)、人体尺寸等因素与设备的关系,以及如何提高维修工作效率、质量和减轻人员疲劳等方面的问题。

⑧ 良好的测试性。测试性是产品便于确定其状态并检测、诊断故障的一种设计特性。产品检测诊断是否准确、快速、简便,对维修性有重大影响,检测设备和检测方式的选择以及检测点的配置都是维修性应考虑的重要问题。

⑨ 绿色设计要求。绿色设计要求在产品维修过程中应考虑零部件的回收处理,能源和资源的消耗,有害物质的排放以及废弃物的处理等问题。

这些要求说起来简单,虽不好直接地定量考核,但确是很重要的。比如防差错设计是多少事故乃至流血牺牲的代价总结出来的。由于维修差错造成重大事故的事件国内外屡见不鲜。如国军标《维修性设计技术手册》(GJB/Z 91—1997)提出,要从设计上采取措施,保证关键性的维修作业做到“错不了”“不会错”“不怕错”,并有许多具体的设计建议。

(2) 维修性定量要求

维修性定量要求即各项维修性指标,是维修性参数的要求值。有关的概念与可靠性参数、指标相似。如在国军标《装备可靠性维修性保障性要求论证》(GJB 1909A—2009)中详细地规定了参数、指标的含义,选择确定的原则、程序,适用于各类型装备可供选择的参数,并附有参数选择与指标确定的实例。

维修性参数是度量维修性的尺度,参数的选取必须能反映维修性的本质特征并与维修性工作的目标密切联系。可选择的常用维修性参数有:

① 平均修复时间(MTTR);

② 恢复功能用的任务时间(MTTRF);

③ 最大修复时间(Mmaxct);

④ 预防性维修时间(Mp);

⑤ 平均维修时间;

⑥ 平均维修工时/维修性指数;

⑦ 维修费用参数:每工作小时平均维修费用或设备费用等。

基于绿色设计理念可增加以下参数:

① 维修过程中的使用能耗、回收处理能耗等。

② 废弃物排放总量、废弃物回收率、回收总量、回收总价值等。

③ 报废处理中拆卸时间参数和拆卸工时参数。

(3) 维修性要求的确定

为了确定维修性要求,首先应全面了解以往类似产品在维修性方面存在的不足和缺陷,并针对本产品的特殊性,有的放矢地提出该产品在维修性方面的要求,参照国军标《装备维修性工作通用要求》(GJB 368B—2009)、该类产品的专用规范和相关的设计手册最终确定维修性要求。例如,某产品在设计中有结构复杂的高性能火控系统,则维修性要求的重点是该产品的电子部分应实现模块化和自动检测。

确定出合乎实际的定性和定量的维修性要求,对于保证系统具有合理的维修性特性至关重要。维修性要求提得过高,必将需要采用更为先进的故障检测方法和手段,致使系统的研制费用提高,设备重量增加,而且还可能因设计上的过于复杂化,出现可靠性下降的趋势。反过来,维修性要求过低,又会增加系统的不能工作时间,使维修保障费用增多,还可能影响预定任务的完成。为此,必须在方案论证阶段与可靠性要求相协调地反复进行权衡分析。

确定维修性要求的原则:

① 确定维修性要求的主要依据是设备的使用需求。

② 确定维修性要求,要与其他质量要求和约束条件充分权衡和协调。

③ 维修性要求的确定要与保障性分析结合。

完整的维修性要求一般包括:维修性的定性和定量要求;维修性验证(考核)的要求;要进行的维修性工作项目;维修性文件编制的要求。维修性要求应纳入合同(任务书)附件的产品技术规范(技术规格书)和工作说明中。

定性的维修性要求大多以维修性设计准则的方式加以规定。在定性的要求中,提出了关于可达性的要求，对故障进行检测和隔离能力的要求，以及对可拆换件的重量和外形尺寸的限制等方面的要求，还经常包括人因工程方面的要求。

定量的维修性要求一般规定出所要求的对系统不能工作的时间的限制、维修工时的限制或可用度的要求等。所谓限制系统不能工作的时间，就是对系统的维修时间累积分布施加控制，即规定出累积分布上的控制点。维修工时对系统的寿命周期费用有着很重大的影响，要注意不要让它超出预算。对于有些维修活动，由于人员有限，而且每个人都要执行多重任务，所以限定维修工时就更为重要了。此外，其他关于维修性的定量指标都可以作为定量的尺度，用以对定量的维修性要求作出限值规定。

在规定系统的维修性要求时，应当注意定量地规定出适当的计划性维修要求，尤其是对于需持续工作、不能随便停机的系统（如警戒雷达）更应注意考虑。

整个系统的维修性要求必须分配到它的各分系统或设备上，使之成为各分系统或设备的设计要求，这种系统维修性的分配类似于系统可靠性的分配，但在进行维修性的分配时，必须在故障率和平均维修时间之间求得平衡。只有通过迭代过程才能达到这一要求。

由于维修性的特性参数值与维修条件密切相关，因此在提出维修性要求时必须指明是在哪一个维修级别上进行维修的。

维修性的定性定量要求，通过设计与分析实现，通过试验与评定检验，它们构成一个反复迭代的过程。

二、维修性特征量

产品的维修性不仅是一个定性的能力表示，而且可以定量地加以描述，这些定量的指标称为维修性特征量，包括维修度、维修密度函数、修复率和平均修复时间等。

1. 维修度 $M(t)$

维修度（maintainability）是指在规定的条件下使用的可维修产品，在规定的时间内，按规定的程序和方法进行维修时，保持或恢复到能完成规定功能的概率，记为 $M(t)$。

$$M(t) = P(Y \leqslant t) \tag{5-1}$$

维修度是维修时间 t 的函数，故又称为维修度函数 $M(t)$，它表示当 $t=0$ 时，处于失效或完全故障状态的产品，在 t 时刻前能完成修复的概率。

显然，$0 \leqslant M(t) \leqslant 1$。若同一时刻 t 的维修度越大，说明该产品修好的可能性越大。

2. 维修密度函数 $m(t)$

如果维修度函数 $M(t)$ 连续可导，则 $M(t)$ 的导数称为维修密度函数，记为 $m(t)$。

$$m(t) = \frac{\mathrm{d}M(t)}{\mathrm{d}t} \tag{5-2}$$

若已知维修密度函数 $m(t)$，则

$$M(t) = \int_0^t m(t)\,\mathrm{d}t$$

3. 修复率 $\mu(t)$

修复率指修理时间已达到某一时刻但尚未修复的产品在该时刻后的单位时间内完成修理的概率，可表示为 $\mu(t)$。它是用单位时间修复发生故障的产品的比例来度量维修性的一个尺度。

$$\mu(t) = \frac{1}{1-M(t)}\frac{\mathrm{d}M(t)}{\mathrm{d}t} = \frac{m(t)}{1-M(t)} \tag{5-3}$$

若 $M(t)$ 服从指数分布，即

$$M(t) = 1 - e^{-\mu t} \tag{5-4}$$

则修复率为常数 μ。

4. 平均修复时间 MTTR

平均修复时间是指可修复的产品的平均修理时间，其估计值为修复时间总和与修复次数之比，记作 MTTR(mean time to repair)。

$$\mathrm{MTTR} = E(Y) = \int_0^{+\infty} t\mathrm{d}M(t) \tag{5-5}$$

若修复时间服从指数分布，如式(5-4)所示，则平均修复时间是修复率的倒数，即

$$\mathrm{MTTR} = \frac{1}{\mu} \tag{5-6}$$

由上述定义可以看到：$M(t)$ 与 $F(t)$、$m(t)$ 与 $f(t)$、$\mu(t)$ 与 $\lambda(t)$、MTBF 与 MTTR 是一一对应的；可靠性指标依据的是从开始工作到故障发生的时间(寿命)数据，而维修性指标依据的是发生故障后进行维修所花费的时间——修复时间数据。两者相比，维修时间数据比寿命数据要小得多。另外，可靠性是由设计、制造、使用等因素所决定的，而维修性是人为地排除故障，使产品的功能恢复，因而人为因素影响更大。维修性特征量的估计值求法见例 5-1。

例 5-1　某电视机厂的维修站修理了该厂生产的 20 台电视机，每台的修理时间(单位为 min)如下：48，59，68，86，90，105，110，120，126，128，144，150，157，161，172，176，180，193，198，200。

试求：(1) 160 min 的维修度；

(2) MTTR；

(3) 120 min 时的修复率，$\Delta t = 15$ min。

例 5-1　MATLAB 程序

解　(1) $M(t) = \dfrac{t\text{ 时刻内修复的台数}}{\text{维修总台数}}$

$$M(160) = \frac{13}{20} = 0.65$$

(2) $\mathrm{MTTR} = \dfrac{\text{各台修复时间的总和}}{\text{维修总台数}}$

$$\mathrm{MTTR} = (48 + 59 + 68 + \cdots + 198 + 200)/20 = 133.55\ (\mathrm{min})$$

(3) $\mu(t) = \dfrac{\text{在时间区间}(t, t+\Delta t)\text{内修复的台数}}{\text{到时刻 } t \text{ 仍未修好的台数} \times \Delta t}$，于是

$$\mu(120) = \frac{2}{12 \times 15} = 1.1\%$$

三、有效性特征量

有效性也称可用性。它是综合反映可靠性和维修性的一个重要概念，是一个反映可维修产品使用效率的广义可靠性尺度。对许多军用品(如军用微波电台、发电机组)来说，有效性是至关重要的，其反映有效的指标(有效度、可用率)乃是可靠性的第一指标。

有效性表示可维修产品在规定的条件下使用时具有维持规定功能的能力。这里所指的规定条件包括产品的工作条件和维修条件。

有效度(可用度)是指可维修的产品在规定的条件下使用时,在某时刻具有或维持其功能的概率。有效度是有效性的数量指标。对于可维修的产品,当发生故障时,只要在允许的时间内修复后又能正常工作,则其有效度与单一可靠度相比,是增加了正常工作的概率;对于不可维修的产品,有效度就仅决定于且等于可靠度了。

显然,有效度是时间的函数,故又可称为有效度函数,记为 $A(t)$。它又分为以下几种形式。

(1) 瞬时有效度(instantaneous availability)

瞬时有效度指在某一特定瞬时,可修产品保持正常工作使用状态或功能的概率,又称瞬时利用率,记为 $A(t)$。它反映在 t 时刻产品的有效度,而与 t 时刻以前是否失效无关。瞬时有效度常用于理论分析,而不便于在工程实践中应用。

(2) 平均有效度(mean availability)

可修产品在时间区间[0,t]内的平均有效度,即瞬时有效度 $A(t)$在[0,t]内的平均值,记为 $\overline{A}(t)$。

$$\overline{A}(t) = \frac{1}{t}\int_0^t A(t)\mathrm{d}t \tag{5-7}$$

设备或系统在执行任务期间[t_1,t_2]的平均有效度,又称为任务有效度,即

$$\overline{A}(t) = \frac{1}{t_2 - t_1}\int_{t_1}^{t_2} A(t)\mathrm{d}t \tag{5-8}$$

它表示设备或系统在任务期间[t_1,t_2]可以使用的时间在时间区间[t_1,t_2]中所占的比例。

(3) 稳态有效度(steady availability)

稳态有效度或称为时间有效度(time availability),又叫可工作时间比 UTR(up time ratio),记为 $A(\infty)$或 A。它是时间 $t\to\infty$时瞬时有效度 $A(t)$的极限,即

$$A(\infty) = A = \lim_{t\to\infty} A(t) \tag{5-9}$$

稳态有效度也可表示为

$$A = \frac{\text{可工作时间}}{\text{可工作时间}+\text{不能工作时间}} = \frac{U}{U+D} \tag{5-10}$$

式中:U 为可维修的系统、机器、设备或部件等产品平均能正常工作的时间,单位为 h;D 为产品平均不能工作时间,单位为 h。

或表达为

$$A = \frac{\mathrm{MTBF}}{\mathrm{MTBF}+\mathrm{MTTR}} \tag{5-11}$$

当可靠度 $R(t)$和维修度 $M(t)$均为指数分布,且 $\mathrm{MTBF}=\frac{1}{\lambda}$,$\mathrm{MTTR}=\frac{1}{\mu}$时,有

$$A = \frac{\mathrm{MTBF}}{\mathrm{MTBF}+\mathrm{MTTR}} = \frac{\mu}{\mu+\lambda} \tag{5-12}$$

如上所述的瞬时、任务、稳态有效度之间的关系,见图 5-1。

(4) 固有有效度(inherent availability)

固有有效度可表示为

$$A = \frac{\text{工作时间}}{\text{工作时间}+\text{实际不能工作时间}} = \frac{\mathrm{MTBF}}{\mathrm{MTBF}+\mathrm{MADT}} \tag{5-13}$$

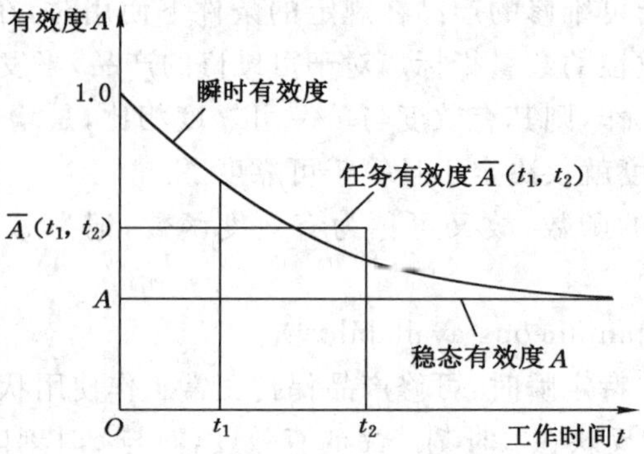

图 5-1　瞬时、任务、稳态有效度之间的关系

式中：MADT(mean active down time)为平均实际不能工作时间；MTBF 为平均无故障工作时间。

这是事后维修的公式，若是预防性维修，则上式中的 MTBF 应以平均维修时间 MTTM (mean time To maintenance)代替。

固有有效度也可表示为

$$A(t_1, t_2) = \frac{\text{MTBM}}{\text{MTBM} + \overline{M}} \tag{5-14}$$

式中：MTBM(mean time between maintenances)为两次维修间平均时间；$\overline{M}$为平均维修时间。

由式(5-11)可知，提高设备或系统的有效度可采用两条途径：一是提高设备的可靠性，延长设备的平均故障间隔时间 MTBF；二是加强维修性设计，提高维修性，以缩短平均修复时间 MTTR。但是，提高 MTBF 与缩短 MTTR 之间是有矛盾的。为了提高维修性，缩短 MTTR，必须采取模块化设计、故障隔离设计、可接近性设计、可更换与可检测设计，但这样又增加了设备的复杂性，使得动态连接装置、附加检测电路及连接点的数目大大增加，从而使设备可靠性降低，MTBF 下降。当 MTBF 很小时，MTTR 的缩短将使设备有效度 A 有较大增加。

第二节　马尔可夫过程

一、随机过程的概念

随机过程是对一连串随机事件之间动态关系的定量描述。它是自然科学、社会科学和工程技术各领域研究随机现象的有力工具，其应用非常广泛：气象预报、天文观测、通信工程、原子物理、宇宙遥控、生物医学、管理科学、运筹决策、计算机科学、经济分析、人口理论、可靠性与质量控制等诸多领域，都已离不开用随机过程的理论建立各种数学模型。

设 E 是随机试验，$\Omega=\{\omega\}$是它的样本空间，T 是一个参数集，若对于每一个 $t\in T$，都有随机变量 $X(t,\omega)$，$\omega\in\Omega$ 与之对应，则称随机变量族$\{x(t,\omega), t\in T\}$为随机过程或随机函数，通常记作$\{X(t), t\in T\}$或 $X(t)$。

参数集 T 在实际问题中，常常指的是时间参数。

实际上随机过程$\{X(t),t\in T\}$是一个二元函数。对于每一个固定的时刻$t_0\in T$，$X(t_0)$是一个随机变量，并称作随机过程$X(t)$在$t=t_0$时的一个状态，它反映了$X(t)$的"随机"性；对于每一个$\omega_0\in\Omega$，$X(t)$是一个确定的样本函数，它反映了$X(t)$的变化"过程"。

称$X(t)$所有可能的取值集合S为随机过程$X(t)$的状态空间。若$X(t)=x$，则称随机过程$X(t)$在时刻t处于状态x。

在可靠性理论中，t表示时间，$X(t)$表示t时刻系统所处的状态。

二、马尔可夫过程的概念

1. 马尔可夫性

设$\{X(t),t\in T\}$是一个随机过程，如果$\{X(t),t\in T\}$在t_0时刻所处的状态为已知时，它在时刻$t>t_0$所处状态的条件分布与其在t_0之前所处的状态无关。通俗地说，就是在知道随机过程"现在"的条件下，其"将来"的条件分布不依赖于"过去"，则称$\{X(t),t\in T\}$具有马尔可夫性。

2. 马尔可夫过程

设$\{X(t),t\in T\}$的状态空间为S，如果$\forall n\geqslant 2$，$\forall t_1<t_2<\cdots<t_n\in T$，在条件$X(t_i)=x_i$，$x_i\in S$，$i=1,2,\cdots,n-1$下，$X(t_n)$的条件分布函数恰好等于在条件$X(t_{n-1})=x_{n-1}$下的条件分布函数，即

$$\begin{aligned}&P[X(t_n)\leqslant x_n \mid X(t_1)=x_1,X(t_2)=x_2,\cdots,X(t_{n-1})=x_{n-1}]\\&=P[X(t_n)\leqslant x_n \mid X(t_{n-1})=x_{n-1}],x_n\in\mathbf{R}\end{aligned}\tag{5-15}$$

则称$\{X(t),t\in T\}$为马尔可夫过程。

马尔可夫过程可以按时间和状态是连续的或是离散的进行分类：

① 时间与状态均为离散的马尔可夫过程，称为离散时间马尔可夫链；

② 时间连续但状态离散的马尔可夫过程，称为连续时间马尔可夫链；

③ 时间与状态均为连续的马尔可夫过程，称为连续马尔可夫过程。

本节主要介绍在可修系统可靠性分析中广泛应用的时间连续的马尔可夫链的概念及其基本性质。

三、连续时间的马尔可夫链

1. 定义

设随机过程$\{X(t),t\geqslant 0\}$的状态空间为S，若对所有的$s,t\geqslant 0$及$i,j\in S$，$x(u)$，$0\leqslant u\leqslant s$，有

$$\begin{aligned}&P\{X(t+s)=j \mid X(s)=i,X(u)=x(u),0\leqslant u\leqslant s\}\\&=P\{X(t+s)=j \mid X(s)=i\}\end{aligned}\tag{5-16}$$

则称$X(t)$为连续时间马尔可夫链，并称式(5-16)为转移概率，记作

$$P_{ij}(s,t+s)=P\{X(t+s)=j \mid X(s)=i\}\tag{5-17}$$

此定义表示在已知现在系统处在状态$X(s)=i$时，过去所处的状态$X(u)=x(u)$，$0\leqslant u\leqslant s$与系统在将来时刻$t+s$所处的状态$X(t+s)$无关。

若转移概率式(5-17)仅由t决定而与s无关，则称连续时间马尔可夫链为齐次的，并记为

$$P_{ij}(s,t+s)=P_{ij}(t)$$

2. 性质

设$\{X(t),t\geqslant 0\}$是状态空间为S连续时间齐次马尔可夫链，则其性质有：

性质 1 $P_{ij}(t)$对 $i,j\in S$ 和 $t>0,\tau>0$,满足

(1) $P_{ij}(t)\geqslant 0$;

(2) $\sum_{j\in S} P_{ij}(t)=1$;

(3) $P_{ij}(t+\tau)=\sum_{k\in S}[P_{ik}(t)P_{kj}(\tau)]$

其中(3)即为切普曼-柯尔莫哥洛夫方程。

性质 2 对任意 $0\leqslant t_0<t_1<\cdots<t_n,i_0,i_1,\cdots,i_n\in S$,有

$$P\{X(t_0)=i_0,X(t_1)=i_1,\cdots,X(t_n)=i_n\}$$
$$=P\{X(t_0)=i_0\}\cdot P_{i_0 i_1}(t_1-t_0)\cdots P_{i_{n-1}i_n}(t_n-t_{n-1})$$

即连续时间齐次马尔可夫链的有限维概率分布由它的初始分布和转移概率所确定。

性质 3 对任意 $0\leqslant t_1<t_2,i_1,i_2,i\in S$,有

$$P\{X(t_1)=i_1\mid X(t_2)=i_2,X(t)=i,t<t_2\}$$
$$=P\{X(t_1)=i_1\mid X(t_2)=i_2\}$$

即对时间来说有可逆性。

性质 4 对任意 $0\leqslant t_1<t_2<t_3,i_1,i_2,i_3\in S$,有

$$P\{X(t_3)=i_3,X(t_1)=i_1\mid X(t_2)=i_2\}$$
$$=P\{X(t_3)=i_3\mid X(t_2)=i_2\}P\{X(t_1)=i_1\mid X(t_2)=i_2\}$$

即已知现在,那么过去与将来是独立的。

性质 5 遍历性定理

设$\{X(t),t\geqslant 0\}$是状态空间 $S=\{0,1,2,\cdots,n\}$的连续时间齐次马尔可夫链,若存在 $t_0>0$,使对于一切 $i,j\in S$ 都有 $P_{ij}(t_0>0)$,则极限

$$\lim_{t\to\infty} P_{ij}(t)=\pi(j)$$

存在且与 i 无关,其中 $\pi(j)(j=0,1,2,\cdots,n)$是方程组

$$\pi(j)=\sum_{i=0}^{n}[\pi(i)P_{ij}(t)],t>0$$

的满足条件

$$\pi(j)>0,\sum_{j=0}^{n}\pi(j)=1$$

的唯一解。

四、计算齐次马尔可夫可修系统可靠性特征量的方法和步骤

下面以单部件可修复系统为例,说明计算齐次马尔可夫可修系统可靠性特征量的方法和步骤。为了讨论方便,我们作如下假定:

① 组成系统的部件的寿命和维修时间的分布均为指数分布;

② $X(t)$表示系统在时刻 t 的状态;

③ 每个部件所处状态是相互独立的。

本假定对本章以后各节均有效。

若系统是由一个部件和一组维修人员组成,此时部件工作,系统亦工作;部件故障,系统也就故障。该系统是最简单的可修复系统。若系统处于修复状态,则当部件修复后,部件重新开始工作,系统也就处于工作状态了。用 1 表示系统的正常状态,2 表示故障状态,则

$$X(t)=\begin{cases}1 & \text{时刻 } t \text{ 时系统工作} \\ 2 & \text{时刻 } t \text{ 时系统故障}\end{cases}$$

式中，$X(t)$是一个齐次马尔可夫链。

假定部件的故障率及修复率分别为λ和μ，根据图 5-2，可写出马尔可夫链的转移概率矩阵$\boldsymbol{P}(\Delta t)$（又称为微系数矩阵），即

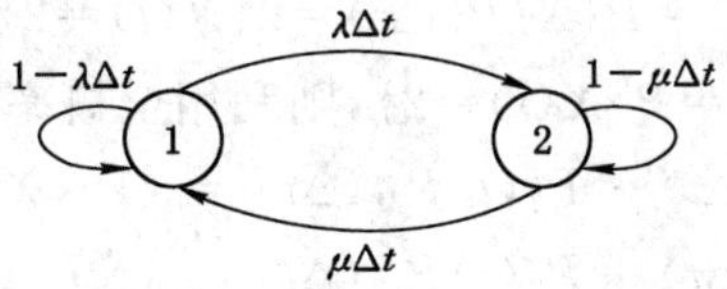

图 5-2　单部件可修复系统状态转移图

$$\boldsymbol{P}(\Delta t)=\begin{bmatrix}1-\lambda\Delta t & \lambda\Delta t \\ \mu\Delta t & 1-\mu\Delta t\end{bmatrix}$$

$P_{ij}(\Delta t)$表示t时系统处于状态i的条件下，又经过Δt后变成状态j的状态转移概率（是条件概率），简称转移率。其意义如下：单部件系统有两个随机变量X和Y，每个变量有 2 个状态，所以系统共有$2^2=4$个状态。其转移率如下：

(1) $P_{11}(\Delta t)$表示t时系统处于正常条件下，又经过Δt后仍正常的概率。

$$\begin{aligned}P_{11}(\Delta t)&=P\{X(t+\Delta t)=1|X(t)=1\}=P\{X>t+\Delta t|X>t\}\\&=\frac{P\{X>t+\Delta t\}}{P\{X>t\}}=\frac{R(t+\Delta t)}{R(t)}=\frac{\mathrm{e}^{-\lambda(t+\Delta t)}}{\mathrm{e}^{-\lambda t}}=\mathrm{e}^{-\lambda\Delta t}\\&=1-\lambda(\Delta t)+\frac{1}{2!}(\lambda\Delta t)^2-\frac{1}{3!}(\lambda\Delta t)^3+\cdots=1-\lambda\Delta t+o(\Delta t)\approx 1-\lambda\Delta t\end{aligned}$$

当$\lambda\Delta t$很小时，第三项以后是高阶无限小，以$o(\Delta t)$表示，所以计算可忽略之。

即得

$$P_{11}(\Delta t)=1-\lambda\Delta t$$

(2) $P_{21}(\Delta t)$表示t时系统故障，经过Δt已修复，系统又正常的转移概率。

$$\begin{aligned}P_{21}(\Delta t)&=P\{X(t+\Delta t)=1|X(t)=2\}=P\{Y\leqslant t+\Delta t|Y>t\}\\&=\frac{P\{Y\leqslant t+\Delta t\}-P\{Y\leqslant t\}}{P\{Y>t\}}=\frac{M(t+\Delta t)-M(t)}{1-M(t)}\\&=\frac{1-\mathrm{e}^{-\mu(t+\Delta t)}-(1-\mathrm{e}^{-\mu t})}{\mathrm{e}^{-\mu t}}=\frac{\mathrm{e}^{-\mu t}(1-\mathrm{e}^{-\mu\Delta t})}{\mathrm{e}^{-\mu\Delta t}}\\&=1-\mathrm{e}^{-\mu\Delta t}=\mu(\Delta t)+o(\Delta t)\approx\mu(\Delta t)\end{aligned}$$

(3) $P_{12}(\Delta t)$表示t时系统正常，经过Δt后变成故障的转移率。

$$\begin{aligned}P_{12}(\Delta t)&=P\{X(t+\Delta t)=2|X(t)=1\}=P\{X\leqslant t+\Delta t|X>t\}\\&=\frac{P\{X\leqslant t+\Delta t\}-P\{X\leqslant t\}}{P\{X>t\}}=\frac{F(t+\Delta t)-F(t)}{R(t)}\\&=\frac{1-\mathrm{e}^{-\lambda(t+\Delta t)}-(1-\mathrm{e}^{-\lambda t})}{\mathrm{e}^{-\lambda t}}=1-\mathrm{e}^{-\lambda\Delta t}\approx\lambda\Delta t\end{aligned}$$

(4) $P_{22}(\Delta t)$表示t时系统故障，又经过Δt后仍然故障的转移率。

$$P_{22}(\Delta t)=P\{X(t+\Delta t)=2|X(t)=2\}=P\{Y>t+\Delta t|Y>t\}$$

$$=\frac{P\{Y>t+\Delta t\}}{P\{Y>t\}}=\frac{\overline{M}(t+\Delta t)}{\overline{M}(t)}=\frac{e^{-\mu(t+\Delta t)}}{e^{-\mu t}}=e^{-\mu(\Delta t)}\approx 1-\mu\Delta t$$

即：
$$\begin{cases}P_{11}(\Delta t)=P\{X(t+\Delta t)=1\mid X(t)=1\}=1-\lambda\Delta t\\ P_{12}(\Delta t)=P\{X(t+\Delta t)=2\mid X(t)=1\}=\lambda\Delta t\\ P_{21}(\Delta t)=P\{X(t+\Delta t)=1\mid X(t)=2\}=\mu\Delta t\\ P_{22}(\Delta t)=P\{X(t+\Delta t)=2\mid X(t)=2\}=1-\mu\Delta t\end{cases}\tag{5-18}$$

令 $P_1(t)=P\{X(t)=1\}$，$P_2(t)=P\{X(t)=2\}$，则利用全概率公式可得

$$\left.\begin{aligned}P_1(t+\Delta t)&=P_1(t)P_{11}(\Delta t)+P_2(t)P_{21}(\Delta t)=(1-\lambda\Delta t)P_1(t)+\mu\Delta tP_2(t)\\ P_2(t+\Delta t)&=P_1(t)P_{12}(\Delta t)+P_2(t)P_{22}(\Delta t)=\lambda\Delta tP_1(t)+(1-\mu\Delta t)P_2(t)\end{aligned}\right\}\tag{5-19}$$

由于

$$\lim_{\Delta t\to 0}\frac{P_1(t+\Delta t)-P_1(t)}{\Delta t}=P'_1(t)$$

$$\lim_{\Delta t\to 0}\frac{P_2(t+\Delta t)-P_2(t)}{\Delta t}=P'_2(t)$$

则将式(5-19)整理求极限后可写成微分方程组

$$\left.\begin{aligned}P'_1(t)&=-\lambda P_1(t)+\mu P_2(t)\\ P'_2(t)&=\lambda P_1(t)-\mu P_2(t)\end{aligned}\right\}\tag{5-20}$$

将式(5-20)写成矩阵形式

$$[P'_1(t)\quad P'_2(t)]=[P_1(t)\quad P_2(t)]\begin{bmatrix}-\lambda & \lambda\\ \mu & -\mu\end{bmatrix}\tag{5-21}$$

因为 $P_1(t)=1-P_2(t)$，代入式(5-20)中，整理可得

$$P'_2(t)=\lambda[1-P_2(t)]-\mu P_2(t)$$

$$P'_2(t)+(\lambda+\mu)P_2(t)-\lambda=0$$

$$\begin{aligned}P_2(t)&=\exp\left[-\int(\lambda+\mu)\mathrm{d}t\right]\left\{\int\lambda\exp\left[\int(\lambda+\mu)\mathrm{d}t\right]\mathrm{d}t+C\right\}\\ &=e^{-(\lambda+\mu)t}\left(\frac{\lambda}{\lambda+\mu}e^{(\lambda+\mu)t}+C\right)=\frac{\lambda}{\lambda+\mu}+Ce^{-(\lambda+\mu)t}\end{aligned}$$

则由 $P_1(t)=1-P_2(t)$，可知 $P_1(t)$通解为

$$P_1(t)=\frac{\mu}{\lambda+\mu}-Ce^{-(\lambda+\mu)t}$$

(1) 当开始时刻($t=0$)，系统处于工作状态，即初始条件为 $P_1(0)=1$，$P_2(0)=0$，可知 $C=-\frac{\lambda}{\lambda+\mu}$，则 $P_1(t)$和 $P_2(t)$特解为

$$P_1(t)=\frac{\mu}{\lambda+\mu}+\frac{\lambda}{\lambda+\mu}e^{-(\lambda+\mu)t}$$

$$P_2(t)=\frac{\lambda}{\lambda+\mu}-\frac{\lambda}{\lambda+\mu}e^{-(\lambda+\mu)t}$$

由于 $P_1(t)$是系统处于工作状态的概率，也就是系统的有效度 $A(t)$，即

$$A(t)=P_1(t)=\frac{\mu}{\lambda+\mu}+\frac{\lambda}{\lambda+\mu}e^{-(\lambda+\mu)t}$$

(2) 如开始时刻($t=0$)，系统处于故障状态，即初始条件为 $P_1(0)=0$，$P_2(0)=1$，则 $C=$

$\frac{\mu}{\lambda+\mu}$，故 $P_1(t)$ 和 $P_2(t)$ 的特解为

$$P_1(t)=\frac{\mu}{\lambda+\mu}-\frac{\mu}{\lambda+\mu}e^{-(\lambda+\mu)t}$$

$$P_2(t)=\frac{\lambda}{\lambda+\mu}+\frac{\mu}{\lambda+\mu}e^{-(\lambda+\mu)t}$$

此时系统的有效度为

$$A(t)=P_1(t)=\frac{\mu}{\lambda+\mu}-\frac{\mu}{\lambda+\mu}e^{-(\lambda+\mu)t}$$

(3) 如果求 $t\to\infty$ 时系统稳态有效度 $A(\infty)$，不论初始状态如何，都可得

$$A(\infty)=\frac{\mu}{\lambda+\mu} \tag{5-22}$$

这意味着在系统已运行了很长一段时间后，系统处于平稳状态，其稳态有效度 $A(\infty)$ 与初始状态无关。

在工程上一般关心的是系统的稳态可用度，而采用联立微分方程方法，求解过程很烦琐，下面介绍求稳态可用度的简易方法。

设 π_1 代表 t 时刻系统正常概率，π_2 代表 t 时刻系统故障概率，状态向量 $\boldsymbol{\pi}=[\pi_1,\pi_2]$

转移概率矩阵 $\boldsymbol{P}$ 由状态转移图 5-2 得

$$\boldsymbol{P}=\begin{bmatrix}1-\lambda & \lambda\\ \mu & 1-\mu\end{bmatrix}$$

足够长时间后，系统处于各个状态的概率达到稳定，即 $t\to\infty$ 时，

$$\boldsymbol{\pi P}=\boldsymbol{\pi}$$

或

$$\boldsymbol{\pi}(\boldsymbol{P}-\boldsymbol{I})=\boldsymbol{0} \tag{5-23}$$

其中，$\boldsymbol{I}$ 为单位矩阵；$\boldsymbol{0}$ 为零向量；$\boldsymbol{P}-\boldsymbol{I}$ 是转移概率矩阵对角线元素减 1 后得到的矩阵。

由式(5-21)得

$$[\pi_1,\pi_2]\begin{bmatrix}-\lambda & \lambda\\ \mu & -\mu\end{bmatrix}=[0,0]$$

即 $-\lambda\pi_1+\mu\pi_2=0$

$$\lambda\pi_1-\mu\pi_2=0$$

上述两个方程线性相关，舍去 1 个，补充方程 $\pi_1+\pi_2=1$ 得

$$\begin{cases}\lambda\pi_1-\mu\pi_2=0\\ \pi_1+\pi_2=1\end{cases}$$

解得

$$\begin{cases}\pi_1=\dfrac{\mu}{\mu+\lambda}\\ \pi_2=\dfrac{\lambda}{\mu+\lambda}\end{cases}$$

即系统稳态有效度 $A(\infty)$ 为

$$A(\infty)=\pi_1=\frac{\mu}{\mu+\lambda}$$

求稳态可用度的简易方法，具体过程如下：

① 分析系统的状态，写出状态向量 $\boldsymbol{\pi}$；

② 画出状态转移图，写出转移概率矩阵 $\boldsymbol{P}$ 以及 $\boldsymbol{P}-\boldsymbol{I}$；

③ 联立方程 $\boldsymbol{\pi}(\boldsymbol{P}-\boldsymbol{I})=\boldsymbol{0}$，删除呈线性关系的方程，补充 $\pi_1+\pi_2+\cdots=1$；

④ 求解方程组，得到稳态有效度。

第三节　串联可修系统

由 n 台设备与一组维修人员组成的串联系统，若 n 台设备都正常工作时，系统处于工作状态，当某台设备故障时，系统就故障。此时，一组维修人员立即对故障的设备进行修理，其余设备停止工作。故障的设备修复后，所有设备立即投入工作状态，此时系统进入工作状态。修复后的设备寿命仍然服从指数分布。

一、n 台相同设备、一组维修人员的情况

设在 t 和 $t+\Delta t$ 之间极小的 Δt 时间内，n 台设备故障率均为 λ，修复率均为 μ 时，该系统状态转移图如图 5-3 所示。用 1 表示系统正常工作，用 2 表示系统处于故障状态。

$$X(t)=\begin{cases}1 & \text{时刻 } t \text{ 时系统工作}\\ 2 & \text{时刻 } t \text{ 时系统故障}\end{cases}$$

$X(t)$是一个齐次马尔可夫链，正常工作状态空间 $E=\{1\}$。

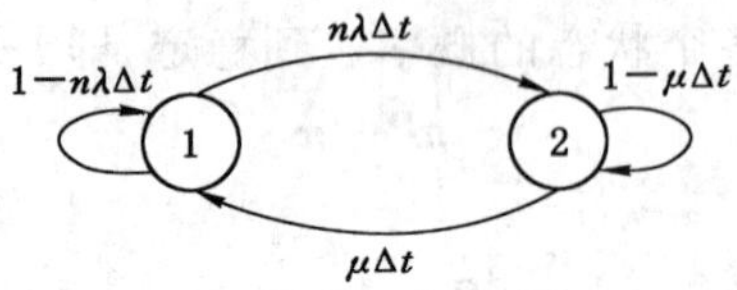

图 5-3　n 台相同设备、一组维修人员的串联系统状态转移图

系统的转移概率矩阵为

$$\boldsymbol{P}(\Delta t)=\begin{bmatrix}1-n\lambda\Delta t & n\lambda\Delta t\\ \mu\Delta t & 1-\mu\Delta t\end{bmatrix}$$

在工程上一般关心的是系统的稳态可用度，设 π_1 代表 t 时刻系统正常概率，π_2 代表 t 时刻系统故障概率，状态向量 $\boldsymbol{\pi}=[\pi_1,\pi_2]$。

转移概率矩阵 $\boldsymbol{P}$ 为

$$\boldsymbol{P}=\begin{bmatrix}1-n\lambda & n\lambda\\ \mu & 1-\mu\end{bmatrix}\tag{5-24}$$

足够长时间后，系统处于各个状态的概率达到稳定，即 $t\to\infty$ 时，

$$\boldsymbol{\pi}\boldsymbol{P}=\boldsymbol{\pi}$$

或

$$\boldsymbol{\pi}(\boldsymbol{P}-\boldsymbol{I})=\boldsymbol{0}$$

其中，$\boldsymbol{I}$ 为单位矩阵；$\boldsymbol{0}$ 为零向量；$\boldsymbol{P}-\boldsymbol{I}$ 是转移概率矩阵对角线元素减 1 后得到的矩阵，称为转移率矩阵。

由式(5-24)得

$$[\pi_1,\pi_2]\begin{bmatrix}-n\lambda & n\lambda\\ \mu & -\mu\end{bmatrix}=[0,0]$$

即

$$-n\lambda\pi_1+\mu\pi_2=0$$

$$n\lambda\pi_1-\mu\pi_2=0$$

上述两个方程线性相关，舍去1个，补充方程 $\pi_1+\pi_2=1$，得

$$\begin{cases}n\lambda\pi_1-\mu\pi_2=0\\ \pi_1+\pi_2=1\end{cases}$$

解得

$$\begin{cases}\pi_1=\dfrac{\mu}{\mu+n\lambda}\\ \pi_2=\dfrac{n\lambda}{\mu+n\lambda}\end{cases}$$

即系统稳态有效度 $A(\infty)$ 为

$$A(\infty)=\pi_1=\frac{\mu}{\mu+n\lambda} \tag{5-25}$$

二、*n* 台不同设备、一组维修人员的情况

当 n 台设备故障率分别为 $\lambda_i(i=1,2,\cdots,n)$、修复率分别为 $\mu_i(i=1,2,\cdots,n)$ 时，其状态转移图如图 5-4 所示。

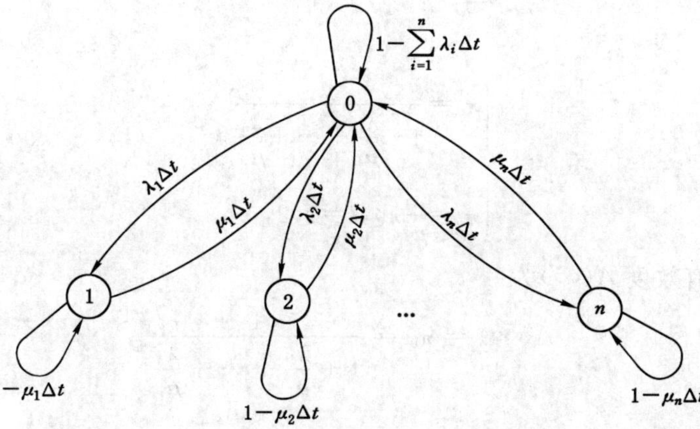

图 5-4　n 台不同设备、一组维修人员的串联系统状态转移图

定义：$X(t)=\begin{cases}0\ 时刻\ t\ 时\ n\ 台设备都正常\\ i\ 时刻\ t\ 时第\ i\ 台设备故障，其余设备都正常，i=1,2,\cdots,n\end{cases}$

可以证明，$X(t)$ 是一个齐次马尔可夫链，正常工作状态空间 $E=\{0\}$。

若发生故障后一组维修人员立刻进行维修，则在 t 和 $t+\Delta t$ 之间极小的 Δt 时间内的转移概率矩阵为

$$P(\Delta t)=\begin{bmatrix}1-\sum_{i=1}^{n}\lambda_i\Delta t & \lambda_1\Delta t & \lambda_2\Delta t & \cdots & \lambda_n\Delta t\\ \mu_1\Delta t & 1-\mu_1\Delta t & 0 & \cdots & 0\\ \vdots & \vdots & \vdots & & \vdots\\ \mu_n\Delta t & 0 & 0 & \cdots & 1-\mu_n\Delta t\end{bmatrix}$$

$\boldsymbol{P}(\Delta t)$相应的转移概率矩阵 $\boldsymbol{P}$ 为

$$\boldsymbol{P}=\begin{bmatrix}1-\sum_{i=1}^{n}\lambda_i & \lambda_1 & \lambda_2 & \cdots & \lambda_n\\ \mu_1 & 1-\mu_1 & 0 & \cdots & 0\\ \vdots & \vdots & \vdots & & \vdots\\ \mu_n & 0 & 0 & \cdots & 1-\mu_n\end{bmatrix}$$

转移率矩阵为

$$\boldsymbol{P}-\boldsymbol{I}=\begin{bmatrix}-\sum_{i=1}^{n}\lambda_i & \lambda_1 & \lambda_2 & \cdots & \lambda_n\\ \mu_1 & -\mu_1 & 0 & \cdots & 0\\ \vdots & \vdots & \vdots & & \vdots\\ \mu_n & 0 & 0 & \cdots & -\mu_n\end{bmatrix}$$

由微分方程 $\boldsymbol{\pi}(\boldsymbol{P}-\boldsymbol{I})=\boldsymbol{0}$ 及 $\sum_{i=0}^{n}\pi_i=1$

解得

$$\begin{cases}\pi_0=\dfrac{1}{1+\dfrac{\lambda_1}{\mu_1}+\cdots+\dfrac{\lambda_n}{\mu_n}}\\[2ex] \pi_i=\dfrac{\lambda_i}{\mu_i}\pi_0,i=1,2,\cdots,n\end{cases}$$

系统的稳态有效度 $A(\infty)$为

$$A(\infty)=\pi_0=\frac{1}{1+\dfrac{\lambda_1}{\mu_1}+\cdots+\dfrac{\lambda_n}{\mu_n}} \tag{5-26}$$

第四节 并联可修系统

一、n 台相同设备、一组维修人员的情况

系统由 n 台相同设备和一组维修人员组成，每台设备的故障率为 λ，修复率为 μ，修复后设备的寿命分布不变。在此假定下，系统有 $n+1$ 个可能状态。定义：

$$X(t)=\begin{cases}j & \text{时刻 } t \text{ 时有 } j \text{ 台设备故障}, j=0,1,2,\cdots,n-1,\text{系统工作}\\ n & \text{时刻 } t \text{ 时有 } n \text{ 台设备故障，系统修理}\end{cases}$$

可以证明，$X(t)$是一个齐次马尔可夫链，正常工作状态空间 $E=\{0,1,2,\cdots,n-1\}$。

该系统状态转移图如图 5-5 所示。

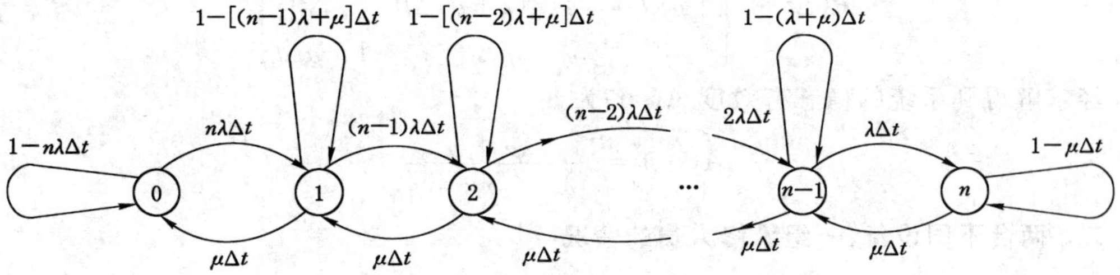

图 5-5　n 台相同设备、一组维修人员的并联系统状态转移图

其转移概率矩阵为

$$
\boldsymbol{P}(\Delta t)=\begin{bmatrix}
1-n\lambda\Delta t & n\lambda\Delta t & 0 & \cdots & 0 & 0 \\
\mu\Delta t & 1-[(n-1)\lambda+\mu]\Delta t & (n-1)\lambda\Delta t & \cdots & 0 & 0 \\
0 & \mu\Delta t & 1-[(n-2)\lambda+\mu]\Delta t & \cdots & 0 & 0 \\
\vdots & \vdots & \vdots & & \vdots & \vdots \\
0 & 0 & 0 & \cdots & 1-(\lambda+\mu)\Delta t & \lambda\Delta t \\
0 & 0 & 0 & \cdots & \mu\Delta t & 1-\mu\Delta t
\end{bmatrix}_{n\times n}
$$

由微分方程 $\boldsymbol{\pi}(\boldsymbol{P}-\boldsymbol{I})=\boldsymbol{0}$ 及 $\sum\limits_{i=0}^{n}\pi_i=1$，解得

解得
$$P_0=\left[\sum_{i=0}^{n}\frac{n!}{(n-i)!}\left(\frac{\lambda}{\mu}\right)^i\right]^{-1}$$

$$P_j=P_0\left[\frac{n!}{(n-j)!}\left(\frac{\lambda}{\mu}\right)^j\right]=\left[\sum_{i=0}^{n}\frac{(n-j)!}{(n-i)!}\left(\frac{\lambda}{\mu}\right)^{i-j}\right]^{-1}$$

系统的稳态有效度 $A(\infty)$ 为

$$A(\infty)=\frac{\sum\limits_{i=0}^{n-1}\frac{1}{(n-i)!}\left(\frac{\lambda}{\mu}\right)^i}{\sum\limits_{i=0}^{n}\frac{1}{(n-i)!}\left(\frac{\lambda}{\mu}\right)^i} \tag{5-27}$$

当 $n=2$，即系统由两台相同设备和一组维修人员组成时，系统的状态转移图如图 5-6 所示。

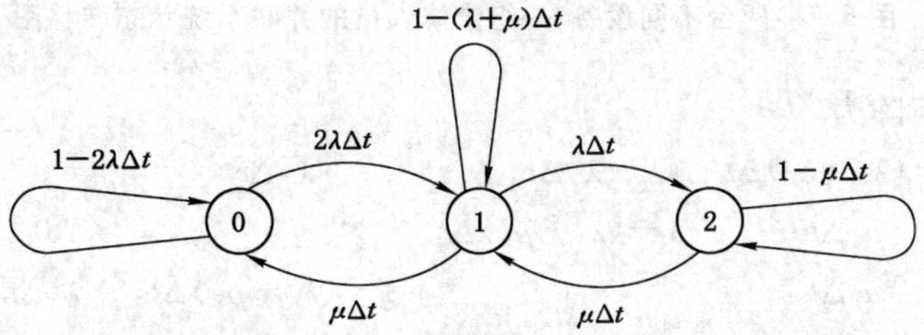

图 5-6　两台相同设备、一组维修人员的并联系统状态转移图

其转移概率矩阵为

$$P(\Delta t)=\begin{bmatrix}1-2\lambda\Delta t & 2\lambda\Delta t & 0\\ \mu\Delta t & 1-(\lambda+\mu)\Delta t & \lambda\Delta t\\ 0 & \mu\Delta t & 1-\mu\Delta t\end{bmatrix}$$

经求解得到系统的稳态有效度 $A(\infty)$ 为

$$A(\infty)=\frac{2\lambda\mu+\mu^2}{2\lambda^2+2\lambda\mu+\mu^2} \tag{5-28}$$

二、两台不同设备、一组维修人员的情况

系统由两台不同设备和一组维修人员并联组成，其故障率及维修率分别为 λ_1，λ_2 及 μ_1，μ_2，其余条件同前述。该系统共有 5 个状态：

0——设备 1,2 都正常工作，系统正常；

1——设备 1 正常，设备 2 故障，系统正常；

2——设备 2 正常，设备 1 故障，系统正常；

3——设备 1 在修理，设备 2 处于待修，系统故障；

4——设备 2 在修理，设备 1 处于待修，系统故障。

定义：$X(t)=j$，时刻 t 时系统处于状态 j，$j=0,1,2,3,4$。

可以证明，$X(t)$ 是一个齐次马尔可夫链，正常工作状态空间 $E=\{0,1,2\}$。

其状态转移图如图 5-7 所示。

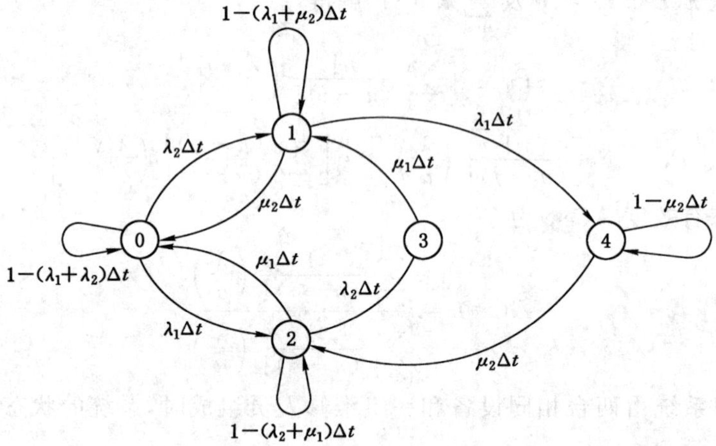

图 5-7　两台不同设备、一组维修人员的并联系统状态转移图

其转移概率矩阵为

$$P(\Delta t)=\begin{bmatrix}1-(\lambda_1+\lambda_2)\Delta t & \lambda_2\Delta t & \lambda_1\Delta t & 0 & 0\\ \mu_2\Delta t & 1-(\lambda_1+\mu_2)\Delta t & 0 & 0 & \lambda_1\Delta t\\ \mu_1\Delta t & 0 & 1-(\lambda_2+\mu_1)\Delta t & \lambda_2\Delta t & 0\\ 0 & \mu_1\Delta t & 0 & 1-\mu_1\Delta t & 0\\ 0 & 0 & \mu_2\Delta t & 0 & 1-\mu_2\Delta t\end{bmatrix}$$

由微分方程 $\boldsymbol{\pi}(\boldsymbol{P}-\boldsymbol{I})=\boldsymbol{0}$ 及 $\sum\limits_{i=0}^{4}\pi_i=1$，解得

$$\pi_0=\frac{\mu_1\mu_2(\lambda_1\mu_1+\lambda_2\mu_2+\mu_1\mu_2)}{\lambda_1\mu_2(\mu_1+\lambda_2)(\lambda_1+\lambda_2+\mu_2)+\lambda_2\mu_1(\mu_2+\lambda_1)(\lambda_1+\lambda_2+\mu_1)+\mu_1\mu_2(\lambda_1\mu_1+\lambda_2\mu_2+\mu_1\mu_2)}$$

$$\pi_1=\frac{\lambda_2(\lambda_1+\lambda_2+\mu_1)}{\lambda_1\mu_1+\lambda_2\mu_2+\mu_1\mu_2}\pi_0$$

$$\pi_2=\frac{\lambda_1(\lambda_1+\lambda_2+\mu_2)}{\lambda_1\mu_1+\lambda_2\mu_2+\mu_1\mu_2}\pi_0$$

$$\pi_3=\frac{\lambda_2\lambda_2(\lambda_1+\lambda_2+\mu_2)}{\mu_1(\lambda_1\mu_1+\lambda_2\mu_2+\mu_1\mu_2)}\pi_0$$

$$\pi_4=\frac{\lambda_1\lambda_2(\lambda_1+\lambda_2+\mu_1)}{\mu_2(\lambda_1\mu_1+\lambda_2\mu_2+\mu_1\mu_2)}\pi_0$$

系统的稳态有效度 $A(\infty)$ 为

$$A(\infty)=\pi_0+\pi_1+\pi_2 \tag{5-29}$$

第五节　$k/n(G)$可修复系统

系统由 n 台相同设备和一组维修人员组成。当且仅当至少有 k 台设备工作时，系统才工作，当有 $n-k+1$ 台设备故障时，系统故障。系统故障期间 $k-1$ 台好的设备也停止工作，不会故障，直到有一台设备修复时，又有 B_i 台好的设备同时进入工作状态，此时系统重新进入工作状态。显然，当 $k=1$ 时，系统是 n 台相同设备的并联系统；当 $k=n$ 时，系统是 n 台相同设备的串联系统。

$k/n(G)$可修复系统共有 $n-k+2$ 个不同的状态。

定义：$X(t)=j$，时刻 t 时有 $j\,(j=0,1,2,\cdots,n-k+1)$ 台设备故障，$j=n-k+1$ 时系统处于故障状态。

可以证明，正常工作状态空间 $E=\{0,1,2,\cdots,n-k\}$，$X(t)$是一个齐次马尔可夫链。

系统的状态转移图如图 5-8 所示。

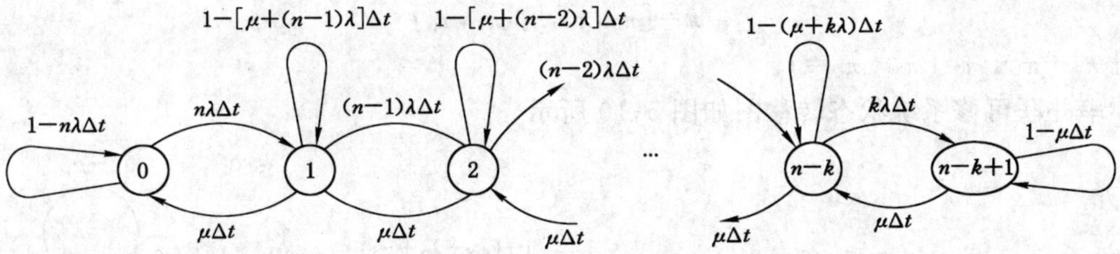

图 5-8　$k/n(G)$可修系统的状态转移图

系统的转移概率矩阵为

$$\boldsymbol{P}(\Delta t)=\begin{bmatrix}1-n\lambda\Delta t & n\lambda\Delta t & 0 & \cdots & 0 & 0\\ \mu\Delta t & 1-[(n-1)\lambda+\mu]\Delta t & (n-1)\lambda\Delta t & \cdots & 0 & 0\\ 0 & \mu\Delta t & 1-[(n-2)\lambda+\mu]\Delta t & \cdots & 0 & 0\\ \vdots & \vdots & \vdots & & \vdots & \vdots\\ 0 & 0 & 0 & \cdots & 1-(k\lambda+\mu)\Delta t & k\lambda\Delta t\\ 0 & 0 & 0 & \cdots & \mu\Delta t & 1-\mu\Delta t\end{bmatrix}$$

由微分方程 $\boldsymbol{\pi}(\boldsymbol{P}-\boldsymbol{I})=\boldsymbol{0}$ 及 $\sum_{i=0}^{n-k+1}\pi_i=1$ 可得系统稳态有效度为

$$A(\infty)=\frac{\sum_{j=0}^{n-k}\frac{1}{(n-j)!}\left(\frac{\lambda}{\mu}\right)^j}{\sum_{j=0}^{n-k+1}\frac{1}{(n-j)!}\left(\frac{\lambda}{\mu}\right)^j} \tag{5-30}$$

第六节　串并联可修系统

设系统是由两台相同设备 B 并联（故障率为 λ_B，修复率为 μ_B），再与设备 A（故障率为 λ_A，修复率为 μ_A）串联，形成串并联可修系统，如图 5-9 所示。当设备发生故障时由 1 个修理工负责。

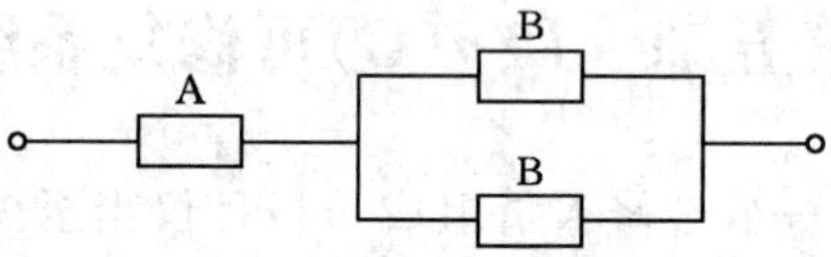

图 5-9　串并联可修系统

在 t 时刻系统可能的状态有

$$X(t)=\begin{cases}0 & 3\text{台设备都正常，系统正常}\\ 1 & \text{有 1 台设备 B 故障，其余设备正常，系统正常}\\ 2 & \text{设备 A 和 1 台设备 B 故障，另 1 台设备 B 正常，系统故障}\\ 3 & \text{2 台设备 B 故障，设备 A 正常，系统故障}\\ 4 & \text{设备 A 故障，系统故障}\end{cases}$$

系统的状态向量为

$$\boldsymbol{\pi}=[\pi_0,\pi_1,\pi_2,\pi_3,\pi_4]$$

并且 $\pi_0+\pi_1+\pi_2+\pi_3+\pi_4=1$。

串并联可修系统状态转移图如图 5-10 所示。

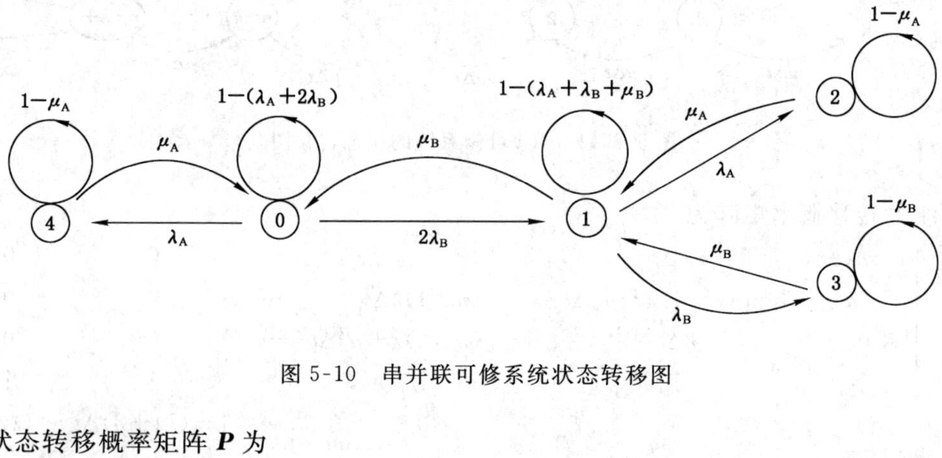

图 5-10　串并联可修系统状态转移图

状态转移概率矩阵 $\boldsymbol{P}$ 为

$$\boldsymbol{P}=\begin{bmatrix}1-(\lambda_A+2\lambda_B) & 2\lambda_B & 0 & 0 & \lambda_A\\ \mu_B & 1-(\lambda_A+\lambda_B+\mu_B) & \lambda_A & \lambda_B & 0\\ 0 & \mu_A & 1-\mu_A & 0 & 0\\ 0 & \mu_B & 0 & 1-\mu_B & 0\\ \mu_A & 0 & 0 & 0 & 1-\mu_A\end{bmatrix}$$

令 $\boldsymbol{\pi}(\boldsymbol{P}-\boldsymbol{I})=\boldsymbol{0}$ 以及 $\pi_0+\pi_1+\pi_2+\pi_3+\pi_4=1$，可舍去状态转移矩阵 $\boldsymbol{P}$ 中第 2 列对应的方程，得

$$\begin{cases}-(\lambda_A+2\lambda_B)\pi_0+\mu_B\pi_1+\mu_A\pi_4=0\\ \lambda_A\pi_1-\mu_A\pi_2=0\\ \lambda_B\pi_1-\mu_B\pi_3=0\\ \lambda_A\pi_0-\mu_A\pi_4=0\\ \pi_0+\pi_1+\pi_2+\pi_3+\pi_4=1\end{cases}$$

解得
$$\pi_0=\frac{\mu_A\mu_B^2}{2\lambda_A\lambda_B\mu_B+2\lambda_B^2\mu_A+2\lambda_B\mu_A\mu_B+\lambda_A\mu_B^2+\mu_A\mu_B^2}$$

$$\pi_1=\frac{2\lambda_B\mu_A\mu_B}{2\lambda_A\lambda_B\mu_B+2\lambda_B^2\mu_A+2\lambda_B\mu_A\mu_B+\lambda_A\mu_B^2+\mu_A\mu_B^2}$$

系统的稳态有效度 $A(\infty)$ 为

$$A(\infty)=\pi_0+\pi_1=\frac{\mu_A\mu_B^2+2\lambda_B\mu_A\mu_B}{2\lambda_A\lambda_B\mu_B+2\lambda_B^2\mu_A+2\lambda_B\mu_A\mu_B+\lambda_A\mu_B^2+\mu_A\mu_B^2}\tag{5-31}$$

第七节　柔性连接系统

根据串联系统中设备连接方式不同，可将串联系统分为刚性连接系统和柔性连接系统两种形式。

所谓刚性连接系统，是指系统设备之间紧密相连，环节之间不设缓冲设施。

所谓柔性连接系统，是指设备之间设置缓冲设施，以实现衔接和减轻前后设备间的相互影响(图 5-11)。

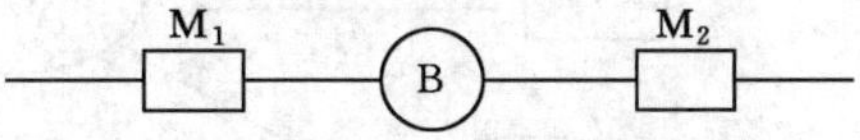

图 5-11　柔性连接系统

柔性连接系统使关键环节之间相互影响减小，在工程实践中得到了广泛的应用。例如，在矿山和港口等连续物料运输中设置一定容量的缓冲仓，在多级串联 CIMS 生产系统中设置一定容量的缓冲库。连续物料运输系统可以简化为时间和状态均连续的马尔可夫过程求解；间断物料运输系统可简化为连续时间、状态离散的马尔可夫过程求解。以下介绍仅设一个缓冲仓的串联柔性连接系统的可靠性求法。

图 5-11 中，设备 M_1、M_2 的故障及修理时间均服从指数分布，其故障率、修复率分别为 λ_1、λ_2 及 μ_1、μ_2，物流速度前后均为 q，缓冲仓容量为 V。

(1) 假设条件

① 缓冲仓 B 不发生故障；

② 入口端设备 M_1 不因缺料而空闲(有足够多的物料)，出口端设备 M_2 无阻塞现象(即有足够大的储仓或输出的物料能够及时运出)；

③ M_2 在缓冲仓 B 空时停运，M_2 故障时停运；M_1 在缓冲仓 B 满时停运，M_1 故障时停运，其他状态下两台设备均处于工作状态；

④ 设备在停运待命期间，不会发生故障。

(2) 系统的状态

设 $N(t)=(i,j)$ 为 t 时刻 M_1，M_2 所处的状态，$i,j=0$ 为正常，$i,j=1$ 为故障；$X_B(t)$ 为 t 时刻缓冲仓 B 中的物料量。

系统具有 4 个可驻留状态，其概率分别为：

$P_{00}^0(t)=P\{N(t)=(0,0),X_B(t)=$“空”$\}$，

$P_{10}^0(t)=P\{N(t)=(1,0),X_B(t)=$“空”$\}$，

$P_{01}^V(t)=P\{N(t)=(0,1),X_B(t)=$“满”$\}$，

$P_{00}^V(t)=P\{N(t)=(0,0),X_B(t)=$“满”$\}$。

其中 $P\{\cdot\}$ 表示集合 $\{\cdot\}$ 发生的概率。

另外还有 4 类动态状态，其概率密度为

$$P_{ij}(t,x)\mathrm{d}x=P\{N(t)=(i,j),x\leqslant X_B\leqslant x+\mathrm{d}x\}(i,j=0,1)$$

(3) 状态转移方程

系统的状态转移图如图 5-12 所示，转移概率方程如下(假设有足够的修理工)：

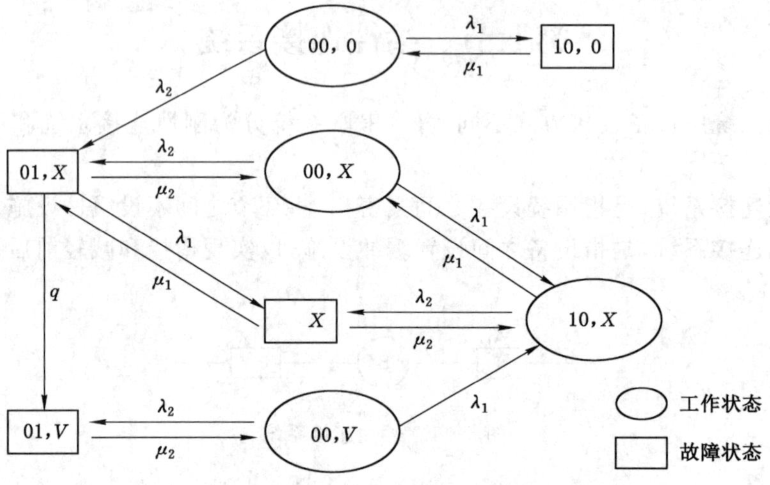

图 5-12 柔性连接系统的状态转移图

$$\mathrm{d}P_{00}^0/\mathrm{d}t=-(\lambda_1+\lambda_2)P_{00}^0(t)+\mu_1P_{10}^0(t) \tag{5-32}$$

$$\mathrm{d}P_{00}^V/\mathrm{d}t=-(\lambda_1+\lambda_2)P_{00}^V(t)+\mu_2P_{01}^V(t) \tag{5-33}$$

$$\mathrm{d}P_{10}^0/\mathrm{d}t=-\mu_1P_{10}^0(t)+\lambda_1P_{00}^0(t)+qP_{10}(t,0) \tag{5-34}$$

$$\mathrm{d}P_{01}^V/\mathrm{d}t=-\mu_2P_{01}^V(t)+\lambda_2P_{00}^V(t)+qP_{01}(t,V) \tag{5-35}$$

$$\mathrm{d}P_{00}(t,x)/\mathrm{d}t=-(\lambda_1+\lambda_2)P_{00}(t,x)+\mu_1P_{10}(t,x)+\mu_2P_{01}(t,x) \tag{5-36}$$

$$\mathrm{d}P_{11}(t,x)/\mathrm{d}t=-(\mu_1+\mu_2)P_{11}(t,x)+\lambda_1P_{01}(t,x)+\lambda_2P_{10}(t,x) \tag{5-37}$$

$$\partial P_{01}(t,x)/\partial t + q\cdot\partial P_{01}(t,x)/\partial x = -(\lambda_1+\mu_2)P_{01}(t,x)+\lambda_2 P_{00}(t,x)+\mu_1 P_{11}(t,x) \tag{5-38}$$

$$\partial P_{10}(t,x)/\partial t - q\cdot\partial P_{10}(t,x)/\partial x = -(\lambda_2+\mu_1)P_{10}(t,x)+\lambda_1 P_{00}(t,x)+\mu_2 P_{11}(t,x) \tag{5-39}$$

边界条件为：

$$qP_{10}(t,V) = \lambda_1 P_{00}^{V}(t) \tag{5-40}$$

$$qP_{01}(t,0) = \lambda_2 P_{00}^{0}(t) \tag{5-41}$$

且

$$P_{00}^{0}(t)+P_{00}^{V}(t)+P_{10}^{0}(t)+P_{01}^{V}(t)+\int_0^V \sum_{i,j=0}^{1} P_{ij}(t,x)\mathrm{d}x = 1 \tag{5-42}$$

(4) 状态的稳态概率

我们所关心的是系统的稳态概率，即 $t\to\infty$时各状态的概率。

记 $\pi_{00}^{0}=\lim\limits_{i\to\infty}P_{00}^{0}(t)$，$\pi_{00}(x)=\lim\limits_{i\to\infty}P_{00}(t,x)$，余者类推。

由式(5-36)、式(5-37)得

$$\pi_{00}(x) = \frac{\mu_1}{\lambda_1+\lambda_2}\pi_{10}(x)+\frac{\mu_2}{\lambda_1+\lambda_2}\pi_{01}(x) \tag{5-43}$$

$$\pi_{11}(x) = \frac{\lambda_1}{\mu_1+\mu_2}\pi_{01}(x)+\frac{\lambda_2}{\mu_1+\mu_2}\pi_{10}(x) \tag{5-44}$$

由式(5-38)、式(5-39)得

$$q\,\frac{\mathrm{d}\pi_{01}(x)}{\mathrm{d}x} = \lambda_2\mu_1\left(\frac{1}{\lambda_1+\lambda_2}+\frac{1}{\mu_1+\mu_2}\right)\pi_{10}(x)-\lambda_1\mu_2\left(\frac{1}{\lambda_1+\lambda_2}+\frac{1}{\mu_1+\mu_2}\right)\pi_{01}(x) \tag{5-45}$$

$$q\,\frac{\mathrm{d}\pi_{10}(x)}{\mathrm{d}x} = \lambda_2\mu_1\left(\frac{1}{\lambda_1+\lambda_2}+\frac{1}{\mu_1+\mu_2}\right)\pi_{10}(x)-\lambda_1\mu_2\left(\frac{1}{\lambda_1+\lambda_2}+\frac{1}{\mu_1+\mu_2}\right)\pi_{01}(x) \tag{5-46}$$

由式(5-45)、式(5-46)知

$$\begin{cases} \pi_{01}(x) = \pi_{10}(x) \\ \dfrac{\mathrm{d}\pi_{01}(x)}{\mathrm{d}x} = \dfrac{\mathrm{d}\pi_{10}(x)}{\mathrm{d}x} = (b-a)\pi_{10}(x), x\in[0,V] \\ \pi_{00}(x) = \dfrac{\mu_1+\mu_2}{\lambda_1+\lambda_2}\pi_{10}(x) \\ \pi_{11}(x) = \dfrac{\lambda_1+\lambda_2}{\mu_1+\mu_2}\pi_{10}(x) \\ \pi_{10}(0)=\pi_{01}(0), \pi_{10}(V)=\pi_{01}(V) \\ a = \lambda_1\mu_2[1/(\lambda_1+\lambda_2)+1/(\mu_1+\mu_2)]/q \\ b = \lambda_2\,\mu_1[1/(\lambda_1+\lambda_2)+1/(\mu_1+\mu_2)]/q \end{cases} \tag{5-47}$$

解式(5-47)得

$$\pi_{10}(x) = \pi_{01}(x) = \pi_{10}(0)\mathrm{e}^{(b-a)x}, x\in[0,V] \tag{5-48}$$

由式(5-32)～式(5-35)及式(5-40)～式(5-42)得

$$
\begin{cases}
\pi_{00}^{0} = \dfrac{q}{\lambda_2} \cdot \pi_{01}(0) \\
\pi_{00}^{V} = \dfrac{q}{\lambda_1} \cdot \pi_{10}(V) \\
\pi_{10}^{0} = \dfrac{(\lambda_1 + \lambda_2)q}{\lambda_2 \cdot \mu_1}\pi_{10}(0) \\
\pi_{01}^{V} = \dfrac{(\lambda_1 + \lambda_2)q}{\lambda_1 \cdot \mu_2}\pi_{01}(V) \\
\pi_{00}^{0} + \pi_{00}^{V} + \pi_{10}^{0} + \displaystyle\int_0^V \sum_{i \cdot j} \pi_{ij}(x)\mathrm{d}x = 1
\end{cases}
\tag{5-49}
$$

由式(5-48)、式(5-49)得

$$
\pi_{10}(0) = \begin{cases}
\left[\left(1 + \dfrac{\lambda_1 + \lambda_2}{\mu_1}\right)\dfrac{q}{\lambda_2} + \left(1 + \dfrac{\lambda_1 + \lambda_2}{\mu_2}\right)\dfrac{q}{\lambda_1} + \right. \\
\qquad \left. \left(2 + \dfrac{\lambda_1 + \lambda_2}{\mu_1 + \mu_2} + \dfrac{\mu_1 + \mu_2}{\lambda_1 + \lambda_2}\right) + V\right]^{-1}, a = b \\
\left[\left(1 + \dfrac{\lambda_1 + \lambda_2}{\mu_1}\right)\dfrac{q}{\lambda_2} + \left(1 + \dfrac{\lambda_1 + \lambda_2}{\mu_2}\right)\dfrac{q}{\lambda_1}\mathrm{e}^{(b-a)V} + \right. \\
\qquad \left. \left(2 + \dfrac{\lambda_1 + \lambda_2}{\mu_1 + \mu_2} + \dfrac{\mu_1 + \mu_2}{\lambda_1 + \lambda_2}\right)\dfrac{1}{b-a}(\mathrm{e}^{(b-a)V} - 1)\right]^{-1}, a \neq b
\end{cases}
\tag{5-50}
$$

将式(5-50)代入式(5-48)、式(5-49)中，可得各状态稳态概率。

系统稳态有效度为

$$
\begin{aligned}
A &= \pi_{00}^{0} + \pi_{00}^{V} + \int_0^V [\pi_{00}(x) + \pi_{10}(x)]\mathrm{d}x \\
&= \frac{\dfrac{q}{\lambda_2} + \dfrac{q}{\lambda_1}\mathrm{e}^{(b-a)V} + \left(1 + \dfrac{\mu_1 + \mu_2}{\lambda_1 + \lambda_2}\right)\dfrac{1}{b-a}(\mathrm{e}^{(b-a)V} - 1)}{\left(1 + \dfrac{\lambda_1 + \lambda_2}{\mu_1}\right)\dfrac{q}{\lambda_2} + \left(1 + \dfrac{\lambda_1 + \lambda_2}{\mu_2}\right)\dfrac{q}{\lambda_1}\mathrm{e}^{(b-a)V} + B}
\end{aligned}
\tag{5-51}
$$

$$
B = \left(2 + \frac{\lambda_1 + \lambda_2}{\mu_1 + \mu_2} + \frac{\mu_1 + \mu_2}{\lambda_1 + \lambda_2}\right)\frac{1}{b-a}(\mathrm{e}^{(b-a)V} - 1)
$$

当 $V=0$ 时，M_1 与 M_2 为刚性连接系统，其稳态有效度

$$
A = \left(1 + \frac{\lambda_1}{\mu_1} + \frac{\lambda_2}{\mu_2}\right)^{-1} \tag{5-52}
$$

当 $V \to \infty$ 时，系统的最大稳态有效度

$$
A_\infty = \begin{cases}
(\mu_1 + \mu_2)/(\lambda_1 + \lambda_2 + \mu_1 + \mu_2) & b = a \\
\mu_2/(\lambda_2 + \mu_2) & b > a \\
\mu_1/(\lambda_1 + \mu_1) & b < a
\end{cases}
\tag{5-53}
$$

由式(5-51)知，$\mathrm{d}A/\mathrm{d}V > 0$，即 A 与 V 呈单调递增关系。

本章案例：露天煤矿轮斗挖掘机—胶带连续工艺系统可靠性优化

（卢明银，徐人平.《系统可靠性》，机械工业出版社，2008）

习　题

1. 什么是马尔可夫过程？用数学式如何表示？

2. 由两个相同的部件组成串联系统，部件的寿命和修复时间均服从指数分布，其 MTBF=500 h，MTTR=48 h，试计算系统的稳态有效度。

3. 由两个相同的部件组成并联系统，部件的寿命和修复时间服从指数分布，其中 $\lambda=0.002\ \mathrm{h}^{-1}$，$\mu=0.020\,8\ \mathrm{h}^{-1}$，试计算系统的稳态有效度。

4. 设部件的故障率和修复率分别为 λ 和 μ，试证 1 个修理工、$k/n(G)$ 系统的稳态有效度为：

$$A_{\frac{k}{n}(G)}=\sum_{i=k}^{n}\left[\mathrm{C}_n^i\left(\frac{\mu}{\lambda+\mu}\right)^i\left(\frac{\lambda}{\lambda+\mu}\right)^{n-i}\right]$$

5. 设有一台设备，它是由 4 个相同部件、1 个修理工组成的并联系统。此设备的稳态有效度 $A=0.998\,4$，部件的寿命和修复时间均服从指数分布，故障率 $\lambda=0.002\ \mathrm{h}^{-1}$，求此设备的平均修复时间。

第六章　故障模式、影响、危害性分析

在可靠性工程学、安全工程学以及产品责任预防(PLP)中,故障模式、影响、危害性分析(FMECA)与故障树分析(FTA)是系统化的可靠性分析方法。该方法早在20世纪50年代初期就应用于飞机操作系统,后来主要在与安全有关的领域内受到重视,形成可靠性工作中的标准程序,是在保障系统可靠性方面最起作用的分析工具。

本章主要介绍故障模式及影响分析的基本概念、分析过程、具体应用、适用范围和使用原则,危害性分析的基本概念、定性分析和定量分析方法,以及如何使用故障模式及影响分析和危害性分析方法来解决工程实际问题。

第一节　概　　述

一、FMECA与FTA的发展

FMECA是由故障模式及影响分析(FMEA)与危害性分析(CA)结合发展而来的。最早系统采用FMEA方法的是美国格拉曼公司,使此方法有了固定形式。最早关于这一方法的文献就是该公司的阿尼岑(Arnzen)于1966年发表的,文中介绍,该公司的可靠性部门于20世纪50年代初期,在海军飞机主操纵系统的设计研制中就已经采用了这一方法。FMEA本质上是一种定性的分析方法,后来为了能将它用于定量分析,又增加了危害性分析(CA)的内容,发展成为FMECA。FMECA就是按照一定的格式有步骤地分析每一个部件(或每一个功能)可能有的故障模式,每个故障模式对系统的影响,以及故障的危害性程度。此方法发表于20世纪60年代后期至70年代初期。日本科技联盟的机械工业可靠性分会对它进行了有组织的研究,于1973年将研究成果归纳发表。

FTA是一种将系统故障形成的原因由总体至部分按树枝状逐级细化的分析方法,因而是对复杂动态系统的设计、工厂试验或现场发现失效形式进行可靠性分析的工具。FTA的目的是判明基本故障,确定故障的原因、影响和发生概率。这种方法是1962年由美国贝尔电话实验室提出的,但是直到1974年发表关于核反应堆安全性研究的拉斯姆森报告以前,即使在美国,FTA也未被广泛了解。FMECA与FTA先后被介绍到日本,但除在与安全有关的领域有所应用之外,在其他领域也还不太普及。但是,近年来在可靠性领域中对FMECA和FTA的关注越来越多,应用领域也逐渐扩大。

二、FMECA与FTA的比较和结合

系统可靠性分析的两种基本方法是归纳法和演绎法。

FMECA属于“由下而上”的归纳法。FMECA是从零件故障到系统故障，即在分析系统每个零件的所有故障模式基础上，再分析部件的各种故障模式，由部件故障再分析系统故障，是一种定性分析方法。采用此方法对故障进行分析时无需很多数据和复杂公式进行计算，主要采用总体归纳方式分析，分析者容易掌握，因而被广泛应用。它分析组成零件较多的硬件系统时，所花费的时间较多。

而FTA则是“由上而下”的演绎法。FTA是系统故障——零件故障的分析方法，即从系统发生故障出发，层层深入地分析子系统、部件及零件的故障，对故障能进行定性分析和定量评价，对故障分析时能考虑人和环境因素。故障树对于维修管理人员来说，是一种形象的维修管理指南，便于对系统进行维修和管理。

FMECA的运用：在新产品设计阶段，根据零件、部件可能出现的故障模式，分析系统可能发生的故障，事先考虑预防对策。在产品使用阶段通过对零件的故障调查统计及其对系统故障所造成的影响进行分析，即根据FMEA表，对零部件故障发生频率、故障严重度及探测故障的难易程度进行评估，确定行动优先级(AP)。根据AP等级，确定故障模式的重要程度，优先集中力量解决产品重大质量问题。

FTA的运用：在新产品开发阶段，对系统发生的故障做层层深入分析，提出对部件的改进措施；在产品使用阶段以系统发生的故障作为顶事件进行分析，找出子系统、部件及零件全部故障模式，建立故障树，进行定性和定量分析。

由此可见，利用FMECA很容易分析各分析层次之间的因果关系，而FTA很容易考虑人为因素、环境因素或多种因素相互组合对顶事件的影响。对于大型复杂系统，其故障起因交错，逻辑关系复杂，而且往往缺乏可靠性数据，这就使得对其进行可靠性分析和评估变得非常困难。单独应用FMECA或FTA技术，虽然也可以对大型复杂产品进行可靠性分析，但是需要花费大量的人力和财力；而采用FMEA和FTA相结合的方法，既可以抓住重点，又可以做到较为全面、深入的分析，从而使对复杂产品的可靠性分析工作得到简化，能够实现在工程上对复杂产品进行可靠性评定。复杂系统的故障树，使用计算机辅助可以大大节省建树时间，减少可靠性分析工作量，从而提高可靠性分析水平。

第二节　故障模式及影响分析

一、故障模式及影响分析的基本概念

故障模式及影响分析(failure mode and effects analysis，简称FMEA)是分析系统的每个组成部件发生故障时对系统所产生的影响，划分各种故障的等级，并预先研究查找潜在故障的方法。这种方法实质上是进行概念分析，或者说是从可靠性角度对已完成的设计进行详细评价，对潜在的故障按其影响程度确定等级，并根据需要提出预防措施和改进设计的意见，完善设计工作。

根据《故障模式、影响及危害性分析指南》(GJB/Z 1391—2006)的定义，FMEA是进行系统可靠性设计的一种重要方法，它实际上是FMA(故障模式分析)和FEA(故障影响分析)的组合。一个完整的FMEA应包含以下三个过程：① 找出产品/过程中潜在的故障模式；② 根据相应的评价体系对找出的潜在故障模式进行危险量化评估；③ 列出故障起因/机理，寻找预防或改进措施。

FMEA 技术的应用发展十分迅速。美国 20 世纪 50 年代初，第一次将 FMEA 思想用于一种战斗机操作系统的设计分析；到了 60 年代中期，FMEA 技术已正式用于其航天工业(阿波罗计划)；1976 年，美国国防部颁布了 FMEA 的军用标准 MIL-STD-1629(后经修订成为 MIL-STD-1629A)，但仅限于设计方面；70 年代末，FMEA 技术开始进入汽车工业和医疗设备工业；80 年代初，进入微电子工业；80 年代中期，汽车工业开始应用 PFMEA(过程 FMEA)确认其制造过程；到了 1988 年，美国联邦航空局发布咨询通报，要求所有航空系统的设计及分析都必须使用 FMEA；1991 年，ISO 9000 推荐使用 FMEA 提高产品和过程的设计；1994 年，FMEA 又成为 QS-9000 的认证要求，在汽车设计和制造领域以及其他工程领域得到了成功应用。1992 年我国发布了《故障模式、影响及危害性分析程序》(GJB 1391—92)(已被 GBJ/Z 1391—2006《故障模式、影响及危害性分析指南》替代)，并在军事部门和装备研制部门进行了贯彻实施。

目前，FMEA 已在工程实践中形成了一套科学而完整的分析方法，而且根据不同的产品故障产生机理，FMEA 与设计、制造、使用、承包商/供应商以及服务等整个产品寿命周期联系起来，又被细分为系统 FMEA、设计 FMEA、过程 FMEA 和服务 FMEA 四类。其中设计 FMEA 和过程 FMEA 最为常用。

① 设计 FMEA(DFMEA)应在一个设计概念形成之时或之前开始，并且在产品开发各阶段中，当设计有变化或得到其他信息时及时不断地修改，并在图样加工完成之前结束。其评价与分析的对象是最终的产品以及每个与之相关的系统、子系统和零部件。需要注意的是，DFMEA 在体现设计意图的同时还应保证制造或装配能够实现设计意图。因此，虽然 DFMEA 不是靠过程控制来克服设计中的缺陷，但也可以考虑制造和装配过程中技术的或客观的限制，从而为过程控制提供了良好的基础。

② 过程 FMEA(PFMEA)应在生产工装准备之前、在过程可行性分析阶段或之前开始，而且要考虑从单个零件到总成的所有制造过程。其评价与分析的对象是所有新的部件/过程、更改过的部件/过程及应用或环境有变化的原有部件/过程。需要注意的是，虽然 PFMEA 不是靠改变产品设计来克服过程缺陷，但它要考虑与计划的装配过程有关的产品设计特性参数，以便最大限度地保证产品满足用户的要求和期望。

FMEA 有两种基本的分析方法：功能法和硬件法。

(1) 功能法：每个产品可以完成的功能可以按输出分类。这种方法将输出一一列出，并对它们的故障模式进行分析。当产品硬件方案尚不明确时，或产品复杂要求从最高一级向下分析即自顶向下分析时，一般采用功能法。

(2) 硬件法：按产品功能，对每种故障模式进行分析，用表格列出各个部件，并对发生的故障模式、故障原因及影响进行分析。当产品可按设计图纸及其他工程资料明确时，一般采用硬件法。这是一种比较严格的方法。这种方法适用于从元件开始，逐级向上，直到系统级，自下而上地分析，也可以从任意层次向上一层次分析。

二、FMEA 的分析过程

FMEA 实际是一组系列化的活动，其过程包括：

① 全面分析设计对象或系统，按照重要程度高低分别考虑每个工作状态；

② 针对每个工作状态，分别绘制系统功能框图和可靠性框图；

③ 分析每个组件或部件的功能和参数，找出产品/过程中潜在的故障模式；

④ 根据相应的评价体系对找出的潜在故障模式进行危险量化评估，评定每个潜在故障模式的行动优先级别；

⑤ 列出故障起因/机理，确定故障模式的检测方法、补救方案或预防措施；

⑥ 提出修改和优化的建议，并分析修改或优化后对各方面的影响；

⑦ 写出 FMEA 的分析报告，提出设计中无法避免的故障问题，说明预防故障或降低故障危险性的必要措施。

具体的工作步骤见图 6-1。

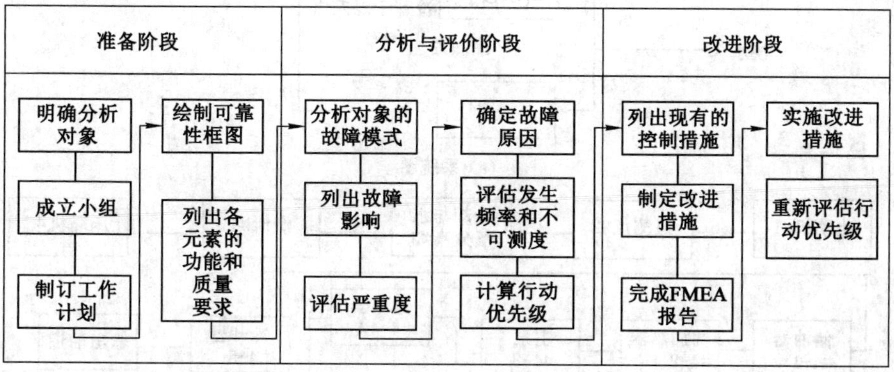

图 6-1　FMEA 的分析过程

1. FMEA 的准备工作

(1) 明确分析对象(系统或产品)，掌握其功能和结构

FMEA 是为了排除或减少妨碍系统(或产品)正常工作的故障而进行的改进设计的方法。根据 FMEA 的要求，在分析以前应该对系统的任务和功能、系统结构有全面和充分的理解，掌握分析对象的设计内容。除了设计说明书和图纸这样的关键资料外，还应包括：零件、部件的可靠性数据，研制阶段的试验数据，相似零件、部件的研制经验资料，上代产品与同类产品的故障资料等。

如果对市场要求的系统、子系统应具有的功能研究得不充分，即便实施了 FMEA，也有可能在遗漏的性能要求方面发生故障，因此在准备阶段应该绘制可靠性框图。可靠性框图有串联和并联两种组合型式，用于计算故障率和可靠度。在许多系统中，常采用系统图、功能方框图的形式将系统图形化。在这些图中也常常画出接口部分，以便清楚地提示信号、能量等的流向。图 6-2 中是以空气压缩机为例画出的系统及可靠性框图。

系统图在逻辑上适用于可靠度计算，能被 FMEA 和可靠度计算两方面的工作者所理解；可靠性框图用于评价故障影响的 FMEA，便于理解各部分的相互关系。在 FMEA 中，没有规定必须使用哪一种图，但一般希望两种图都用。

(2) 成立 FMEA 小组

FMEA 原则上是全面地进行分析，所以建立一支素质相对较高的工程技术团队是必要的。FMEA 小组由负责质量管理的人员(如 6σ 管理员)领导，小组成员最好由富有经验的可靠性技术人员和设计人员共同组成，因为要对各种技术和设计方面的数据进行分析，没有丰富的经验和较强的理论素养，可能得出一些似是而非的结论，最终导致 FMEA 分析结果的错误。同时还需要其他人员(如测试人员、供应商等)的协作，这样才能充分全面地掌握故

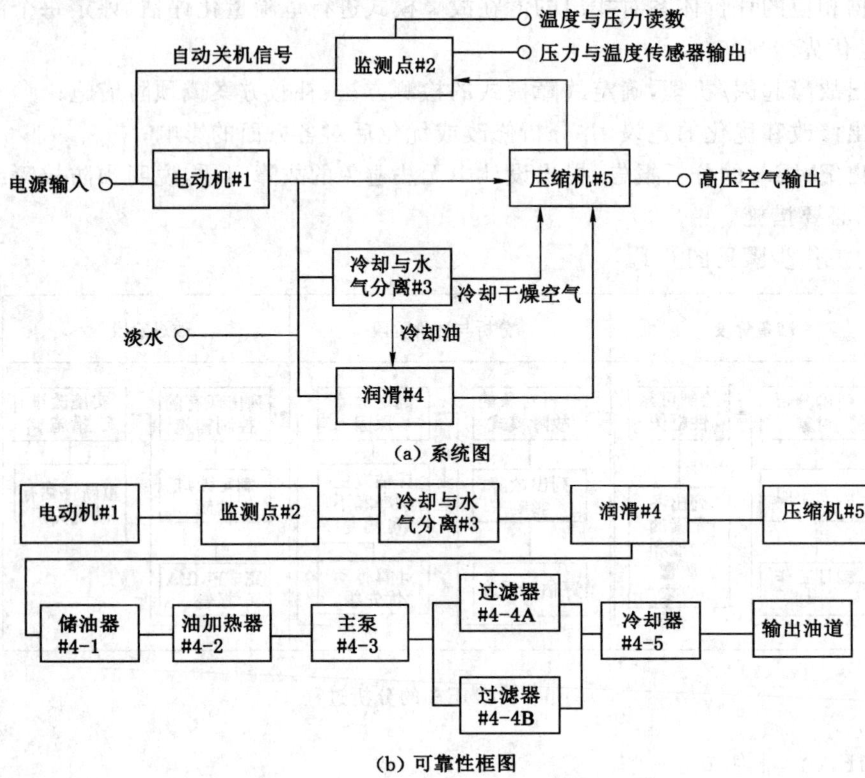

图 6-2　系统图与可靠性框图(以空气压缩机为例)

障模式和影响分析所需的具体资料。若缺乏这些情报和资料,FMEA 也不可能获得最佳的结果。

(3) 制订工作计划

① 确定 FMEA 的类别。

系统 FMEA(SFMEA):用于分析系统或子系统在早期和设计阶段,主要通过从系统功能关系方面考虑问题来识别系统的故障模式。

设计 FMEA(DFMEA):用于新产品的发布之前,预先对新产品的故障与潜在的问题进行分析和寻求解决方法,主要考虑元件及关键设计要素的物理故障模式。

过程 FMEA(PFMEA):用于分析制造、组装和管理过程,可通过对工序的主要故障进行分析或对工序流程优化,找出潜在的问题。主要考虑的是由于加工不符合要求所造成的产品故障。

② 决定分析层次。

分析层次是指系统或产品的组成层次,如零件、部件、子系统等。分析层次与研究的阶段有关,概括地说,在产品的方案设计阶段实施 FMEA,开始设计后,是从部件的 FMEA 向系统的 FMEA 发展。

由图 6-3 可见,对应于不同分析层次 FMEA 有不同的分析重点;在各分析层次中,由于故障所在的层次不同,故障模式对上一层次的影响和对下一层次的故障原因的追究深度也各不相同。决定分析的对象属于哪一层次,要与已知的故障模式属于哪一层次相一致。也就是说，要决定这个层次是系统，是子系统，还是零部件。

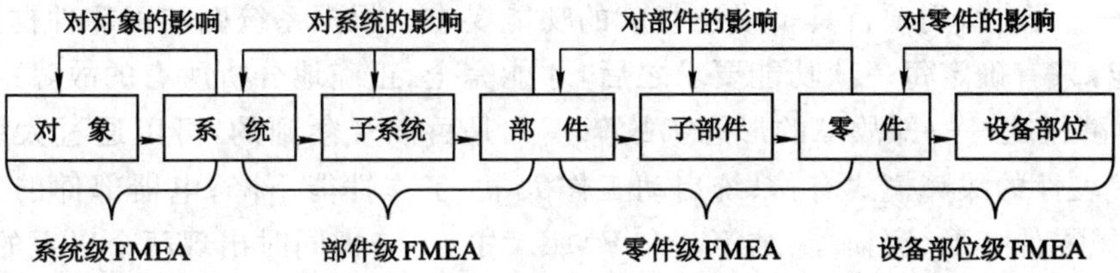

图 6-3　FMEA 的分析层次

③ 确定重点故障。

具体地说，就是对故障模式划分的等级做出说明，确定哪一类故障应重点避免，并且还要对这些问题预先做出决断，例如，可能危及生命及造成火灾的事故，可能造成系统停工的故障等。

2．FMEA 的格式

QS 9000-FMEA 标准的分析格式见表 6-1。在表头左侧填写系统、子系统（当涉及子系统中的组件或零件时也可用此表）、核心小组等内容，表头右侧分别记入制表人、设计责任人的姓名以及 FMEA 的日期。

表 6-1　标准的 FMEA 的格式

故障模式和影响分析

（QS 9000-FMEA）

系　统________　　页　号________

子系统________　　制表人________

零部件________　　设计责任人________

核心小组________　　日　期________

项目/功能	故障模式	故障影响	严重度(S)	分类	故障发生的原因/机理	发生率(O)	现有控制措施	探测手段	不易探测度(D)	行动优先级(AP)	建设改进措施	责任和目标完成日期	措施执行结果				
													采用措施	S	O	D	AP

3．FMEA 的工作内容和重要参数

（1）项目（设备、组件、零部件等）——每行列出组成子系统的一个项目。记入它在预先画制的逻辑图上的编号，或设计图上的零件编号等识别标号，两者都可以记，也可只记其一。

目前所见的实例中，若子系统简单，可以把方框图也列入项目栏内。

功能——写明所列项目具备或应完成的功能要求。根据系统图与可靠性框图详尽地列出所有功能，只有确定每一项功能要求之后，才能完全、正确地分析所有的故障模式。

(2) 故障模式——即故障的形态。故障模式是可以观察到的，可以通过大量的调研得到。具有代表性的故障模式有：系统启动工作太早、工作性能下降；电器部件的短路、断路、无输出；机械零件变形、磨损、黏结等。在 FMEA 中，不考虑同时出现两个以上的故障，但对同一对象，则要考虑两个以上的故障模式，只不过每次只列举一个进行分析。

(3) 故障的影响——假设(2)栏所列故障模式已经发生，则在该栏内记述它对上级层次所产生的影响。通常是由于产品出现性能、质量的下降，以至功能的彻底丧失而对顾客产生直接或间接的影响。首先容易记入的是对与其直接相连的上一级的影响，对于系统来说，应是对子系统的影响，进而向更上一级分析，有时也填入对系统完成任务的影响。

值得注意的是，许多故障模式所产生的并不止一个影响，而经常是一连串的连锁反应，因此必须找出每一种故障模式可能产生的连锁反应，从而比较全面地考虑各种潜在的影响。

(4) 严重度(S：severity)——指故障模式所产生影响的严重程度。严重度类别是给产品故障造成的最坏影响规定一个量度。如果全面分析直到元件一级的一切可能的故障模式及其原因，可以获得完整的信息，但很费时间，这时需要做出判断，通过严重度指数判断究竟哪些部件或功能需要做出进一步的分析。

严重度指数由一个 10 分值标准来描述(分值越高表示故障影响越严重)，其判别标准如表 6-2 所示。

表 6-2　严重度评价标准

故障影响	严重度判别标准	等级
无警告的危险	故障模式在没有警告的情况下发生，影响到安全操作或违反规章，造成危险。严重度等级非常高	10
有警告的危险	故障模式在有警告的情况下发生，影响到安全操作或违反规章，造成危险。严重度等级非常高	9
很高	项目或产品不适合操作，功能缺损；用户非常不满意	8
高	项目或产品操作性差，功能不全；用户不满意	7
中等	项目或产品可操作，但不舒适、不方便；用户使用不便	6
低	项目或产品可操作，但舒适性、方便性欠佳；用户在一定程度上会感到失望	5
很低	某些特性不相配，并被大多数用户所注意	4
轻微	某些特性不相配，并被一定数量的用户所注意	3
很轻微	某些特性不相配，但被大多数用户所忽略	2
无	没有影响	1

(5) 分类(级别)——该栏用来对需要采用控制的零部件或系统的一些特殊特性进行分类。比如关键特性、主要特性、重要特性、重点特性等。

(6) 故障发生的原因(机理)——该栏记入故障发生的可能原因,包括只能引起偶然故障的原因及非预期的应力(环境、使用条件)原因,也包括制造上的或潜在的缺陷问题。一个故障模式可能有不止一种原因,应依据可以纠正或控制的原则加以分析。维修部门在这方面掌握了大量资料。

(7) 发生率(O:occurrence)——上述故障发生的原因(机理)出现的概率。描述出现的可能性的级别具有相对意义,而不是绝对的数值。概率值由一个 10 分值标准来描述(出现的概率越大分值越高),其判别标准如表 6-3 所示。通过设计变更或设计过程变更来预防或控制故障模式的原因/机理是可能使频率数降低的唯一途径。

表 6-3　故障发生频率的辨别标准

故障概率	可能故障的比例	等级
非常高:故障几乎无法避免	＞1/2	10
	1/3	9
高:反复故障	1/8	8
	1/20	7
中等:偶然故障	1/80	6
	1/400	5
	1/2 000	4
低:相对很少的故障	1/15 000	3
	1/150 000	2
极小:故障不太可能发生	＜1/150 000	1

(8) 现有控制措施——列出目前控制故障模式和防止故障发生的原因/机理出现的措施。这些预防措施可以有效地防止故障发生的原因/机理或故障模式出现,或者降低其出现的概率。例如,能自动地切换到备用部分,可用手动代替自动功能等。为了避免发生最坏事件,应考虑采取如自动停车、保险丝熔断等措施。当然,无预防控制措施的情况也并不少见。

(9) 探测手段——记述用什么方法和手段探测出已发生的故障。这些探测手段可以探测出故障发生的原因/机理或者故障模式,从而采取纠正措施。如通过声音变化和仪表读数的变化进行检查,对人造卫星通过遥测技术进行检查等。根据需要,有时也预先安装保护装置或警报装置。如果可能,最好的途径是(8)栏——预防控制。

(10) 不易探测度(D:detection)——在采取现行的控制方法实施控制时,故障可被查出的难易程度。它是指零部件离开制造工序(或装配工位)之前,或者在下一个工序之前,利用过程控制方法找出缺陷存在的可能性的评价指标。它也分为 1～10 级,从几乎肯定可能找出失效模式(1 级)到几乎不可能找出失效模式(10 级),逐级减小可能性。其判别标准如表 6-4 所示。一般来说,发生率低,不易探测度数也低。

(11) 行动优先级(AP)——AP 是对危险优先数(RPN)的一种优化和改进,在完成失效模式、失效影响、失效起因和控制的初始识别后,评估是否需要采取一些措施来降低风险。由于资源、时间、技术和其他因素的固有限制,需要对这些措施进行优先排序,形成工作计划，并得到实施和验证。

表 6-4 不易探测度的判别标准

探测性	不易探测度判别标准	等级
完全不确定	设计控制无法或不能检测到潜在原因/机理和后续故障模式，或根本没有设计控制	10
可能性非常小	设计控制检测到潜在原因/机理和后续故障模式的可能性非常小	9
可能性小	设计控制检测到潜在原因/机理和后续故障模式的可能性很小	8
很低	设计控制检测到潜在原因/机理和后续故障模式的可能性很低	7
低	设计控制检测到潜在原因/机理和后续故障模式的可能性为低程度	6
中等	设计控制检测到潜在原因/机理和后续故障模式的可能性为中等程度	5
中等偏高	设计控制检测到潜在原因/机理和后续故障模式的可能性为中等偏高程度	4
高	设计控制检测到潜在原因/机理和后续故障模式的可能性为高程度	3
很高	设计控制检测到潜在原因/机理和后续故障模式的可能性非常高	2
几乎肯定	设计控制几乎肯定会检测到潜在原因/机理和后续故障模式	1

① 优先级高(H)：评审和措施的最高优先级。需要识别适当的措施来改进预防和/或探测控制，或证明并记录为何当前的控制足够有效。

② 优先级中(M)：评审和措施的中等优先级。应当识别适当的措施来改进预防和/或探测控制，或由公司自行决定，证明并记录当前的控制足够有效。

③ 优先级低(L)：评审和措施的低优先级。可以识别措施来改进预防或探测控制。

(12) 建议改进措施——列出“行动优先级”较高的潜在故障点，并制定相应预防措施，以防止潜在问题的发生。任何建议措施都应旨在使 AP 等级降低，但不一定能够使严重度降低，这一点容易在理解上出现错误。

(13) 责任及目标完成日期——制订实施预防措施的计划方案(时间安排)。一般初次 FMEA 责任及目标完成日期不应超过计划开始生产的日期，而最终 FMEA 责任及目标完成日期应在产品或系统交付使用之前。

(14) 措施执行结果——对预防措施计划方案实施状况进行确认，填入实际采用的预防和改进措施。采取纠正措施后，应重新评价发生率、严重度和不易探测度数，并计算纠正后的 AP 值。这也是一个不断改进，减少缺陷的过程，最终目标是使顾客获得满意的产品。

4. 影响 FMEA 分析结果的因素

FMEA 分析工作应有设计人员在设计过程中结合具体设计进行，是设计评审时重点评审的内容。FMEA 分析的结果如何取决于下述三个因素：

(1) 分析者的水平。进行 FMEA 需要有一定的实践经验，分析的正确性取决于分析者的水平。例如，分析故障模式原因与影响、确定严重度类别、故障模式的发生率等级等都与分析人员的经验和水平有关。

(2) 可利用信息的多少。信息的多少决定了分析的深度。例如，当得不到故障率数据时，只能进行定性分析，而无法填写详细的危害性分析(CA)表。如果分析所用的数据有错误，分析的结果也是错误的。

(3) 分析的时机。FMEA 通常在产品设计过程中进行，如果到了产品设计完成后再做 FMEA 工作，则如若发现有严重故障因素就必须返工，损失会很大。

三、FMEA 的应用实例

1. DFMEA 的应用实例——应用于某雷达的设计

DFMEA(design failure mode effect analysis)故障模式影响分析，就是在系统或设备设计过程中，通过对产品各组成单元潜在的各种故障模式及对产品的功能影响进行分析，并把每一个潜在的故障模式按它的严重度进行分类，提出相应的预防改进措施，提高系统或设备可靠性的一种设计方法。

进行 DFMEA 有助于：① 设计要求与设计方案的相互权衡；② 制造与装配要求的最初设计；③ 提高在设计/开发过程中考虑潜在故障模式及其对系统和产品影响的可能性；④ 为制订全面、有效的设计试验计划和开发项目提供更多的信息；⑤ 建立一套改进设计和开发试验的优先控制系统；⑥ 为将来分析研究现场情况、评价设计的更改以及开发更先进的设计提供参考。

本例分析的是舰艇装载的雷达系统，它是一种用于对空中、地面和海上目标进行定位、识别和跟踪的电子情报和监视系统。雷达的工作是基于电波到达时间差的原理实现的。其基本功能有：空中目标监视、地面和海上目标侦察、频率活动调查等。图 6-4 为该雷达系统的可靠性框图。

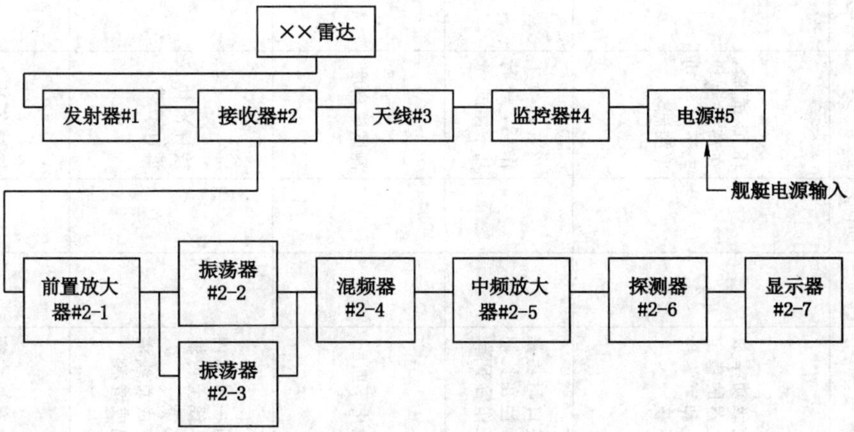

图 6-4　某雷达系统的可靠性框图

根据掌握的雷达系统的资料(主要包括雷达各部件的功能和相应的可靠性框图)，建立所分析雷达系统的故障模式清单，尽量不要遗漏；分析造成各种故障模式的影响及发生的原因/机理；确定各种故障模式的重要度(S)、发生率(O)和不易探测度(D)，计算行动优先级(AP)并寻找改进措施；AP 等级高的项目应作为预防控制的重点。对雷达系统进行 DFMEA 的分析表见表 6-5。

对 AP 值进行排序，统计出“AP＝H”或“$S\geqslant7$”的故障，这两种情况必须采取纠正措施。这一阶段的关键是改进目标的确定。根据排序找出影响结果的关键因素——混频器和中频放大器，集中力量优先解决，做到问题解决及时、资源运用合理、效果取得明显。

表 6-5　某雷达系统的故障模式和影响分析

项目/功能	故障模式	故障影响	严重度（S）	故障发生的原因/机理	发生率（O）	现有控制措施	探测手段	不易探测度（D）	行动优先级（AP）	建议改进措施	责任和目标完成日期	措施执行结果				
												采用措施	S	O	D	AP
前级放大器＃2-1/功率预放大	前级功率不平稳	功率下降，整机欠功率	4	前级功率放大器的稳定性和可靠性不够	4		环境试验，在高低温状态下进行功率测试	4	M	采用高性能的线性预激励放大器，各级放大器工作电压可调		采用高性能放大器，在末级管集电极加装大电容高脉冲上升时间，对两个推动级进行温度补偿，保证全温度范围的功率稳定	2	1	4	L
混频器＃2-4/功率合成	混频器输出接头较窄，长时间工作后不匹配	对功率组件造成损坏，输出打火	7	接口耐功率特性在长期工作后下降	4		72 h 连续工作后，进行功率测试	4	H	增大接触面积，减少间隙		采用专用定制的插头座	2	2	4	L
中频放大器＃2-5/功率放大	输出不匹配，不是平衡输出	个别模块损坏，影响其他模块，输出隔离度不够，导致其他模块烧毁	7	输出不匹配	5		测试隔离度	4	H	调节匹配，增加隔离度；增宽环行器输入、输出线		增加组件抗烧毁能力，增加隔离度	2	2	4	L
监控器＃4/监控	节点脱离	通信不正常	3	同一时间内总线上传输信息过多，造成总线溢出或堵塞	3		按标准协议进行测试	3	L	软件和硬件改进		软件上对总线状态进行全面监视，采用不同途径进行总线恢复，硬件上增加内部匹配电阻	1	2	1	L
电源＃5/供电	输出电流不一致，影响整机使用	开关电源组中，个别开关电源长期工作在超负荷的情况下易导致性能降低	4	没有加均衡器，内阻不一样	4		检测各开关电源输出功率	4	M	加均衡器		加均衡器，使每个开关电源的输出电流差别不是很大	1	1	4	L

按照 FMEA 规定的步骤进行设计或工艺更改，如采用增大接触面积，减少间隙，调节匹配，增加隔离度，增宽环行器输入、输出线等手段，使产品的缺陷或波动降低。对各项纠正措施指定负责人并拟定取得效果的期限，评估改进的结果，采用同第一次评估同样的方法，重新计算 AP 值，措施要一直调整到"AP≤M"。

2. PFMEA 的应用实例——应用于柱塞斜槽加工工序过程分析

PFMEA 是 process failure mode effect analysis 的缩写，这种失效模式是过程中可能发生的，也就是潜在的，是指不满足过程要求或设计意图的形式，是对某一具体工序不符合要求的描述。它可能是引起下一道工序的潜在故障模式，也可能是上一道工序潜在故障的影响。PFMEA 是制造主管工程师采用的一种分析技术，用来在最大范围内充分地考虑到产品可能出现的故障的机理、原因及产生的后果。它也包括对一些现象的分析，根据经验来推断。这种系统的分析方法是对产品制造过程体现设计思想的规范化。

PFMEA 一般包括下述内容：① 确定与产品相关的过程潜在故障模式；② 评价故障对用户的潜在影响；③ 确定潜在制造或装配过程的故障起因，确定减少故障发生或找出故障条件的过程控制变量；④ 编制潜在故障模式分级表，建立纠正措施的优选体系；⑤ 将制造或装配过程文件化。

PFMEA 应在生产准备之前，在过程可行性分析阶段或之前开始，而且要考虑从单个零件到总成的所有制造工序。PFMEA 是在假定所设计的产品能够满足用户要求，不包含设计缺陷所产生的失效，设计缺陷的影响和避免措施应由 DFMEA 来解决。PFMEA 并不是依靠改变产品设计来克服过程缺陷的，但它要考虑与生产过程相关的产品特征参数，以便最大限度地保证产品满足顾客的要求和期望。

图 6-5 为柱塞斜槽加工工序过程流程图，图 6-6 为柱塞斜槽加工工序工艺简图。对柱塞斜槽加工工序过程进行 PFMEA 的分析表见表 6-6。

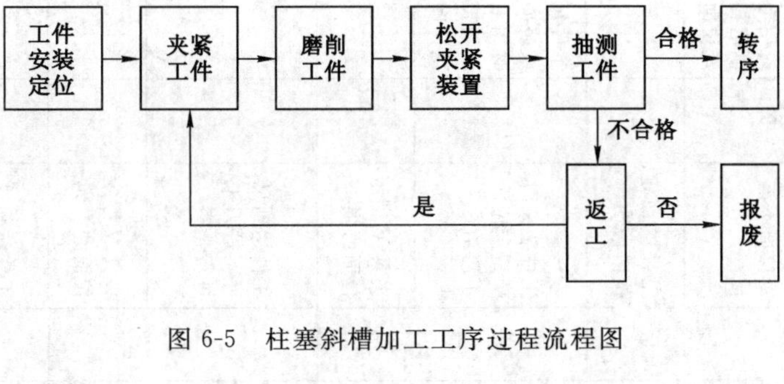

图 6-5　柱塞斜槽加工工序过程流程图

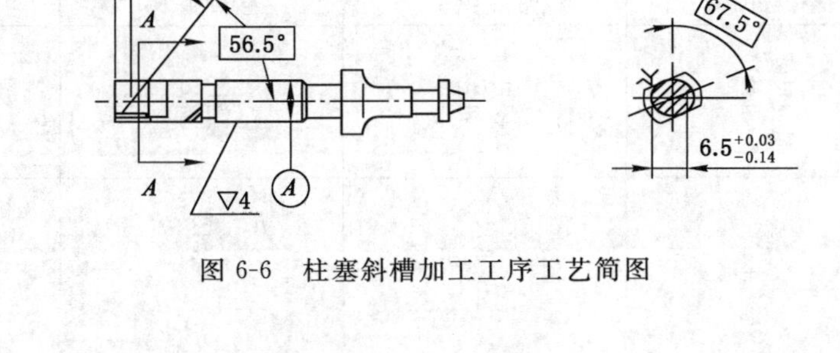

图 6-6　柱塞斜槽加工工序工艺简图

表 6-6　柱塞斜槽加工工序过程的故障模式和影响分析

项目/功能	故障模式	故障影响	严重度 (S)	故障发生的原因/机理	发生率 (O)	现有控制措施	探测手段	不易探测度 (D)	行动优先级 (AP)	建议改进措施	责任和目标完成日期	措施执行结果				
												采用措施	S	O	D	AP
量规	量规尺寸超差	喷油泵标定油量达不到要求或喷油泵调试困难	7	工件装夹具定位面不清洁	5	工件每次装夹时用毛刷清扫定位面	每加工 10 件抽测 2 件	3	H	装夹工件之前用过滤后的清洁切削液冲刷定位面		装夹工件之前用过滤后的清洁切削液冲刷定位面	7	3	3	M
				工件端面定位销松动	4			3	M	定位销上再增加一个防松螺母		定位销上再增加一个防松螺母	7	2	3	L
高度尺寸	高度尺寸超差	喷油泵油量均匀性差，发动机工作平稳性差	7	工件装夹时V型定位面不清洁	5	工件每次装夹时用毛刷清扫定位面		3	H	装夹工件之前用过滤后的清洁切削液冲刷定位面		装夹工件之前用过滤后的清洁切削液冲刷定位面	7	3	3	M
				夹具V型定位面磨损	4			3	M	在V型面上焊接硬质合金		在V型面上焊接硬质合金	7	2	3	L
倾斜度	倾斜度超差	喷油泵油量均匀性差，发动机工作平稳性差	7	工件达到尺寸不进刀未进行光磨	5			3	H	工件达到尺寸后进行3～5个行程的光磨		工件达到尺寸后进行3～5个行程的光磨	7	2	3	L
				夹具V型定位面磨损	4			3	M	在V型面上焊接硬质合金		在V型面上焊接硬质合金	7	2	3	L
加工表面	加工表面烧伤	柱塞偶件使用寿命缩短	8	工件达到尺寸不进刀未进行光磨	6			2	M	工件达到尺寸后进行3～5个行程的光磨		工件达到尺寸后进行3～5个行程的光磨	8	2	2	L
				切削液进入切削区的流量较小	5			2	M	更换泵，提高切削液泵的流量		更换泵，提高切削液泵的流量	8	2	2	L

通过采取表 6-6 中的“建议改进措施”，对柱塞斜槽加工过程影响因素进行控制之后，车间统计柱塞斜槽加工合格率由原来的 89.6%提高并维持在 98%以上。由此可见，采用 PFMEA 方法对加工工艺过程进行分析，并制定相应措施，对于提高产品制造过程质量、降低废品率意义重大，应大力推广。

四、FMEA 的适用范围和使用原则

FMEA 适用于产品的研制、生产、使用等各阶段的质量管理，并及时跟踪产品特性的变动，其基本出发点就是产品的故障必然和该故障的零部件之间存在着一定的因果关系，从这种因果关系出发，发现问题，找出原因，明确影响(后果)，进而制定有效的改进途径。从系统和产品质量管理的角度来分析，FMEA 的主要作用有：

① 系统地分析产品的各种可能的故障模式、危害及影响，明确产品功能与要求规格间的差距，能定量地找出重点问题，选定“重要特征”。及早采取适当的措施，控制风险，并确认最终产品的质量风险低于用户可以接受的水平。

② 为确定产品关键件和重要件、关键工序提供依据。关键件、重要件和关键工序是进行设计、工艺改进，进而提高其可靠性的重要目标，也是可靠性增长试验、鉴定试验、应力分析和保证安全性的主要对象。

③ 设计人员可以根据故障模式的严重程度，进行相应的检测装置的研究，帮助他们考虑在薄弱环节上是否采用冗余设计、元器件筛选、降额设计、热设计等可靠性设计技术。

④ 为确定产品可靠性试验大纲和产品制造与验收技术条件以及检验的程序、方法提供重要信息。

⑤ 通过故障模式及影响分析记录的文件化，能积累不同方面的技术与经验，为制作产品使用维修指南提供依据。

此外，FMEA 还为安全性分析与设计、维修性分析与设计、测试性分析与设计、保障性分析、以可靠性为中心的维修分析(RCMA)、试验计划的制订、质量检验点的设置、可靠性设计和评审等提供信息和技术决策依据；为编制关键项目清单或关键项目可靠性控制计划提供依据。

为使 FMEA 工作卓有成效，在具体实施时应遵循如下原则：

(1) 及时性原则

FMEA 的首要任务是为产品的设计改进提供有效的信息和依据。因此，FMEA 应与产品的设计同步进行，尤其应在设计的早期阶段就开始进行 FMEA。为使 FMEA 能有成效地进行，应该遵守并执行下述时间上的安排：

① 对于设计阶段，应在设计评审之前进行；

② 对于工艺计划阶段，应在工艺评审及设备调配之前进行。

这样有助于及时发现设计中的薄弱环节并为安排改进措施的先后顺序提供依据。同时，按照产品研制阶段的不同，进行不同程度、不同层次的分析，也就是说，FMEA 应及时地反映设计、工艺上的变化，并随着研制阶段的展开而不断完善和反复迭代。

同时要养成习惯花费足够的时间去推敲设计方案。如果设计方案酝酿的时间不充分，就可能找不出重要的故障模式和良好的改进方案，以致在工艺过程中和用户使用中不断发生重大质量问题。

(2) 团队合作原则

对故障模式的推断，由于各专业技术人员的技术专长的不同，其看法和接受方法也各不相同。只有把各方向的推断统一起来，才能防止发生缺陷。例如，机械工程师们会倾向于从机构方面去追查设计缺陷；电器工程师们会倾向于从系统、元器件等的回路设计方面追查；材料工程师们会倾向于从材料、金相组织等方面去追查；化学工程师们会倾向于追查在媒介中由于材料间的相互接触而产生的化学变化；物理工程师们会倾向于从物理方向（原子、分子水平）去追查；可靠性工程师们会倾向于在规定条件下，从时间特性方面去追查。

另外，提出的建议常常造成生产出超过规定质量指标的产品，即质量指标满足了，但成本指标达不到。这时就需要听取成本人员（VE 工程师）的建议和意见，采取全面的对策。

由上述可见，在研讨由技术人员完成的 FMEA 方案时，团队领导人（如 6σ 主管）应从该产品的特点出发，决定召集哪些专业的人员参加研讨工作，若参加人员选择不当，就会影响分析效果。同时由于参加完成 FMEA 的人员大多是在各方面有技术专长的专业人员，所以必须给予负责此项目的团队领导人以特定的权限。负责此项目的团队领导人若无权，会出现拿不出决定性意见的情况，不但不能按工作进程表进行工作，还会影响整个开发进程。

(3) 一致性原则

FMEA 应加强规范化工作，以保证产品的分析结果具有可比性。分析前，担任产品总设计师的单位就应遵循 GJB/Z 1391—2006 的要求，结合产品特点，对 FMEA 的分析制定层次、故障判据、严重度与危害性定义、分析表格、故障率数据源、分析报告要求等均做统一的规定及必要的说明。

同时将故障模式的发生概率、故障模式的严重度、故障模式的检测难度等，根据不同产品划分成实用的等级，确定评定标准。评定标准采用票决法较为容易。若没有这一标准，各实施小组在对故障模式做定量评定时，就不能用共同的标准找出重点故障模式。

(4) 灵活性原则

FMEA 在分析过程中，需要讲究一定的策略和灵活性，这样不仅可以减少不必要的工作量，最重要的是可更准确、更快捷地找出故障模式、故障原因、故障影响以及改进措施。

① 故障模式严重度的等级划分，即使是对同一产品，系统层次的 FMEA 和零件层次的 FMEA 也不同，所以应采用分别划分评定标准的方法。若从系统的 FMEA 到零件的 FMEA 都用同一评定标准进行分析，对故障模式的评价就会发生混乱，不同层次上的严重度也会分辨不清。

② 在与人身事故无关的，一般零件的故障模式严重度评级中，受到法规限制的故障模式，原则上评定其严重度为最高等级。对于与限制排出气体的法规、环境保护法、电器用品限制法等法规限制有关的项目，必须要满足相关法规限制的全部要求。

③ 在故障模式的评价中，分析层次取到什么程度合适，应因情况不同而各异。原则上，严重度和行动优先级非常低的故障模式是可以去掉的，至于 FMEA 的研究到何处为止，以研究小组取得一致意见为宜。

④ 在复查 FMEA 时，对设计方案中一直是良好之处尽可能不要变动。而对通过预测会发生问题的地方应重新评价，并应采纳其他改进意见。

⑤ 忽略非技术性故障模式。故障模式的预测一旦结束，对模糊不清的故障模式应该进行可靠性试验，以确定这些故障模式是否存在。在使用及环境条件下，若故障模式的发生与时间因素有关时，试验条件的确定就成为关键性问题，所以，在确定试验条件上必须特别

慎重。

(5) 可追溯性原则

依据 FMEA 结果,所制定出的相应改进措施是否会引发系统新的故障,其效果如何,以及所找出的产品故障是否全面而无遗漏等问题,均应从管理角度对 FMEA 的分析结果进行跟踪与分析,以验证其正确性和改进措施的有效性。这种跟踪分析的过程,是 FMEA 反复迭代、逐步积累工程经验的过程;也是对系统再认识、再理解的过程,这种认识和理解最终体现在 FMEA 分析报告中。一套完整的 FMEA 资料,是各方面经验的积累和总结,是宝贵的工程财富,应当不断积累并归档,以备查考。

最终应把 FMEA 实施的结果补充到技术标准、质量标准等文件中,否则 FMEA 中经充分研究的重要故障模式有可能在使用和生产中出现。图纸和工艺计划表是将工程师的技术经验汇集而成的商品,制造厂把这些商品从设计部门、生产技术部门买来,然后配备生产设备,并制造产品。为制造无缺陷的产品,这种输入的标准类资料是不能有缺陷的。为此,FMEA 的研究结果必须毫无遗漏地反映到图纸、工艺计划表以及有关的标准类文件中。

(6) 系统性原则

为了有效地进行故障分析,可以视工程研制中的需要与可能采用 FMEA 和其他技术的综合分析方法,取长补短,更全面地找出系统的薄弱环节,并针对每个薄弱环节制定相应的设计、工艺和使用补救措施,这对减少产品设计工艺缺陷、保证研制进度、降低设计费用具有重要的作用。

此外,值得再次强调的是,FMEA 虽然是有效的可靠性、安全性和维修性分析方法,但并非万能,它们不能代替其他可靠性分析工作。应特别注意,FMEA 是静态分析方法,在动态分析方面还不完善,若对系统实施全面的分析,还应与时间序列有关的方法(如故障树分析 FTA)相结合。例如:对零件数较多的产品,首先要进行全面的系统层次等级的 FMEA,明确不希望发生的故障模式(设计方案上的薄弱环节),对其中原因不明的致命性的故障模式,应当利用 FTA 法,彻底地追查其发生的途径和原因,并采取对策。如若进行从系统层次起至零件层次的全部的 FMEA,则其工作量增大,要耗费相当多的时间。

第三节 危害性分析

一、危害性分析(CA)的基本概念

危害性分析(CA)是故障模式、影响及危害性分析(failure mode, effects and criticality analysis,简记为 FMECA)的另一个重要的分析内容。FMECA 是分析系统中不同层次产品所有可能产生的故障模式及其对系统造成的所有可能影响,并按每一个故障模式的严重程度及其发生概率予以分类的一种归纳分析方法。FMECA 分析包括故障模式影响分析(FMEA)和危害性分析(CA)两个步骤,FMEA 是一种定性分析方法,CA 属于定量分析方法,也可以进行半定量分析。

对于一个故障模式而言,它的危害性可以用下面的式子表示:

$$\text{危害性指数} = \begin{matrix}\text{故障模式的}\\\text{故障率}\end{matrix} \times \begin{matrix}\text{故障影响的}\\\text{发生率}\end{matrix} \times \begin{matrix}\text{系统运行的时间}\\\text{(或运行次数)}\end{matrix}$$

CA 是对系统中每一部件按其故障的发生概率和严重程度进行综合评估。危害性分析的目的是按每一故障模式的严重程度及该故障模式发生的概率所产生的综合影响对系统中的部件划分等级，以便全面评价系统中各种可能出现的部件故障的影响。CA 是 FMEA 的补充或扩展，只有在进行 FMEA 的基础上才能进行 CA。CA 对于维修和后勤保障方面的分析最有用，因为某种故障模式如果发生概率很高（或严重度指标很大），则有必要研究采取何种措施才能降低对维修和后勤的要求。

系统的危害性分析常采用危害性矩阵法。危害性矩阵法又分为两种方法：定性分析法和定量分析法。一般情况下，在不能获得准确的系统故障数据（如故障率 λ）时，应选择定性的分析方法；若可以获得产品的较为准确的故障数据时，则应选择定量的分析方法。

二、CA 的定性分析

在缺少系统故障数据的情况下可以使用定性分析的方法进行危害性分析。定性分析方法将每一个故障模式的发生可能性分成离散的级别，然后分析人员按所定义的级别对每一个故障模式进行评定。完成对故障模式发生概率等级的评定后，再应用危害性矩阵对故障模式进行危害性分析。

按照《故障模式、影响及危害性分析指南》（GJB/Z 1391—2006）的分级方法，可将故障模式的发生概率分为以下五个等级：

① 1 级，极少发生。运行期内发生故障的概率小，以至可以忽略。

② 2 级，很少发生。运行期内几乎不会发生故障。

③ 3 级，偶尔发生。运行期内偶尔会发生故障。

④ 4 级，有时发生。运行期内故障随机发生的概率约为 0.5。

⑤ 5 级，经常发生。运行期内估计会发生故障。

对于军事设备来说，故障模式的发生概率划分标准最为苛刻，如表 6-7 所示为导弹的故障模式的发生概率等级定义。

表 6-7　导弹的故障模式的发生概率等级定义

等级	定义	故障模式发生概率（在工作时间内）
1	极少发生	某故障模式发生概率$<10^{-6}$
2	很少发生	$10^{-6}<$某故障模式发生概率$<10^{-5}$
3	偶尔发生	$10^{-5}<$某故障模式发生概率$<10^{-4}$
4	有时发生	$10^{-4}<$某故障模式发生概率$<10^{-3}$
5	经常发生	某故障模式发生概率$>10^{-3}$

致命度类别定义应考虑到故障造成最坏的潜在后果，并根据最终可能出现的人员伤亡、导弹损坏或经济损失的程度来确定。致命度类别可以进行如下分级：

① 1 级，轻微。不足以导致人员伤害、一定的经济损失或系统损坏，但会导致非计划内的维护或修理的故障。

② 2 级，临界。会引起人员的轻度伤害、一定的经济损失，或导致工作时间延误或停滞的系统轻度损坏的故障。

③ 3 级，致命。会引起人员的严重伤害、重大的经济损失，或导致工作任务失败的系统严重损坏的故障。

④ 4 级，灾难。会导致人员死亡或系统毁坏的故障。

按照美国军用标准 MIL-STD-1629 的规定，对军用舰船的故障模式致命度分类如表 6-8 所示。

表 6-8　军用舰船故障模式的致命度分类

级别	定义	故障模式对系统的影响情况
1	轻微	① 对舰船完成任务的能力无影响； ② 对所列分析对象的输出功能影响小，以至可以忽略； ③ 引起其他项目的恶化，但采取“调整型”的维修后能够修复
2	临界	① 对舰船完成任务的影响可以忽略； ② 使所列分析对象的输出功能恶化； ③ 使其他项目发生故障，但经有组织的维修后可能立即修复
3	致命	① 使舰船完成任务的能力有一定的下降； ② 使所列分析对象的输出功能显著下降； ③ 经(舰上)有组织的维修后不能立即修复，使其他构成层次的项目发生故障
4	灾难	① 使舰船完成任务的能力显著下降； ② 使所列分析对象完全丧失输出功能； ③ 使其他项目发生故障，需要补给船或补给基地维修部门修理

在此标准中还规定，应预先对故障模式编以识别记号，并写在图 6-7 所示危害性矩阵图上的相应方格内，从左下角向右上角引一对角线，则认为危害性随直线的上升而增高。例如，进入图中斜线部分的故障模式，就要考虑对策使其危害性下降。这就是危害性矩阵图的使用方法。

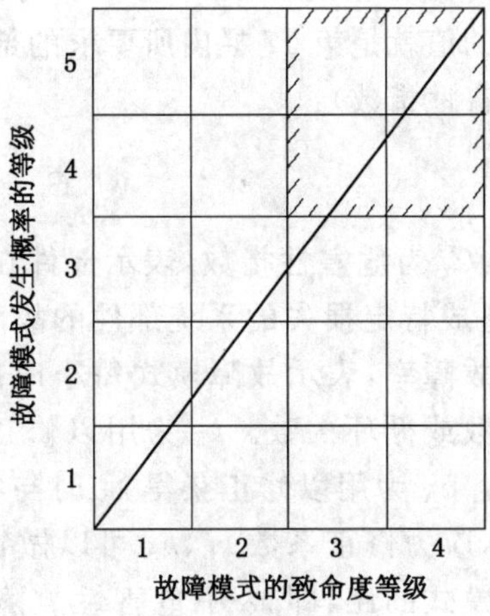

图 6-7　故障模式的危害性矩阵

危害性矩阵是为了把每一种故障模式的危害性与其他故障模式作比较。矩阵是将部件项目或故障模式的标号按致命度级别与故障模式的发生概率进行排列。所得矩阵表明各部件项目故障模式的危害性分布情况，而成为确定补救措施优先顺序的工具。如图 6-7 所示，如果故障模式在矩阵中的位置沿着对角线离开原点越远(越靠近右上角)，则危险性越大，且越迫切需要采取补救措施。危害性矩阵是属于 FMECA 报告的一部分。

三、CA 的定量分析

定量分析法主要是计算故障模式的危害度和系统的危害度，所采用的故障率数据源应与进行其他可靠性分析时所采用的故障率数据源相同。

关于 CA 的表格形式可以参照的标准很少，如美国军用标准 MIL-STD-1629 中的 CA 标准分析表格式如表 6-9 所示，其他标准的表格形式也大致相同。

表 6-9　标准危害性分析表

系　统________　　　　危 害 性 分析　　　　页　号________

子系统________　　　　(MIL-CA)　　　　日　期________

部　件________　　　　　　　　批　准________

名称	编号	图号	逻辑图号/功能号	功能	故障模式	使用阶段	故障影响	可靠性数据来源的代号	故障影响的发生率 β	故障模式发生的相对频率 α	环境系数 k_E	工作系数 k_A	基本故障率 λ_G	使用总时间 t	危害故障模式贡献 ($\beta\alpha k_E k_A \lambda_G \times 10^6$)	部件的危害性指数 C_r
1	2	3	4	5	6	7	8	9	10	11	12	13	14	15	16	17

表 6-9 中的项目识别和危险故障栏目下的第 1～8 项可从 FMEA 中直接得到，对应地抄入表中，而危害性评价栏目中的各项则是危害性分析的重点。在危害性评价栏目中，首先在第 9 栏内记入数据来源(数据来源较少时也可略去)，然后填入第 10 至 15 栏的数值，将第 10～15 栏数值的积，乘以 10^6，所得结果记入第 16 栏。将部件的全部故障模式的结果相加，所得的值就是第 17 栏内所要求的部件危害性指数 C_r(表示的是由 n 个故障模式组成的部件危害性指数)：

$$C_r = \sum_{i=1}^{n} (\beta\alpha k_E k_A \lambda_G t \times 10^6)_i \tag{6-1}$$

式中：C_r 为危害性指数，表示部件在特定的危害性类别下各故障模式危害性数值的总和。i 为造成特定损失的系统部件的故障模式(的序号)。n 为危害性故障模式的总数。λ_G 为基本故障率，表示故障模式每小时或每次循环的发生率。t 为部件在每次工作中运行的小时数或循环次数。k_E 为用以修正获得 λ_G 时与实际使用时，两种环境应力差别的环境系数。k_A 为用以修正获得 λ_G 时与实际使用时，两种运行应力差别的运行系数，为了计算简便，应力修正系数 k_E、k_A 可以做省略处理(使其值约等于 1)。a 为危害性故障模式与总故障模式的比，即 λ_G 中危害性故障模式所占的比例(<1)；一个部件的所有故障模式的 a 相加等于 1。a 的数值在没有准确数据时，可依靠主观判断，表 6-10 列出了一些故障模式发生的相对频率的参考值。β 为故障影响的发生率，是当故障模式发生时故障影响造成危害的条件概率(见表 6-11)。大多数情况下 β 的数据不足，可取其值(约)等于 1。10^6 为单位调整系数，将 C_r 值由每工作一次的损失换算为每工作10^6 次的损失的换算系数，经过换算 $C_r>1$。

表 6-10　故障模式发生的相对频率的参考值

部　　件	故障模式	a 值/%
轴承	润滑性能下降或失效	45
	偏斜	5
	污染	30
固定电容	容值变化	40
	开路	5
线圈	绝缘变质	75
	绕组开路	25
O 型环(橡胶)	材料性能下降	90

表 6-11　故障影响的发生率的取值范围

故障影响	β 值
必然损失	1.0
可能损失	$0.1<\beta<1.0$
很少损失	$0<\beta<0.1$
无损失	0

四、CA 的分析实例

在 PFMEA 的应用实例中，已经对柱塞斜槽加工工艺过程进行了 FMEA 分析，下面再对其进行 CA 分析。柱塞斜槽加工工艺过程 FMEA 的分析表见表 6-6，将相对应的数据填入柱塞斜槽加工工艺过程 CA 分析表，然后进行危害性评价的计算。柱塞斜槽加工工艺过程的危害性分析见表 6-12。

通过计算可得：

① “量规尺寸超差”的危害性贡献数值 $C_{m1}=\beta a k_E k_A \lambda_G t\times 10^6=320$

② “高度尺寸超差”的危害性贡献数值 $C_{m2}=\beta a k_E k_A \lambda_G t\times 10^6=192$

③ “倾斜度超差”的危害性贡献数值 $C_{m3}=\beta a k_E k_A \lambda_G t\times 10^6=288$

④ “加工表面烧伤”的危害性贡献数值 $C_{m4}=\beta a k_E k_A \lambda_G t\times 10^6=240$

最后相加，得出柱塞斜槽加工的危害性指数为 $C_r=\sum_{i=1}^{4} C_{mi}=1\ 040$

五、其他类似分析方法

除 CA 之外还有几种方案，它们或者是在 FMEA 格式上增加栏目，或者是独立进行类似分析。其中有代表性的方法是系统安全工程学中所使用的各种危险分析，这类分析在航天和军事上使用较多，如 NASA 规定在一系列的安全计划中要实施初步危险分析(PHA)、故障危险分析(FHA)等。下面简单介绍一下 PHA 和 FHA。

表 6-12　柱塞斜槽加工工艺过程的危害性分析

名称	编号	图号	逻辑图号/功能号	功能	故障模式	使用阶段	故障影响	可靠性数据来源的代号	故障影响的发生率 β	故障模式发生的相对频率 α	环境系数 k_E	工作系数 k_A	基本故障率 λ_G	使用总时间 t	危害故障模式贡献 ($\beta\alpha k_E k_A \lambda_G \times 10^6$)	部件的危害性指数 C_r
柱塞斜槽加工					量规尺寸超差	尺寸测量	喷油泵标定油量达不到要求或喷油泵调试困难		1	0.2	10	20	10^{-6}	8	320	1 040
					高度尺寸超差	尺寸测量	喷油泵油量均匀性差，发动机工作平稳性差		0.6	0.2	10	20	10^{-6}	8	192	
					倾斜度超差	尺寸测量	喷油泵油量均匀性差，发动机工作平衡性差		0.6	0.3	10	20	10^{-6}	8	288	
					加工表面烧伤	加工阶段	柱塞偶件使用寿命缩短		0.5	0.3	10	20	10^{-6}	8	240	

1. 初步危险分析(PHA)

PHA 是一种评价系统对操作人员和其他人员造成的潜在危害的方法。PHA 的目的是辨识系统所固有的潜在危险状态,以及确定可能出现的故障重要性或关键性。PHA 研究应尽可能在产品开发的早期进行,这样就可以进行控制这些危险状态的设计和规范安全要求,从而避免后期为修改设计所造成的重大损失。

PHA 的第一步就是辨识系统中潜在的危险元件或部件,可以利用工程经验、工程实践以及现有的分析表格来完成;第二步就是辨识哪些有可能由特定的危险状态转变为潜在故障的事件,然后评定这些潜在故障的严重性,以决定是否采取预防措施。

PHA 简单表格中,包括部件或子系统的危险模式、可能产生的影响、补偿与控制、结果与评价。

2. 故障危险分析(FHA)

FHA 是作为一种特殊用途的工具而开发出来的,它主要应用在涉及许多机构共同作业的工程上,这些机构中有一个是整体综合者。FHA 对于寻找各组织之间的接口故障特别有用。标准的 FHA 分析表如表 6-13 所示。

表 6-13　故障危险分析(FHA)格式

部件	部件故障率	部件故障模式	故障模式的发生率	故障影响（追踪到一些有关的接口处）	故障影响的起因（能控制或引起故障的先行部件）	引起次级故障的因素	备注

FHA 分析表中前半部分是 FMEA 的分析资料,后半部分为系统安全 FHA 资料。由此可见,辨识在问题中能控制或引起故障的先行部件和引起次级故障的因素是 FHA 的分析重点。

习　题

1. 简述 FMECA 和 FTA 的特点。
2. 简述 FMEA 的分析过程。
3. 简述 FMEA 的使用原则。
4. 危害性指数计算。

设:对于某部件来说,存在两种故障模式 A,B。已知:$\lambda_A=0.1\times10^{-6}$,$\lambda_B=2\times10^{-6}$,$a_A=0.4$,$a_B=0.6$;其他 β、k_E、k_A 值省略为 1;工作总时间为 10 h。计算该部件的危险性指数 C_r。

第七章　故障树分析

第六章介绍了故障模式、影响、危害性分析(FMECA)的基本概念和使用方法，FMECA属于“由下而上”的归纳法，可以分析各分析层次之间的因果关系，但没有考虑人为因素、环境因素或多种因素相互组合对顶事件的影响。故障树分析(fault tree analysis，FTA)是可靠性和安全性分析的另外一种技术，是安全系统工程的主要分析方法之一，它能对各种系统的危险性进行辨识和评价，不仅能够分析出故障的直接原因，而且能够深入地揭示出故障的潜在原因。

本章介绍故障树的基本概念，故障树的构建方法(包括：故障树建造的步骤、基本单元、建造过程，故障树的数学表述及运算规则)，以及故障树的定性和定量分析方法。

第一节　概　　述

故障树分析法就是把所分析系统的最不希望发生的故障模式作为故障分析的目标，然后找出直接导致这一故障发生的全部因素，再找出造成下一级事件发生的全部直接因素，自上而下地层层查找，直到找到原始的且故障原因/机理或概率分布已知而不用再深究的因素为止。用它描述故障的因果关系直观、明了、思路清晰、逻辑性强，既可定性分析，又可定量分析。

故障树是一种逻辑因果关系图，它根据元部件状态(基本事件)来显示系统的状态(顶事件)。故障树也是一种图形化设计方法，是根据事件联系从上到下逐级建树，它用图形化“模型”路径的方法，使一个系统能导致一个可预知的或不可预知的故障事件(失效)。在故障树中最基础的构造单元为逻辑门和事件，路径的交叉处的事件和状态用标准的逻辑符号(与门、或门等等)表示。故障树包括以下内容：① 系统可能发生的灾害故障，即确定顶事件；② 系统内固有的或潜在的危险因素，包括由于人的误操作而导致灾害的因素在内；③ 各个子系统及各要素之间的相互联系与制约关系，即输入(原因)与输出(结果)的逻辑关系，并用专门符号标示出来。

1961—1962 年，美国贝尔电话实验室的沃森(Watson)和默恩斯(Mearns)在民兵式导弹发射控制系统的设计中，首先使用故障树分析对导弹的随机故障问题成功地作出了预测。波音(Boeing)公司研究人员随后研制出故障树分析法计算机程序，使飞机的设计有了重要的改进，并使故障树分析进入了以波音公司为中心的宇航领域。1974 年，美国原子能委员会发表了麻省理工学院拉斯穆森(Rasmussen)教授为首的安全性课题组编写的《商用轻水堆核电站故障危险性评价》报告(WASH-1400)，该报告所采用的就是美国航空航天局与美国国防部在60年代发展起来的故障树分析和事件树分析(event tree analysis,ETA)技术,分析了核电站可能发生的各种故障的概率,并由此肯定了核电站的安全性,得出了核能是一种非常安全的能源的结论。这一报告的发表在各方面引起了很大的反响,并且对以后的核电站概率风险评估(probability risk assessment,PRA)技术的发展起到了里程碑的作用。该报告同时还促使故障树分析从宇航、核能推广到了电子、电力、化工、机械、交通和船舶等领域。随着FTA应用的日益广泛,FTA的理论逐渐完善,其应用已普及到社会问题、国民经济问题、军事行动决策等方面。

早在1976年,我国清华大学核能技术研究所在核反应堆的安全评价方面就开始应用故障树分析法了。1978年,天津东方红化工厂首次应用故障树分析方法,来控制生产中的故障,获得了成功的经验。1982年,我国召开了第一次安全系统工程座谈会,推广了故障树分析方法。故障树分析技术在各个领域的应用,充分显示了它的科学性与先进性,已被公认为可靠性、安全性分析的重要工具之一,尤其是在核电站、民用航空和载人航天等的安全分析中被经常采用。20世纪80年代末,铁路运输系统开始把故障树分析方法应用于安全生产和劳动保护,也取得了较好的效果。

第二节 故障树的建造

一、故障树建造的步骤

实施故障树分析,基本上可分三个阶段,即编制故障树、进行定性和定量分析以及制定预防对策和对系统进行改进。其具体步骤见图7-1。

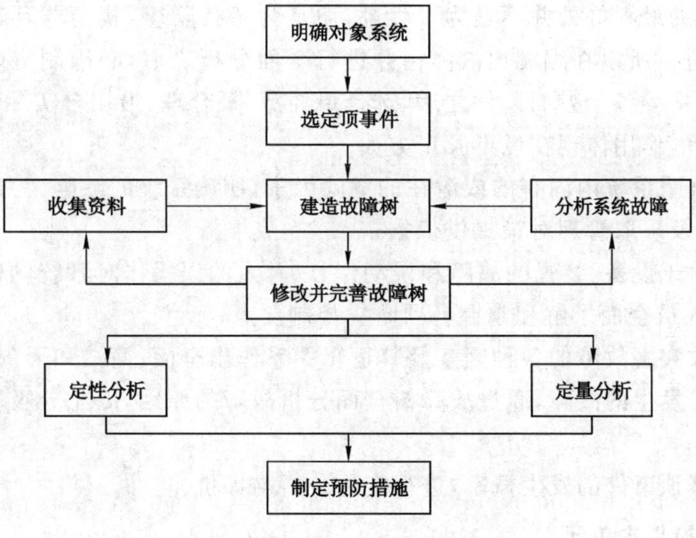

图7-1 故障树分析的基本步骤

1. 第一步:编制故障树

编制故障树的过程,也就是分析系统中的各种信号的异常以及人和环境因素对系统运行的影响的过程,所以首先要明确所要分析的对象系统,全面熟悉所分析系统的设备装置、作业环境和操作项目,了解作业过程中的危险特性,搜集故障实例,分析安全故障及其影响,根据可能发生故障的危险程度，把对系统影响大的灾害或故障作为分析对象，也就是顶事件。

编制故障树应先找出系统内固有的或潜在的危险因素。系统的危险性可能有许多原因，如操作差错、设备隐患、未知环境因素的影响以及规程不完善等等。对所分析的对象，包括物资、设备、人员等，要弄清其各种可能发生故障模式、相互联系及其对系统的影响。

故障树分析的特点是由顶事件按系统构成的逆程序逐项展开。如以火灾爆炸故障作为顶事件，则应控制系统的逆程序，先分析可能导致火灾爆炸的流量、温度、压力等参数的变动，进而分析引起上述条件变动的泵、阀门及仪表系统的故障。根据它们之间的输入（原因）与输出（结果）的逻辑关系，按规定的符号加以标示。

初步编成的树，往往不完善或者在符号应用上欠妥，必要时可以安全检查表作参考，或进行故障模式和影响分析以及安全操作研究，对已编制的树进行修改使之完善。

2. 第二步：进行定性和定量分析

故障树的定性分析主要是应用布尔代数的有关定律和运算法则对故障树做等价简化；寻找故障树的最小割集和最小路集，以判断系统的故障模式和成功模式；分析各事件的严重度，以判断各事件所代表的部件在系统可靠性中的重要程度。

定量分析应根据需要和条件来确定。在进行定量分析时，应具有故障数据和误操作率数据，已编成的树应包括全部的故障并考虑到人的因素，这样通过计算所得到的顶事件的发生概率，才有意义。

3. 第三步：制定预防对策和对系统进行改进

编制故障树的最大好处并不是为了计算，而是为了找隐患，找薄弱环节，查明系统的缺陷，然后加以改进。所以在编制出故障树并进行全面分析之后，必须制定防止灾害的对策，在考虑投资和技术等各个方面条件之后，选择最经济、最合理、最切合实际的对策和措施。

故障树分析的作用体现在以下几个方面：

① 发现与查明系统内固有的或潜在的危险因素，明确系统的缺陷，为改进安全设计、制定安全技术措施及采取管理对策提供依据；

② 搞清楚由于设备、装置的故障和误动作，以及人的误操作对系统的影响，找出重点和关键，并使作业人员全面了解和掌握各项防灾控制要点；

③ 能对导致灾害故障的各种因素及其逻辑关系作出全面、简洁和形象的描述；

④ 可以对已发生的故障，通过故障树全面分析故障的原因，以充分吸取教训，作为拟定防范措施的依据。

⑤ 便于计算顶事件的发生概率，进行定量分析与评价。

二、故障树的基本单元

故障树分析中，建立故障树需要相当多的时间。故障树是“树”的一种特殊形式。在系统工程里，对于复杂系统中各个元素的结合情况，通常把它的结构和功能加以抽象：用“○”表示元素，即“节点”；用“→”表示流过节点的信息，即“边”。故障树也就是在元素（事件）的边上加进了逻辑门的一种特殊的“树”。故障树所采用的符号包括事件符号、逻辑门符号和转移符号三种。

1. 事件符号

故障树分析的方法是首先选定顶事件，分析可能引起顶事件发生的全部事件，然后再分析可能引起这些事件发生的全部事件，直至找出全部基本原因为止，这是一种事件逻辑型的分析方法。故障树常用的事件符号有事件、基本事件、省略事件、外部事件和条件事件。

(1) 事件

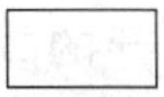表示由下级事件(元素)的逻辑组合引起的输出事件。一般是将事件内容写在矩形符号之内，例如“系统停工”“无输出”“容器破裂”“压力下降”等。顶事件是特殊情况，它位于故障树的顶端，是故障树的最后输出事件，表示所分析系统的不希望发生事件，也就是系统可能发生的或实际发生的故障结果。

(2) 基本事件

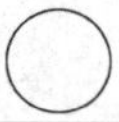为寻找引起顶事件发生的必要条件(原因)，而将故障树向下扩展称为展开，展开到分支的末端即是基本事件，也称为底事件。硬件的零部件故障，人员的单一错误模式等都是基本事件，例如“传感器故障”“轴承咬死”“开关误操作”“尺寸不合”等。与输出事件一样，把这些事件内容写在圆形符号内。基本事件不必再展开分析，即“一次故障”，只存在于逻辑门的输入端。在进行定量分析时，必须已知基本事件的发生概率、故障率等数据，可以把它们标注在故障树上。

(3) 省略事件

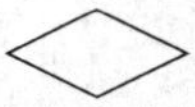所谓省略事件，就是表示应该展开，但因资料不充分而不能展开，或没有必要再向下展开的事件。因此，同基本事件一样，省略事件只出现在逻辑门的输入端而不出现在输出端。其事件内容写在菱形符号内。

省略事件事先不能分析或有意省略而不做进一步分析，即“二次故障”。例如，当展开故障树出现“电源故障”时，由于电源部分是合同外购产品，不了解其详细内容，故在分析时暂不向下展开，待得到资料后再展开；也可以在合同中拟订有关要求。如若曾经对此电源进行过分析，已掌握其详细内容，并有必要的数据，在这种情况下，就可以不必再进一步展开，也可以使用菱形符号。

(4) 外部事件

外部事件不是故障或缺陷，是正常发生的事件。在故障树分析中一般是处理故障事件，但有时外部事件也是故障事件的必要条件。由于是外部事件，故不需要向下分析。它也只出现在逻辑门的输入端。例如火灾时空气的存在，按照正常程序进行的操作或检查等。

(5) 条件事件

用来记录加于逻辑门的特定条件或限制，也就是说只有当条件事件发生时，逻辑关系才起作用。条件事件基本上是和“禁门”及“顺序与门”一起使用的。

2. 逻辑门符号

逻辑门符号是表示各事件之间的逻辑因果关系的符号，利用这些符号可以使故障树与可靠性逻辑框图互相转换。常用的逻辑门符号有 AND 门(与门)和 OR 门(或门)两种，其他门均是这两种门的特殊情况。

(1) AND 门(与门)

此逻辑门表示只有当全部输入事件存在时,才能使输出事件发生,设输入事件为$F_1, F_2, \cdots$,则输出事件 F 由下式表示:

$$F = F_1 \cap F_2 \cap \cdots\cdots \tag{7-1}$$

图 7-2 表示,在考虑电动机电流过大故障时,回路中电流过大和熔断器未断开的故障同时发生。AND 门表示输入和输出之间的一种因果关系,即所有输入故障共同表示了输出故障的原因。AND 门并不表示任何输入故障来源的信息。在 FTA 中出现的事件是普通的缺陷和故障,各事件的发生概率较小,因此 AND 门输出事件的概率变得极小。

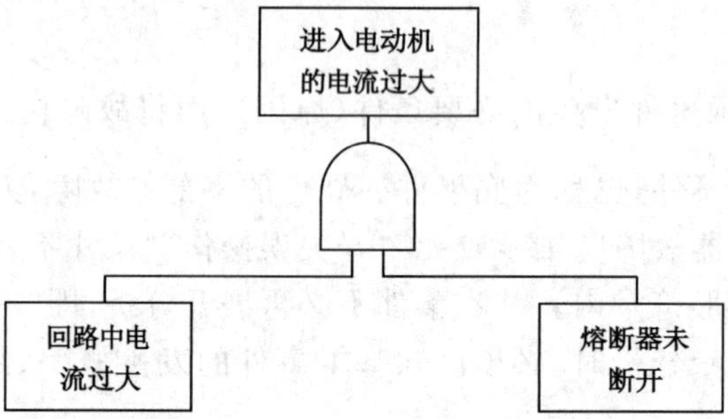

图 7-2 电动机系统的 AND 门

(2) OR 门(或门)

OR 门表示当输入事件中至少有一个发生时,就引起输出事件的发生。设输入事件为$F_1, F_2, \cdots$,则输出事件由下式表示:

$$F = F_1 \cup F_2 \cup \cdots\cdots \tag{7-2}$$

图 7-3 表示在考虑电动机不转故障时,由电动机先前损坏和电动机无电源故障组成的串联系统。即表示串联的任何一个单元发生故障时都会引起系统发生故障。与 AND 门不同的是,OR 门并不传递输入、输出间的因果关系,即 OR 门的输入故障绝不是输出故障的原因,输入和输出之间是等同的,只是从某种特定的意义上把输入定义为原因。AND 门和 OR 门外形有些相似,为便于明显区别,也可以在符号内分别标以 · 和 +。

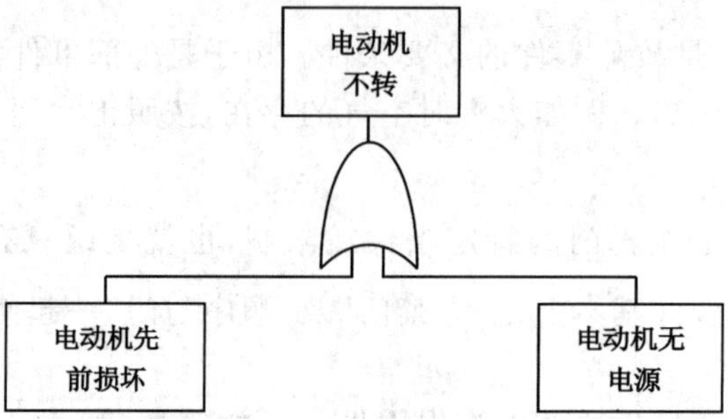

图 7-3 电动机系统的 OR 门

(3) 禁门或制约门

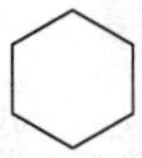
禁门表示某输入事件在一定的条件下才能引起输出事件发生。六角形的门位于引线之间,输出事件发生的条件标注在和门相连的椭圆形框中。椭圆形表示随机制约条件,长方形表示函数制约条件。例如,如图 7-4 所示,在太阳能电池中,有一部分发生故障而失去发电能力,如果剩余部分产生的电能低于消耗的电能,则可酿成“部分中继器关闭”这一系统故障,这时就要把“产生电能小于消耗电能”作为条件写在椭圆形框内。

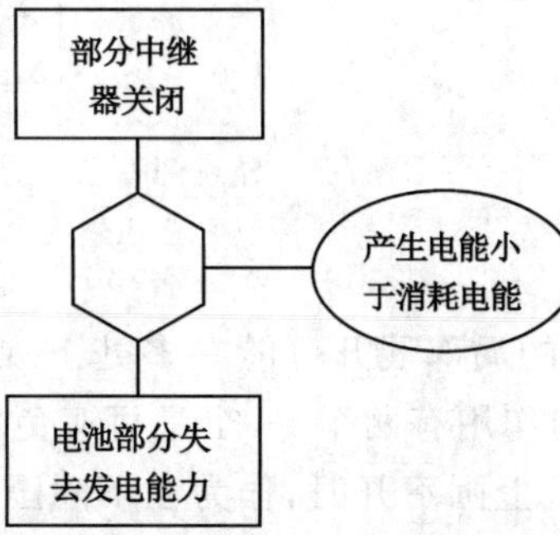

图 7-4 太阳能电池系统的禁门

有时故障或危险的发生逻辑不能只用单纯的 AND 门、OR 门表示,而必须用某些条件加以修正,这时需在其中标明条件内容,并连接在 AND 门或 OR 门的侧面。同时也可以使用修正符号:异或门、顺序与门。

(4) 顺序与门

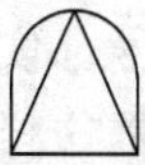
顺序与门是 AND 门的一种特殊情况,是仅当两个或两个以上输入事件在按一定顺序发生时,输出事件才发生的 AND 门。特定的顺序通常在门右边的椭圆内注明,一般的顺序是从左向右。如图 7-5 所示,只有当 F_1 先于 F_2 发生时,F 才发生;否则 F 不发生。

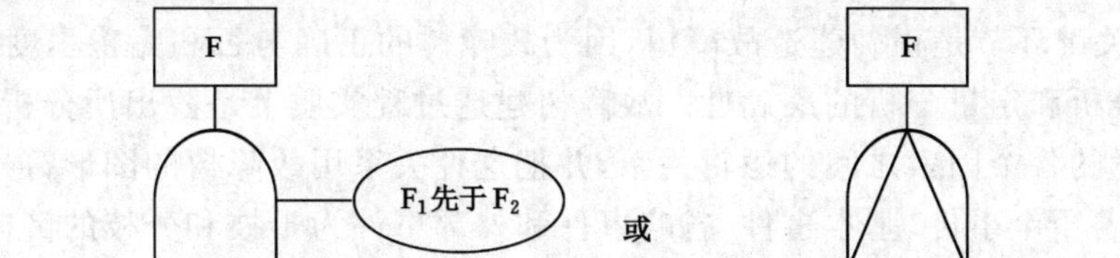

图 7-5 顺序与门

(5) 异或门

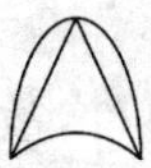
异或门是 OR 门的一种特殊情况,仅当输入事件中的单个事件发生时输出才发

生。异或门与 OR 门的不同点在于排除了两个输入同时发生的情况。如图 7-6 所示，当 F_1 发生或 F_2 发生时，F 发生；而 F_1、F_2 同时发生时，F 并不发生。

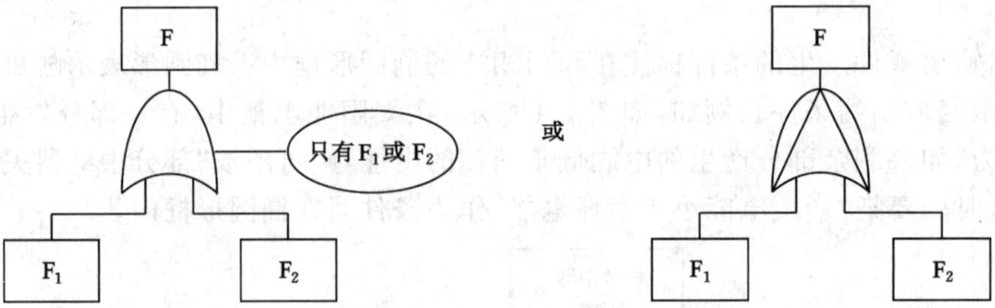

图 7-6　异或门

3. 转移符号

在展开故障树时，相同内容的局部展开可能在多处出现，这时，在事件符号的下面标上转移符号（如图 7-7 所示）。它的作用有两个：一个是可避免相同的子树在作图上的重复；二是可解决大的故障树在一张图纸上画不开时，作为在不同图纸上子树相互衔接的标志。

图 7-7　转移符号

当表示此事件以下的展开内容时，则从事件符号下面引一垂线，再用一横线引出三角形符号，这是转出符号。要在三角形内标注识别文字或编号，在省略相同展开部分的事件符号下面引一垂线连接三角形顶点，并在三角形内标记与转出符号相同的文字或编号。实际上有时在故障树中只有转入符号，而相应的转出展开部分却记载在别处。重要的是这样做可以尽量使繁杂的故障树得以简化，并保持故障树表达直观的优点，提高工作效率。

三、故障树的建造过程

FTA 的关键环节是正确建造故障树，因为故障树的正确与否和完善程度将直接影响到故障树定性分析和定量分析的准确性。故障树建造过程实质上是找出所分析的系统故障和导致系统故障的各个因素之间的逻辑关系，并把这种关系用故障树的图形符号表示，建造以顶事件为根，若干个事件、基本事件、省略事件和外部事件为干枝和分枝的倒树图形。

1. 故障树的建造步骤

故障树的建造过程（如图 7-8 所示），一般分为以下几个步骤：

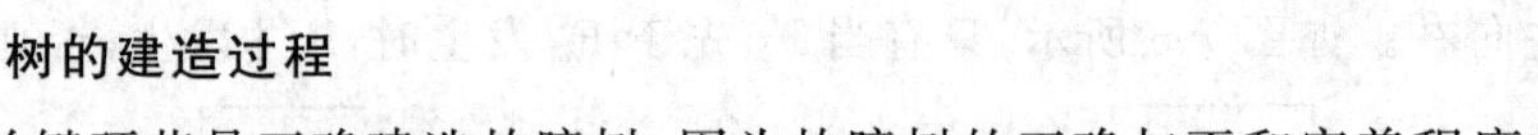

图 7-8　故障树的建造过程

(1) 分析系统、辨别故障

对要 FTA 的对象进行系统的研究分析，精确定义系统的正常状态和正常事件，故障状态和故障事件。也就是说，要先了解系统的性能，收集和分析系统设计和运行的技术规范等相关资料，在此基础上，再对系统的故障作全面分析，评价各种故障对系统的影响，找出导致各种故障的原因和途径。

这里说明一下故障事件的定义和分类。故障事件和基本事件是部件(设备和人都被看作部件)的故障表示，它分为故障破坏和故障。部件的故障破坏是一种异常情况，它要求在正常功能重新恢复之前，必须进行修复。例如，当泵轴承断裂，可视为故障破坏。而部件故障是一旦异常条件得到修正，它的功能即可以恢复。例如，开关受潮引起接触故障，一旦干燥后，功能就正常了。

不论将部件异常划分成为故障还是故障破坏，故障树分析的基本假定都是把所有部件作为处于故障状态或处于正常工作状态来处理。故障树中故障和故障破坏可分为 3 种：内因故障(内因故障破坏)、外因故障(外因故障破坏)和指令性故障(指令性故障破坏)。

① 内因故障(内因故障破坏)是指在规定的工作条件和环境范围内，由于部件自身的原因而发生的异常情况。例如，压力容器在设计的压力范围内由于焊接的缺陷而产生破坏，这就是一个“内因故障破坏”。内因故障通常属于故障部件本身的缺陷，不属于某些外力或条件导致的缺陷，即部件自身引起故障破坏或故障。

② 外因故障(外因故障破坏)是指设备操作条件超出了规定的工作条件和环境范围而引起的设备异常情况。例如，压力容器由于其他系统故障或故障破坏，引起容器内部的压力升高，且超过设计极限，引起破裂，这就是“外因故障破坏”。外因故障不是由设备自身缺陷引起的，而是由于某些外力或条件所致。

③ 指令性故障是指部件的功能符合设计要求，由于部件功能未按它的运作而引起的设备异常。例如，温度监测仪在化学反应过程温度监测中，由于温度传感器故障没能实现高温报警。指令性故障并不造成设备故障破坏。

故障树分析的主要任务之一就是识别导致故障事件发生的基本事件。这 3 种故障和故障破坏中，内因故障(内因故障破坏)是对部件有责任的基本故障，而外因和指令故障是中间事件，可以进一步由它的内因故障确定。

(2) 选定顶事件

顶事件是事故(或不希望事件)，它是故障树分析的主题(这一事件一般是通过前期安全评价确定的)。就一个被破坏的系统或工厂而言，确定顶事件应很严谨，因分析范围太宽或顶事件确定不当都会导致分析失效。如用“工厂火灾”作为顶事件，对故障树分析来说太过笼统，如若换成“在工艺氧化反应器正常运行中发生失控反应”作为顶事件，就很恰当。因为它说清了“发生了什么事”“在何处发生”“何时发生”“什么事”讲清了事故的类型(故障反应)，“何处”讲清了事故发生的设备和系统(工艺氧化反应器)，“何时”讲清了整个系统当时的状态(正常运行中)。

在建造故障树时，必须注意正确、合理地选择顶事件，因为对于同一个系统来说，由于所选顶事件的不同，得出的故障树是截然不同的。从图 7-9 和图 7-10 所示的故障树可以看出，一个选择电动机过热为顶事件，另一个是电动机不转为顶事件，构造出的故障树完全不同。

对于所分析的系统，它可能有各种不同的故障模式，如果要分析一个给定的故障模式，则对应于故障模式的故障事件就是顶事件；如果要预测该系统的可靠性时，就需要选择顶事件。

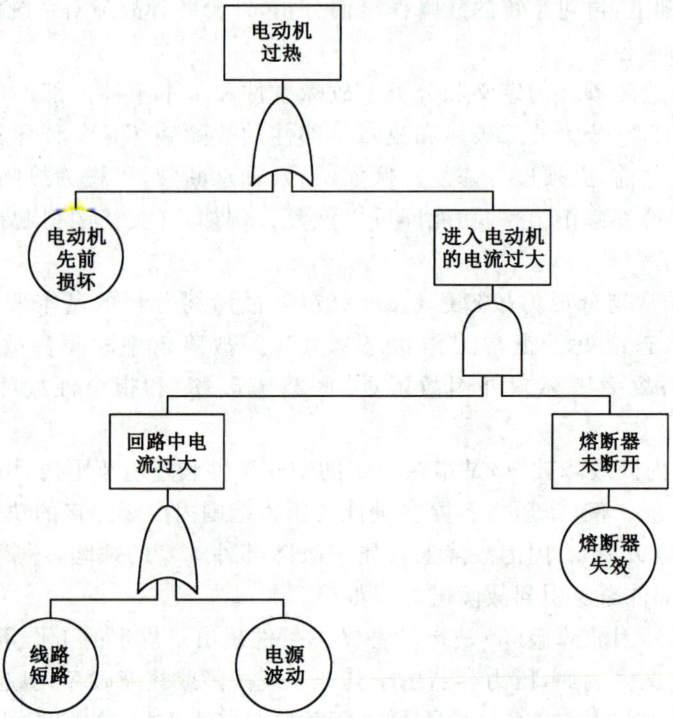

图 7-9　电动机过热的故障树

(3) 确定边界条件

根据选定的顶事件，依照对系统所提出的假设条件，合理地确定边界条件，以确定故障树的建树范围。这些边界条件包括：

① 系统本身边界——在故障树中它包括：设备、设备与其他工艺的界面、公用/辅助系统。除了系统边界，分析人员应列出故障树事件的解决方案(应简单说明在故障树中的细节)。例如，电动阀可作为一个单一设备或作为几个硬件条件(即阀体、类型、电动操作人员，必需的开关装置、动力电源)。安全研究的评价水平较高的人员在分析时，常从 FMEA 或预先分析中获取故障详细资料。对故障树的求解只限于满足分析主题的需要，并与已有的资料相匹配。

② 初始状态——这种边界条件说明了故障树分析的系统和设备(当时)状况。因为系统中有的部件可能有几种工作状态，需要确定当顶事件发生时这些部件所处的状态。如在分析液压系统时，要确定哪个阀门是开的，哪个阀门是关的，哪个泵开，哪个泵关等。这些边界条件说明系统是否处于正常或故障状态。

③ 不允许的事件——对于故障树分析来说，不允许事件被认为是令人难以置信的，或因某种原因，它不在分析所考虑的范围内。

④ 必然事件——它是故障树分析的目的。必然事件是指系统运行时在一定条件下必然发生的事件。在已发生的故障中通常不出现不允许事件或必然事件；但是作为编制故障树结果，编制其他故障事件时它们的影响应考虑进去。

⑤ 故障树结构——故障树的基本结构如图 7-11 所示。

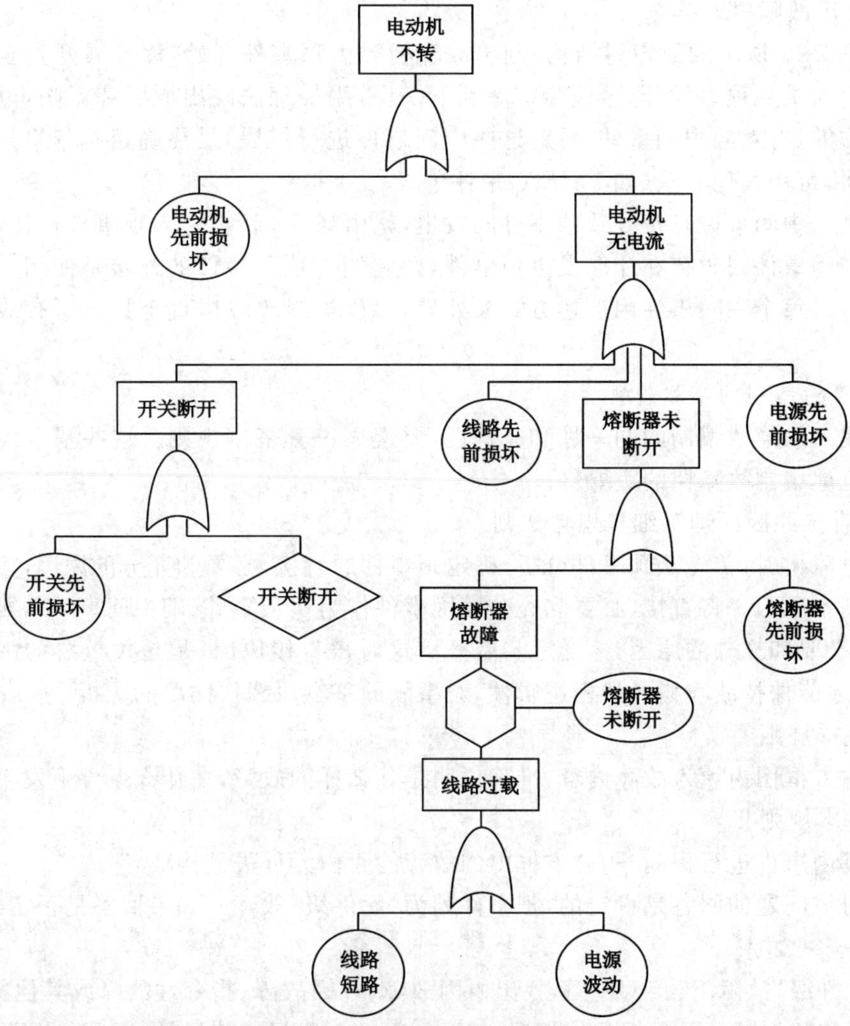

图 7-10　电动机不转的故障树

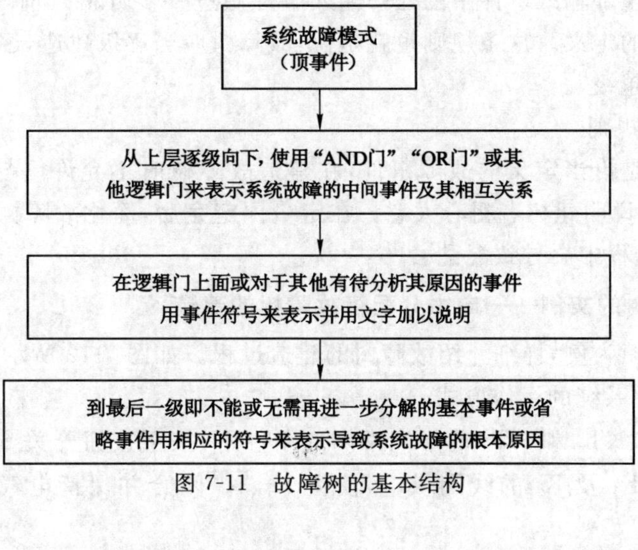

图 7-11　故障树的基本结构

(4) 画出故障树

按照图 7-11 所示的故障树结构，画出故障树。由顶事件开始，逐步展开直至找出基本事件。分析人员从顶事件开始，逐步扩展到下一层，用推理法找出原因和影响，以确定引起顶事件必须的、有效的中间事件，再对这些中间事件进行扩展，最终确定基本事件。对编制出的故障树，可用其他方法(如 FMEA)来评价。

如果某一中间事件直接导致顶事件的发生，就用“OR 门”把它与顶事件连接起来；如果需要所有中间事件同时存在才能发生顶事件，则它们与顶上事件的连接是使用“AND 门”。分析人员再对每个中间事件用上述方式来处理，逐步扩展故障树直至找出所有故障原因的基本事件。

2. 故障树编制的基本规则

为了提高故障树编制的同一性和完备性，要遵循一套基本规则。这些基本规则强调系统地和规范地编制故障树的重要性。

(1) “直接原因原理”(细步思考法则)

编制故障树时，首先从顶事件分析，确定顶事件的直接、必要和充分的原因，应注意不是顶事件的基本原因。将直接、必要和充分原因事件作为次顶事件(即中间事件)，再来确定它们的直接、必要和充分的原因，这样逐步展开。这时，“直接原因”是至关重要的。按照直接原因原理，才能保持故障树的严密逻辑性，对事故的基本原因作详尽的分析。

(2) 基本规则Ⅰ

在事件方框图内填入故障内容，准确说明是什么样的故障，在什么条件下发生。

(3) 基本规则Ⅱ

对方框内事件进行提问——“方框内的故障能否由元件失效构成?”

如果对该问题的回答是肯定的，把事件列为“元件级”故障。如果回答是否定的，则把事件列为“系统级”故障。

① “元件级”故障下，接 OR 门，找出内因故障、外因故障、指令性故障或其他影响。

② “系统级”故障下，根据具体情况，接 OR 门、AND 门或禁门等，逐项分析下去。

(4) 完整门规则

在对某个门的全部输入事件中的任一输入事件做进一步分析之前，应先对该门的全部输入事件作出完整的定义。这条规则也就是说，故障树应当逐级建造，逐级找出必要而充分的直接原因，不得“越级”。

(5) 非“门-门”规则

门的输入应当是恰当定义的故障事件，在建造故障树时不允许门与门之间直接相连，“门-门”连接的出现说明建树者粗心大意。在定量评定完后，简化故障树时，“门-门”连接是可以的，但在建树过程中会导致混乱。

四、建造故障树的实例——电力分配箱故障树的建造

现以电力分配箱为例，详细介绍故障树的建造过程。如图 7-12 所示为电力分配箱内部结构，图 7-13给出此系统的运作方式。

在计时器 KT_1、KT_2 和 KT_3 的触点常闭的条件下，按下按钮开关 S_1，可以通过蓄电池 1 向非保险继电器 K_1 及 K_2 的线圈供电，使得 K_1、K_2 闭合并保持电气联锁。其次，为了

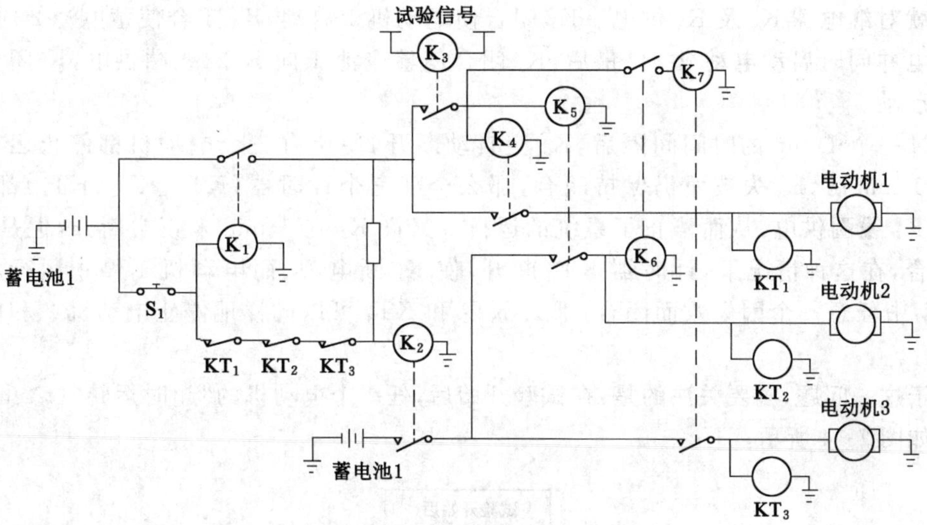

图 7-12　电力分配箱的内部结构图

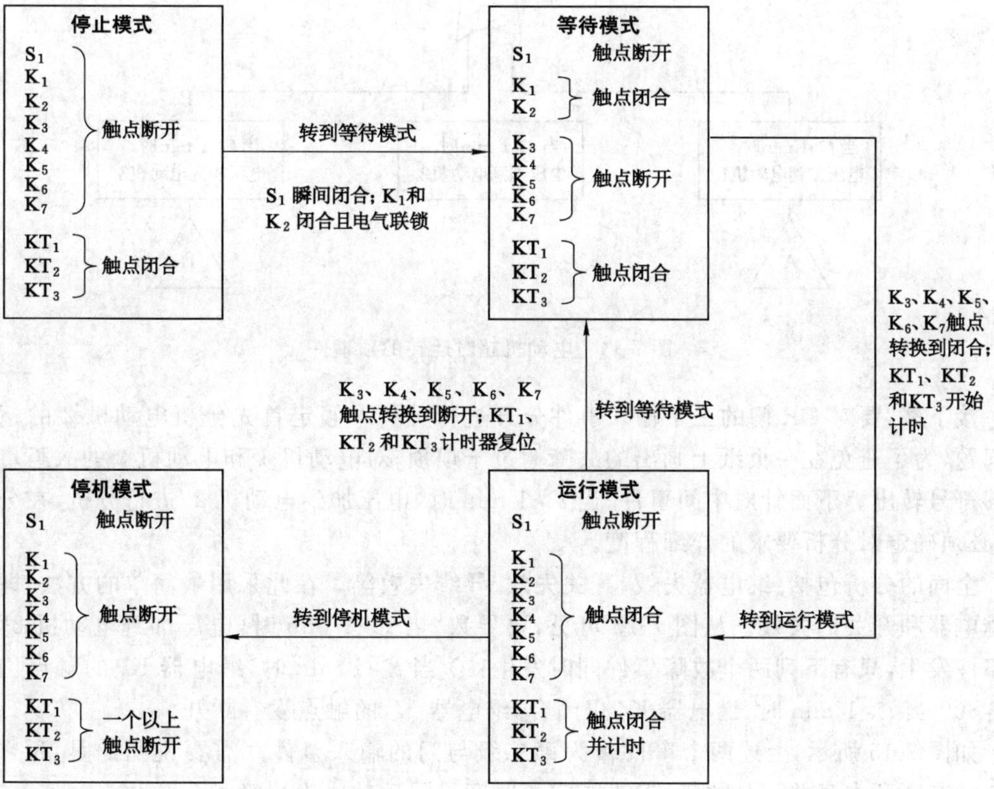

图 7-13　电力分配箱的部件工作状态图

检验电动机 1、2 和 3 是否正常运行，通过 K_3 加入一个 1 min 试验信号。一旦 K_3 闭合，蓄电池 1 就对继电器 K_4 及 K_5 供电。K_4 闭合使电动机 1 启动，K_5 闭合使蓄电池 2 向 K_6 的线圈供电并同时启动电动机 2。最后，K_6 闭合使蓄电池 1 向 K_7 的线圈供电，K_7 闭合使电动机 3 启动。

经过一个 1 min 的时间间隔后，K_3 应自动断开，使所有三个电动机都停止运行。假设在满 1 min 后，K_3 失效而仍保持闭合，那么全部三个计时器（KT_1、KT_2、KT_3）都断开，停止对 K_1 线圈供电，从而停止了系统的运行。又设 K_3 在 1 min 末正常断开，但是 K_4 失效而闭合，在这种情况下，计时器 KT_1 断开，使 K_1 断电，从而电动机 1 停止运行。如果 K_5 或 K_7 中任意一个因失效而闭合，那么 KT_2 和 KT_3 可以同样地停止电动机 2 和电动机 3 的运行。

对于这一问题，主要关注的是：在试验开始后，任一个电动机的"超时运转"（$t>1$ min），顶事件如图 7-14 所示。

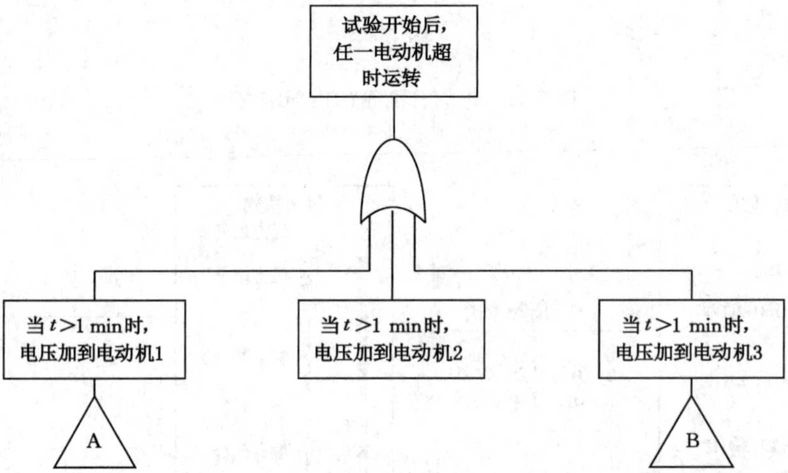

图 7-14　电动机超时运转的顶事件

接下来，要对 OR 门的三个输入事件分开进行分析。假定首先分析电动机 2 的超时运转问题，为了避免在一页纸上画出的故障树过于烦琐，对电动机 1 和电动机 3 的故障事件用转移符号转出。下面针对中间事件"当 $t>1$ min 时，电压加到电动机 2"进行分析，在分析之前，必须确定对分析要求的详细程度。

全面的分析包括：继电器失效、开关失效、导线失效等。在此采用最简单的方法，即只限于继电器和开关的失效。从图 7-15 可见，要导致"当 $t>1$ min 时，电压加到电动机 2"的故障事件发生，只有下列两个故障事件同时发生：① 当 $t>1$ min 时，继电器 K_5 的触点仍保持闭合；② 当 $t>1$ min 时，继电器 K_5 仍闭合，继电器 K_2 的触点没有断开。

如图 7-15 所示，上述两个事件作为第二级与门的输入事件。需要说明的是：K_5 或 K_2 触点没有断开本身并不是故障，但当指定了时间界限后就成为故障了。

上述两个故障事件是一个部件状态故障，所以需要一个具有内因故障输入、外因故障输入和指令性输入的或门，这些事件成为第三级或门的输入。为了简化问题，不追究外因故

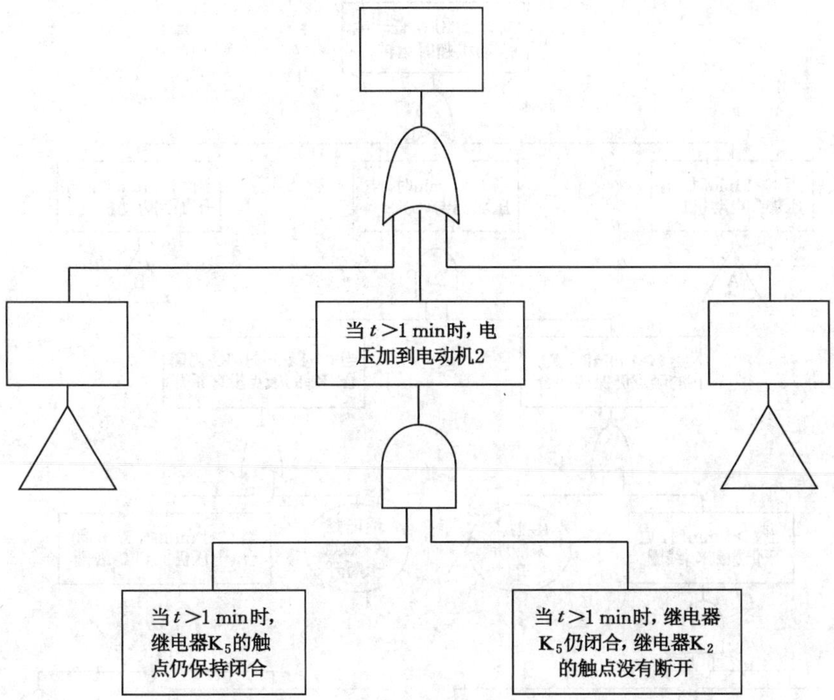

图 7-15　电动机 2 超时运转的 AND 门

障，而对于“当 $t>1$ min 时，继电器 K_5 的触点仍保持闭合”和“当 $t>1$ min 时，继电器 K_5 仍闭合，继电器 K_2 的触点没有断开”的内因故障已是基本事件——“当 $t>1$ min 时，继电器 K_5 的触点没有断开”“当 $t>1$ min 时，继电器 K_2 的触点没有断开”，所以只需考虑指令性故障即可。

(1)“当 $t>1$ min 时，继电器 K_5 的触点仍保持闭合”的指令性故障输入是：“当 $t>1$ min 时，电压仍加到 K_5 的线圈”，这个事件则是系统状态故障。从图 7-16 中可知，在 $t>1$ min 时，当 K_3 触点和 K_1 触点都没能断开时，这个故障事件就会发生。这两个事件成为左侧第四级与门的输入。

(2)“当 $t>1$ min 时，继电器 K_5 仍闭合，继电器 K_2 的触点没有断开”的指令性故障输入是：“当 $t>1$ min 时，继电器 K_5 仍闭合，电压仍加到 K_2 的线圈”，这个事件也是系统状态故障。考虑到“在 $t>1$ min 时，电压通过 S_1、KT_1、KT_2 和 KT_3 加到 K_2 线圈”的可能性极小，只有“当 $t>1$ min，继电器 K_5 仍闭合时，继电器 K_1 的触点没有断开”是单一输入事件。一个省略事件和中间事件成为右侧第四级与门的输入。

按此方法层层推导，最终完成如图 7-16 所示的故障树。由于和继电器 K_1 有关的故障本身是一个非常重要的子树的“顶事件”，所以把它转出到另一个子树（如图 7-17 所示）。对于电动机 1 和电动机 3 的超时运行分析同上述方法一致，在此不再深入研究。

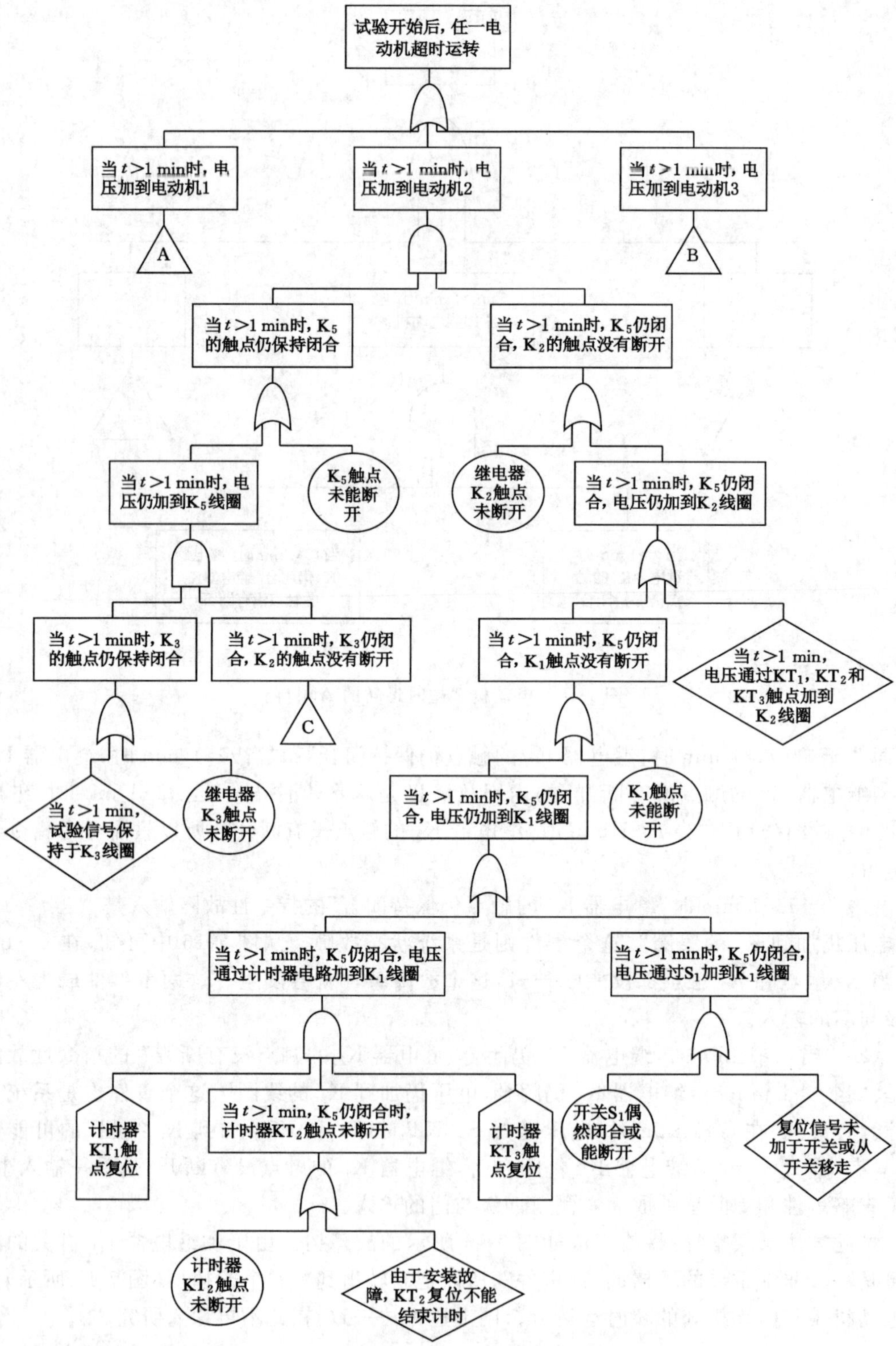

图 7-16　电动机超时运转的故障树（仅分析电动机 2）

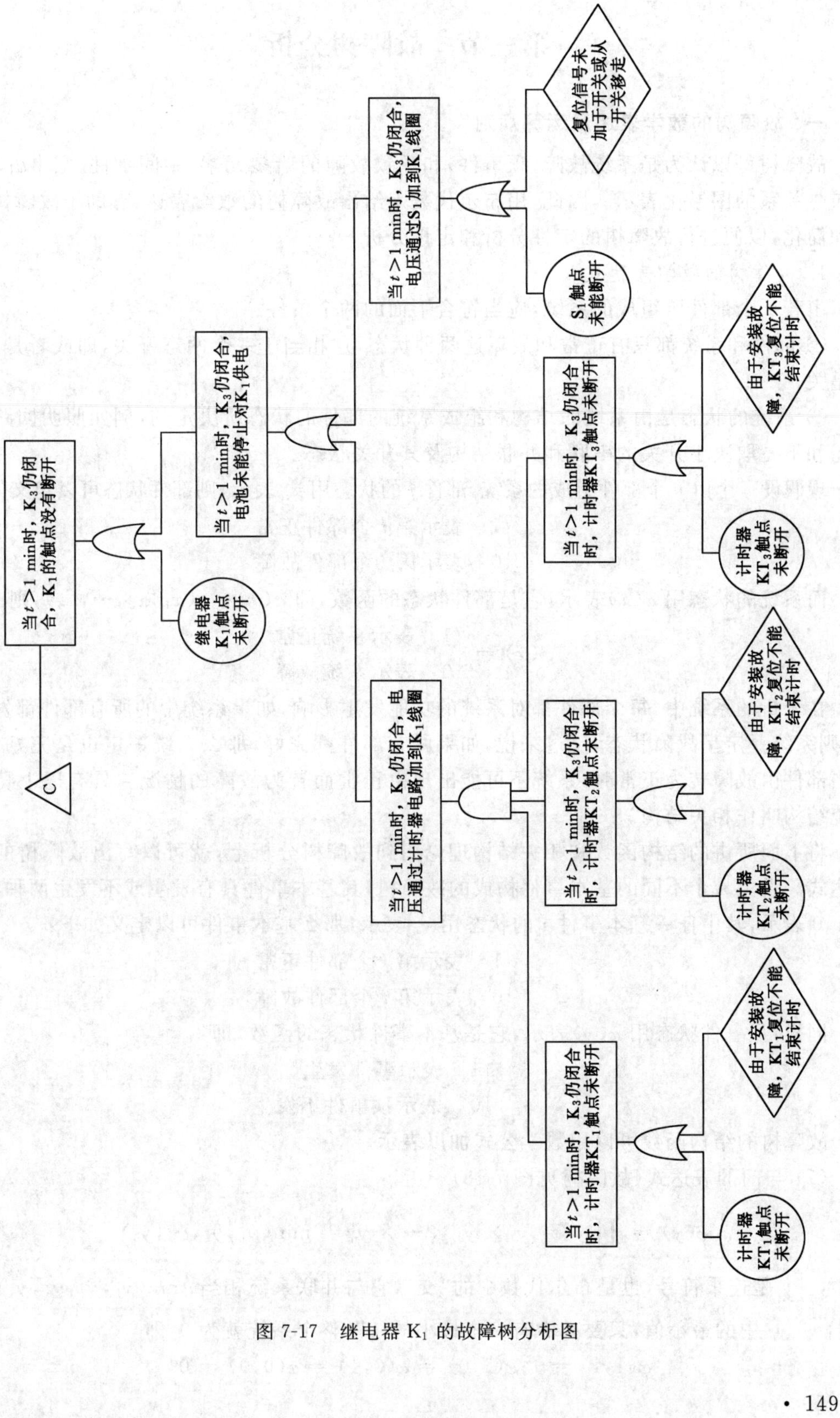

图 7-17　继电器 K_1 的故障树分析图

第三节　故障树分析

一、故障树的数学表述及运算规则

故障树可以认为是系统故障（顶事件）和导致故障的诸多元素（中间事件、底事件）之间的布尔关系的图形化表示。因此，用布尔代数来给出故障树的数学表达，有助于故障树的建造和简化，以便进行故障树的定性分析和定量分析。

1. 故障树的数学表达式

由若干个部件所组成的系统，应当符合下面的两个条件：

① 部件和系统都只有正常和故障这两种状态，这相当于一个两态开关，即或者是开，或者是关；

② 系统的状态是由系统的结构和组成系统的部件的状态所决定的，例如照明回路中的灯亮和不亮取决于开关的串联和并联结构及其开关状态。

现假设一个由 n 个部件组成的系统，部件 i 的状态用 x_i 表示，则部件状态可以定义如下：

$$x_i = \begin{cases} 1 & \text{表示第 } i \text{ 个部件正常} \\ 0 & \text{表示第 } i \text{ 个部件故障} \end{cases} \tag{7-3}$$

而系统的状态用 $\varphi(x)$ 表示，它是部件状态的函数，即 $\varphi(x)=\varphi(x_1,x_2,\cdots,x_n)$，则

$$\varphi(x) = \begin{cases} 1 & \text{表示系统正常} \\ 0 & \text{表示系统故障} \end{cases} \tag{7-4}$$

在分析的系统中，每个部件都对系统的功能发生影响，如果系统中的所有部件都发生故障，则系统一定呈故障状态，反过来说，如果所有部件都完好，那么系统一定也是完好的，而且当部件由故障转为正常时，系统不可能出现由正常而转为故障的情况。具有以上特性的系统结构叫作相关结构。

将上面所讲的结构函数和相关结构理论用到故障树分析上，就可以写出故障树的数学表达式。设由 n 个不同的基本事件构成的故障树，其基本事件具有发生或不发生两种状态，用 1，0 表示，其中任一基本事件 i 的状态用 y_i 表示，那么基本事件可以定义如下：

$$y_i = \begin{cases} 1 & \text{表示第 } i \text{ 个部件正常} \\ 0 & \text{表示第 } i \text{ 个部件故障} \end{cases} \tag{7-5}$$

同样，顶事件状态用 $\varphi(y)$ 表示，它是基本事件状态的函数，即

$$\varphi(y) = \begin{cases} 1 & \text{表示事件发生} \\ 0 & \text{表示顶事件不发生} \end{cases} \tag{7-6}$$

故障树的结构函数可以用数学公式加以表示。

（1）与门的表达式（故障树见图 7-18）

$$\varphi(y) = \prod_{i=1}^{n} y_i = y_1 \times y_2 \times \cdots \times y_n = \min(y_1, y_2, \cdots, y_n) \tag{7-7}$$

式中，$\prod$ 是连乘符号，也是布尔代数中的“交”，它与并联系统相当；$\min(y_1,y_2,\cdots,y_n)$ 表示取 $y_1 \sim y_n$ 中的最小值，只要其中有一个最小的“0”，整个系统就为 0，即

$$\varphi(1,1) = 1; \varphi(1,0) = \varphi(0,1) = \varphi(0,0) = 0 \tag{7-8}$$

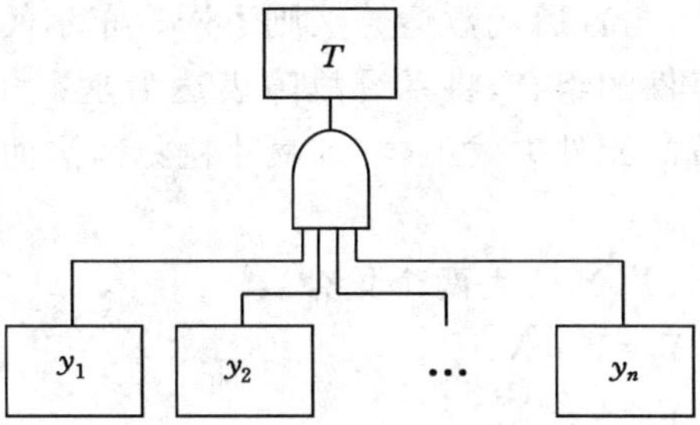

图 7-18　与门故障树

(2) 或门的表达式(故障树见图 7-19)

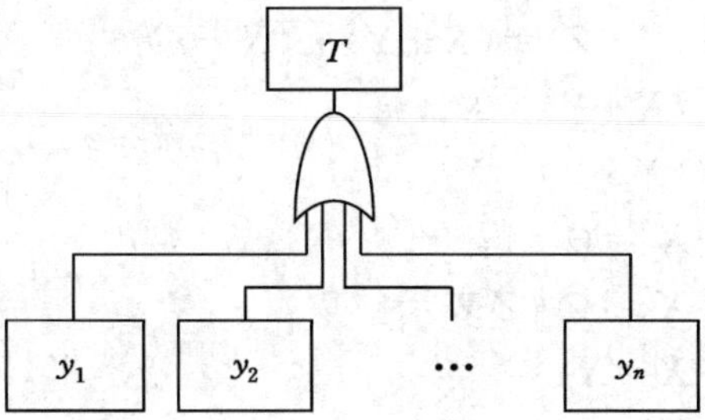

图 7-19　或门故障树

$$\varphi(y) = \coprod_{i=1}^{n} y_i = 1 - \prod_{i=1}^{n}(1 - y_i)$$
$$= 1 - (1 - y_1) \times (1 - y_2) \times \cdots \times (1 - y_n) = \max(y_1, y_2, \cdots, y_n) \qquad (7\text{-}9)$$

式中,符号$\coprod$的定义为反$\prod$;$\max(y_1, y_2, \cdots, y_n)$表示取基本事件中的最大值,即取 $y_1 \sim y_n$ 中的最大值,只要其中有一个最大的“1”,整个系统就为 1,即

$$\varphi(0,0) = 0; \varphi(1,0) = \varphi(0,1) = \varphi(1,1) = 1 \qquad (7\text{-}10)$$

2. 布尔代数与主要运算法则

在故障树分析中常用逻辑运算符号“·”“+”将各个事件连接起来,这连接式称为布尔代数表达式。或门等价于布尔符号中的“+”,与门等价于布尔符号中的“·”。在求最小割集时,要用布尔代数运算法则化简代数式。

(1) 集:从最普遍的意义上说,集就是具有某种共同可识别特点的项(事件)的集合。这些共同特点使之能够区别于他类事物。

(2) 并集:把集合 A 的元素和集合 B 的元素合并在一起,这些元素的全体构成的集合叫作 A 与 B 的并集,记为 $A \cup B$ 或 $A+B$。

若 A 与 B 有公共元素,则公共元素在并集中只出现一次。

例:若 $A=\{a、b、c、d\}$,$B=\{c、d、e、f\}$,则 $A \cup B=\{a、b、c、d、e、f\}$。

(3) 交集:两个集合 A 与 B 的交集是两个集合的公共元素所构成的集合,记为 $A \cap B$ 或 $A \cdot B$。根据定义,交是可以交换的,即 $A \cap B=B \cap A$。

例:若 $A=\{a、b、c、d\}$,$B=\{c、d、e\}$,则 $A \cap B=\{c、d\}$。

(4) 补集:在整个集合(Ω)中集合 A 的补集为一个不属于 A 集的所有元素的集。补集又称余,记为 A' 或 $\overline{A}$。

布尔代数用于集的运算，与普通代数运算法则不同。布尔代数可用于故障树分析，帮助将事件表达为另一些基本事件的组合，将系统故障表达为基本元件故障的组合。演算这些方程即可求出导致系统失效的元件失效组合（即最小割集），进而根据元件失效概率，计算出系统失效的概率。

布尔代数运算规则如下（X、Y 代表两个集合）：

(1) 交换律 $X \cdot Y = Y \cdot X$；
$X + Y = Y + X$

(2) 结合律 $X \cdot (Y \cdot Z) = (X \cdot Y) \cdot Z$；
$X + (Y + Z) = (X + Y) + Z$

(3) 分配律 $X \cdot (Y + Z) = X \cdot Y + X \cdot Z$；
$X + (Y \cdot Z) = (X + Y) \cdot (X + Z)$

(4) 吸收律 $X \cdot (X + Y) = X$；
$X + (X \cdot Y) = X$

(5) 互补律 $X + X' = \Omega = 1$；
$X \cdot X' = \varnothing$（$\varnothing$表示空集）

(6) 等幂律 $X \cdot X = X$；
$X + X = X$

(7) 狄·摩根定律 $(X \cdot Y)' = X' + Y'$
$(X + Y)' = X' \cdot Y'$

(8) 对合律 $(X')' = X$

(9) 重叠律 $X + X'Y = X + Y = Y + Y'X$

为了进行故障树定性、定量分析，需要建立数学模型，写出其数学表达式。把顶事件用布尔代数表示，并自上而下展开，就可得到布尔表达式。下面是一个将未简化的故障树（图7-20）转换成布尔关系表达式的例子，其结构函数表达式为：

$$
\begin{aligned}
T &= A_1 + A_2 \\
&= A_1 + B_1 \cdot B_2 \cdot B_3 \\
&= X_1 \cdot X_2 + (X_3 + X_4) \cdot (X_3 + X_5) \cdot (X_4 + X_5) \\
&= X_1 \cdot X_2 + X_3 \cdot X_3 \cdot X_4 + X_3 \cdot X_4 \cdot X_4 + X_3 \cdot X_4 \cdot X_5 + X_4 \cdot X_4 \cdot X_5 + \\
&\quad X_4 \cdot X_5 \cdot X_5 + X_3 \cdot X_3 \cdot X_5 + X_3 \cdot X_5 \cdot X_5 + X_3 \cdot X_4 \cdot X_5
\end{aligned}
$$

3. 故障树的简化

根据布尔代数的运算规则，可以对建造好的故障树进行简化，去掉多余的逻辑事件，使得顶事件与基本事件之间的逻辑关系更加简单，给故障树的定性分析和定量分析带来方便。

对于简单的故障树（如图 7-21 所示），根据布尔代数运算规则中的交换律、结合律和等幂律，可以直接去除多余事件，得到简化的故障树。

对于一般的故障树（如图 7-22 所示），先将故障树转换成结构函数表达式，再用布尔代数运算中对事件的“逻辑·”“逻辑＋”的有关规则，进行运算、吸收，最终得到相应的简化故障树。对图 7-22 所示的故障树，可简化为：

$$
\begin{aligned}
T &= X_1 \cdot X_2 = X_1 \cdot (X_3 + X_4) = X_1 \cdot [(X_1 \cdot X_5) + X_4] \\
&= (X_1 \cdot X_5) + (X_1 \cdot X_4) = X_1 \cdot (X_5 + X_4)
\end{aligned}
$$

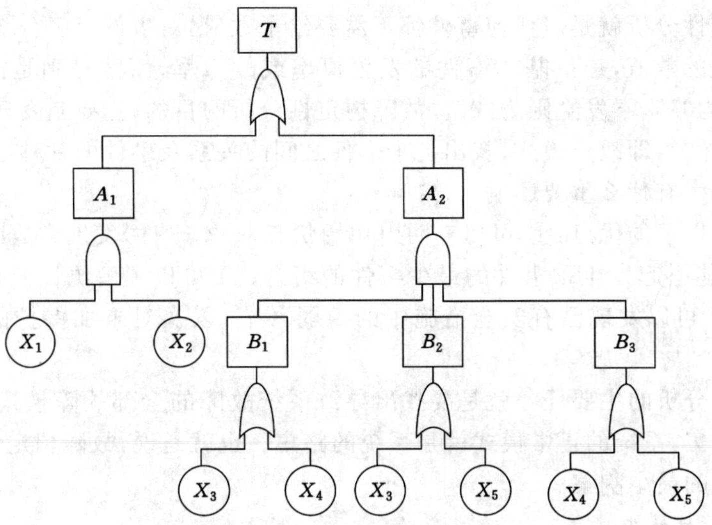

图 7-20　未经化简的故障树

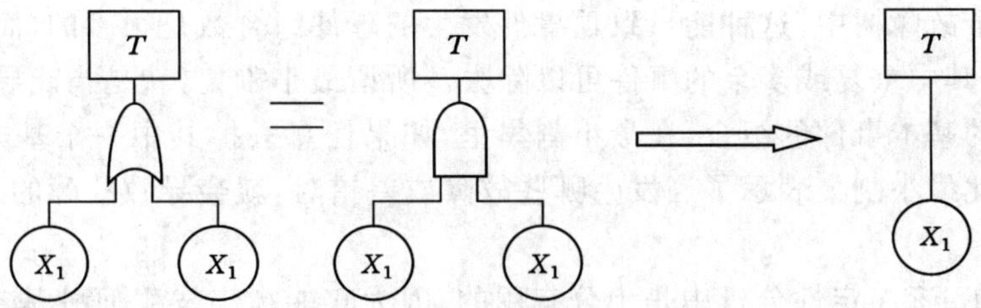

图 7-21　简单故障树的简化

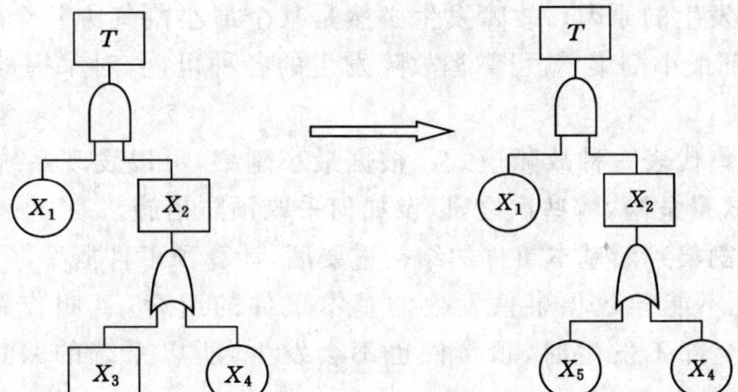

图 7-22　故障树的简化

二、故障树的定性分析

故障树的定性分析就是对任何事件都不需要给予数值，对事件只区分“0”和“1”的分析方法。这里所说的数值，是指基本事件的发生概率或故障率，而区分则是指事件是否发生“0”或“1”，发生为“1”，不发生则为“0”。故障树定性分析的目的，主要是发现系统的故障（事故）及其发生的途径，即故障模式，找出各个事件之间的关系及事件的种种组织形式，搞清它们对顶事件的发生有什么重要影响。

定性分析有以下的优点：① 可以查明由初始状态（基本事件）发展到故障状态（顶事件）的途径，并求出能引起发生顶事件的最少事件的组合；② 可以了解测试及控制装置对系统的保护作用。③ 可以发现已有安全措施中的薄弱环节，以及对未加保护的事件应采取的措施。

故障树定性分析的主要任务就是要找出导致系统故障的全部故障模式，系统的故障模式就是系统的割集，系统的正常模式就是系统的路集。也就是说，故障树定性分析的主要任务就在于找出它的最小割集。

1. 最小割集与最小路集

在故障树中，凡能导致顶事件发生的基本事件的组合，就叫作割集。它表示当该组合中的基本事件全部发生时，顶事件必然发生，所以系统的割集也就是系统的故障模式。

但是在一个故障树中，这种能导致顶事件发生的事件组合数是很多的，而且在内容上互有包含和重复，其中重复或多余的事件可以除去。所谓最小割集，就是指能导致顶上事件发生的最低限度的基本事件的组合，在最小割集里，如果任意去掉其中一个基本事件，就不再是割集了。因此最小割集表示了当发生哪些故障或差错时，就会导致故障的发生，即表示系统的危险性。

最小割集在 FTA 定性分析中是十分有用的，因为它能指出发生何种基本事件（包括故障及失误等）及其组合就会发生故障，从而可以发现系统最薄弱的部分。最小割集的作用如下：

① 表示顶事件发生的原因。故障发生必然是某个最小割集中几个事件同时存在的结果。求出故障树全部最小割集，就可掌握故障发生的各种可能，对掌握故障的规律，查明故障的原因大有帮助。

② 一个最小割集代表一种故障模式。根据最小割集，可以发现系统中最薄弱的环节，直观判断出哪种模式最危险，哪些次之，以及如何采取预防措施。

③ 可以用最小割集判断基本事件的结构重要度，计算顶事件概率。

在故障树中，凡不能导致顶事件发生的基本事件的组合，就叫作路集。它表示当该组合中的基本事件全部不发生时，顶事件也不会发生，所以系统的路集也就是系统的正常模式。

所谓最小路集，就是指不能导致顶事件发生的最低限度的基本事件的组合。在最小路集里，如果任意去掉其中一个基本事件，就不再是路集了，因此最小路集表示了当不发生这些故障和差错时，就不会导致故障的发生，即表示系统的安全性。

2. 最小割集和最小路集的求解

最小割集的求解包括两部分：首先求出故障树的所有割集，主要方法有行列法、结构法、布尔代数法、矩阵法等；其次，要从所得出的割集中得出最小割集，主要方法有质数代入法、布尔代数吸收化简法。

求最小路集是利用它与最小割集的对偶性，首先作出与故障树对偶的成功树（如图 7-23所示，就是把原来故障树的“与门”换成“或门”，而把“或门”换成“与门”，各类事件发生换成不发生），然后利用最小割集的求解方法，求出成功树的最小割集，经对偶变换后就是故障树的最小路集。

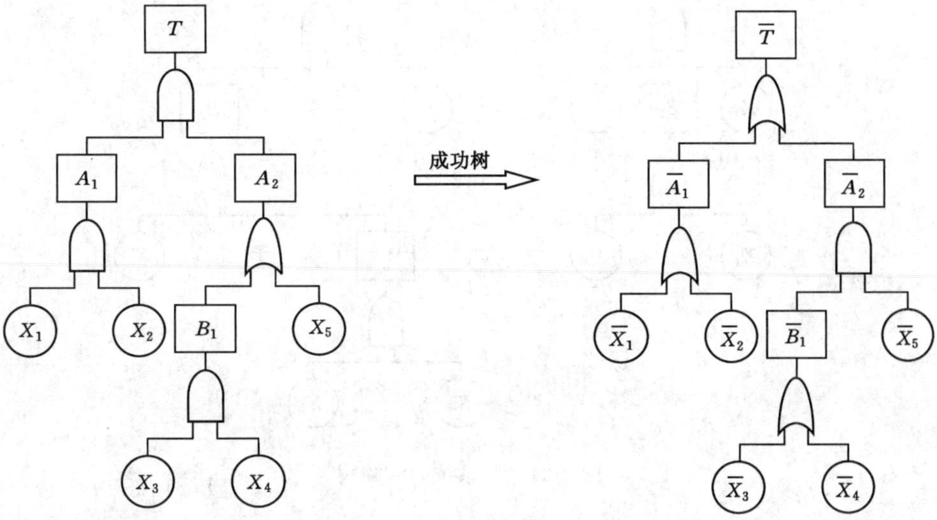

图 7-23　故障树转换为成功树

下面对一些常用的求解方法做简要介绍。

(1) 行列法

行列法是 1972 年 Fussell 提出的方法，所以也称其为 Fussell 法。行列法是根据故障树中，或门能指示出有哪些割集（即使割集的数目增加），与门能指示出割集中包含哪些事件（即使割集的结构增大）这样的性质，运用矩阵的行来排列“与门”的输入事件，用矩阵的列来排列“或门”的输入事件，在基本事件没有重复的情况下，当把全部门事件替换为基本事件后，所得到的矩阵的各项就是最小割集。具体做法是从紧接顶事件的逻辑门开始，如果是或门就将该门的各个输入事件纵向排列；如果是与门，就将该门的各个输入事件横向排列，依次将门的输出事件用输入事件替换，直至全部门事件均被基本事件替换为止。行列法简单易行，并可以编程序上机计算，因此得到广泛应用。

为了说明这种计算方法，以图 7-24 所示的故障树为例，求其最小割集。

顶事件 T 与中间事件 A_1、A_2 是用“或门”联结，所以，应当成列摆开，即

$$\begin{cases} A_1 \\ A_2 \end{cases}$$

A_1，A_2 与下一层事件 B_1、X_1 和 X_2，B_2 和 X_4 的联结均为“与门”，所以成行排列：

$$\begin{cases} B_1 \cdot X_1 \cdot X_2 \\ B_2 \cdot X_4 \end{cases}$$

下面依此类推：

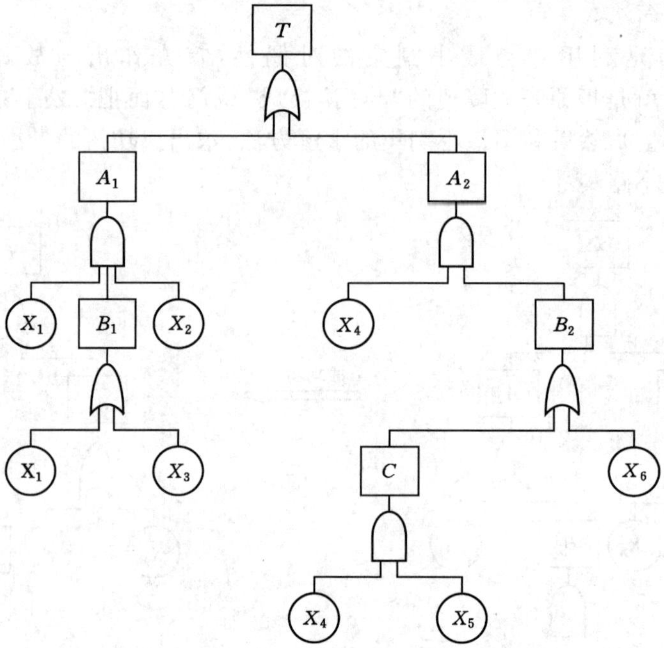

图 7-24　某系统的故障树

$$\begin{cases} X_1 \cdot X_1 \cdot X_2 \\ X_1 \cdot X_3 \cdot X_2 \\ X_4 \cdot C \\ X_4 \cdot X_6 \end{cases}$$

最后整理得：

$$\begin{cases} X_1 \cdot X_1 \cdot X_2 \\ X_1 \cdot X_3 \cdot X_2 \\ X_4 \cdot X_4 \cdot X_5 \\ X_4 \cdot X_6 \end{cases}$$

用布尔代数吸收化简法对上式进行简化，根据 $A \cdot A = A$，则 $X_1 \cdot X_1 = X_1$，$X_4 \cdot X_4 = X_4$，即

$$\begin{cases} X_1 \cdot X_1 \cdot X_2 \\ X_1 \cdot X_3 \cdot X_2 \\ X_4 \cdot X_4 \cdot X_5 \\ X_4 \cdot X_6 \end{cases} \longrightarrow \begin{cases} X_1 \cdot X_2 \\ X_1 \cdot X_2 \cdot X_3 \\ X_4 \cdot X_5 \\ X_4 \cdot X_6 \end{cases}$$

又根据 $A + AB = A$，则 $X_1 X_2 + X_1 X_2 X_3 = X_1 X_2$，即

$$\begin{cases} X_1 \cdot X_2 \\ X_1 \cdot X_2 \cdot X_3 \\ X_4 \cdot X_5 \\ X_4 \cdot X_6 \end{cases} \longrightarrow \begin{cases} X_1 \cdot X_2 \\ X_4 \cdot X_5 \\ X_4 \cdot X_6 \end{cases}$$

于是，就得到三个最小割集 $\{X_1, X_2\}$，$\{X_4, X_5\}$，$\{X_4, X_6\}$。

(2) 结构法

这种方法的理论依据是:故障树的结构可以用最小割集来表示。下面用结构法再来分析图 7-24 故障树:

$$
\begin{aligned}
T=A_1 \cup A_2 &= X_1 \cdot B_1 \cdot X_2 \cup X_4 \cdot B_2 \\
&= X_1 \cdot X_1 \cdot X_2 \cup X_1 \cdot X_3 \cdot X_2 \cup X_4 \cdot (X_4 \cdot X_5 \cup X_6) \\
&= X_1 \cdot X_2 \cup X_1 \cdot X_2 \cdot X_3 \cup X_4 \cdot X_5 \cup X_4 \cdot X_6 \\
&= X_1 \cdot X_2 \cup X_4 \cdot X_5 \cup X_4 \cdot X_6
\end{aligned}
$$

得到的三个最小割集$\{X_1,X_2\}$,$\{X_4,X_5\}$,$\{X_4,X_6\}$,与用行列法得到的结果一致。

(3) 布尔代数法

布尔代数法的理论依据是:上述结构法和布尔代数化简故障树法相似,所不同的只是"∪"与"+"的问题。实质上,布尔代数化简法中的"+"与结构法中的"∪"是一致的。这样,用布尔代数化简法,最后求出的若干事件逻辑积的逻辑和,其中,每个逻辑积就是最小割集。还是以图 7-24 故障树为例,进行简化:

$$
\begin{aligned}
T=A_1 + A_2 &= X_1 \cdot B_1 \cdot X_2 + X_4 \cdot B_2 \\
&= X_1 \cdot X_1 \cdot X_2 + X_1 \cdot X_3 \cdot X_2 + X_4 \cdot (X_4 \cdot X_5 + X_6) \\
&= X_1 \cdot X_2 + X_1 \cdot X_2 \cdot X_3 + X_4 \cdot X_5 + X_4 \cdot X_6 \\
&= X_1 \cdot X_2 + X_4 \cdot X_5 + X_4 \cdot X_6
\end{aligned}
$$

得到的三个最小割集$\{X_1,X_2\}$,$\{X_4,X_5\}$,$\{X_4,X_6\}$,与用行列法、结构法得到的一致。

(4) 矩阵法

这种方法的理论依据是:从顶事件开始,通过矩阵进行处理,直至所有的门都得到求解为止。在矩阵中,一个被求解的门可用它的输入(即下级事件或者"门")代替之。一般,应首先将顶事件写入矩阵,而且要写在第一行第一列的位置。在矩阵中填写其余内容时,有两条规则:"或门"规则和"与门"规则。

① "或门"规则——首先输入一个"或门",用它置换矩阵中的门符号,其他输入则插入矩阵的下一空行内,每行只能有一个输入。另外,如果在已出现"或门"的行中有其他内容(事件和门),这些内容必须在已填写有其他门的所有行中重复出现。

② "与门"规则——当求解矩阵中的"与门"时,首先输入"与门",用以置换矩阵中的门符号,其他输入则插入矩阵中下一个可用的列内,每列只能有一个输入,且只能填写在已出现"或门"的同一行之内。依次求解每一个门,各"与门"的内容(事件和门)都填在对应的新的一行中。

根据需要,反复使用这两个规则,直至矩阵保留下来的符号都是基本事件符号为止。

下面用矩阵法来分析图 7-24 故障树示例,结果见图 7-25。

① T 门是一个"或门",所以用或门规则去解它,得到其输入(下级事件和门)是 A_1 门和 A_2 门。

② A_1 门和 A_2 门都是"与门",所以用与门规则去解它,得到 A_1 的输入是 X_1 门、B_1 门和 X_2 门;A_2 的输入是 X_4 门和 B_2 门。

③ B_1 门和 B_2 门又都是"或门",用或门规则去解它,得到 B_1 的输入是 X_1 门和 X_3 门;B_2 的输入是 C 门和 X_6 门。

④ C 门是"与门",所以用与门规则去解它,得到其输入是 X_4 门和 X_5 门。到这一步,矩

A_1			
A_2			

(1)

X_1	B_1	X_2	
X_4	B_2		

(2)

X_1	X_1	X_2	
X_1	X_3	X_2	
X_4	C		
X_1	X_6		

(3)

X_1	X_1	X_2	
X_1	X_3	X_2	
X_4	X_4	X_5	
X_4	X_6		

(4)

X_1	X_2		
X_1	X_2	X_3	
X_4	X_5		
X_4	X_6		

(5)

X_1	X_2		
X_4	X_5		
X_4	X_6		

(6)

图 7-25　矩阵法分析图 7-24 故障树

阵中内容全部为基本事件,可以进行简化了。

⑤ 同样运用布尔代数吸收化简法对矩阵进行简化。根据等幂律和吸收律将矩阵化简。

⑥ 最后,得到三个最小割集$\{X_1,X_2\}$,$\{X_4,X_5\}$,$\{X_4,X_6\}$,结果与上面三种方法得到的一致。

找到了这一顶事件的最小割集,分析人员就可以通过评价构成割集的故障模式,从技术上进行分析,来确定该系统的薄弱环节,以便重点对薄弱环节采取对策。

三、故障树的定量分析

故障树分析除了可以对系统进行上述的定性分析以外,还可以运用数学方法和计算技术,对系统的各项可靠性参数进行计算,求出顶事件发生的概率,从而为安全评价和决策提供科学的依据。

故障树定量分析的目的在于计算顶事件的发生概率,以它来评价系统的安全可靠性(将计算顶事件发生的概率与预定目标值进行比较,如果超出目标值,就应采取必要的系统改进措施,使其降至目标值以下)。在进行定量分析时,必须取得准确的基本事件的故障率数据,编制的故障树应能包括系统的所有故障模式,并对全部事件用布尔代数作出正确的描述。

1. 基本事件的故障率

在故障树的定量分析中,必须取得正确的基础数据,即给出基本事件的故障率数据,包括设备的故障率、人的误操作率以及其他统计数值。

(1) 设备的故障率

设备的故障率用$\lambda(t)$表示,是指设备或部件工作t时间后,单位时间内发生失效或故障的概率。系统在规定条件下和规定时间内完成规定功能的概率,称为可靠度,用$R(t)$表示,可靠度也是一个定量指标,$R(t)\in[0,1]$。

由许多零部件构成的设备,其故障过程可大致分为三个阶段:

① 早期故障期:故障率随时间由较高值迅速下降。这主要由于部分元件因内部缺陷,在试验或调试过程中发生损坏。

② 偶然故障期:故障率趋近于常数。它描述了系统正常工作状况下的可靠性,在此期间所产生的故障是随机的,故障率低而且稳定。

③ 损耗故障期:故障率上升,主要是由于元件老化、磨损所致。若能知道元件开始损耗的时间,而予以更换,就可以将上升的故障率拉下来,从而延长设备或系统的有效寿命。

设备的故障率是设备或部件平均故障间隔期(或称平均无故障时间,MTBF)的倒数。

$$\lambda = \frac{1}{\mathrm{MTBF}} \tag{7-11}$$

一般 MTBF 由生产厂家给出,或通过实验室实验得出。设备或系统在两相邻故障间隔内正常工作时的平均时间,称为平均故障间隔时间。若第一次工作 t_1 时间后出现故障,第二次工作 t_2 时间后出现故障,第 n 次工作 t_n 时间后出现故障,则平均故障间隔时间为:

$$\mathrm{MTBF} = \frac{\sum_{i=1}^{n} t_i}{n} \tag{7-12}$$

设备或部件在实验室条件下测出的故障率为λ_0(表 7-1)。而在实际应用时,还必须考虑比实验室恶劣的现场因素,适当选择环境系数 k(表 7-2)。故实际故障率为:

$$\lambda = k\lambda_0 \tag{7-13}$$

表 7-1　故障率数据举例

设备或部件	故障率 λ/h^{-1}	
	观测值	建议值
机械杠杆、链条、托架等	10^{-6}～10^{-9}	10^{-6}
电阻、电容、线圈等	10^{-6}～10^{-9}	10^{-6}
固体晶体管、半导体	10^{-6}～10^{-9}	10^{-6}
电子管	10^{-4}～10^{-6}	10^{-5}
电(气)动调节阀等	10^{-4}～10^{-7}	10^{-5}
摩擦制动器	10^{-4}～10^{-5}	10^{-4}
继电器、开关	10^{-4}～10^{-7}	10^{-5}
断路器	10^{-4}～10^{-6}	10^{-5}
仪表传感器	10^{-4}～10^{-7}	10^{-5}

表 7-2　环境系数 k 值举例

工作环境	k 值
实 验 室	1
普通室内	1.1～10
船舶	10～18
铁路车辆、牵引式公共汽车	13～30
火箭实验台	60
飞机	80～150
火箭	400～1 000

(2) 人的误操作率

人的误操作是另一种基本事件,大致有5种情况:① 忘记做某项工作;② 做错了某项工作;③ 采取了不应采取的工作步骤;④ 没按程序完成某项工作;⑤ 没在预定时间内完成某项工作。这些误差,有的可能只是操作中的简单差错,有的则可能导致灾害性后果。

人的误操作原因很复杂,很多专家学者对此做过研究。1961年,Swain和Rock提出了"人的误操作率预测法(THERP)"。这种方法的分析步骤如下:① 调查被分析者的操作程序;② 把整个程序分成各个操作步骤;③ 把操作步骤再分成单个动作;④ 根据经验或实验得出每个动作的可靠度(表7-3);⑤ 求出各个动作的可靠度之积,得到每个操作步骤的可靠度(如果各个动作中有相容事件,则按条件概率计算);⑥ 求出各操作步骤可靠度之积,得到整个程序的可靠度;⑦ 求出整个程序的不可靠度(用1减去可靠度),便得到FTA所需要的人的误操作率。

表7-3 人的行为可靠度举例

人的行为类型	可靠度
阅读技术说明书	0.991 8
读取时间(扫描记录仪)	0.992 1
读电流计和流量计	0.994 5
在因素位置上标注符号	0.995 8
安装安全锁线	0.996 1
分析真空管失真	0.996 1
安装鱼形夹	0.996 1
安装垫圈	0.996 2
分析锈蚀和腐蚀	0.996 3
阅读记录	0.996 6
分析凹陷、裂纹和划伤	0.996 7
读压力计	0.996 9
固定螺母、螺钉和销子	0.997 0
连接电缆(安装螺钉)	0.997 2

人的误操作率同故障率一样,受作业条件和环境因素的影响很大,例如作业的紧迫程度,作业的繁重程度、单调性,人的不安全感、心理状态和生理状况以及周围环境因素等。因此,仍然需要有修正系数 k 修正人的误操作率。故人的某一动作的误操作率为:

$$q = k(1 - R) \tag{7-14}$$

式中:k 为某人的行为系数,取值范围见表7-4。

有了各基本事件的发生概率,就可计算顶事件的发生概率。

表 7-4　某人的行为系数取值范围

符号	项目	内　容	取值范围
a	作业时间	有充足的多余时间	1.0
		没有充足的多余时间	1.0～3.0
		完全没有多余时间	3.0～10.0
b	操作频率	频率适当	1.0
		连续操作	1.0～3.0
		很少操作	3.0～10.0
c	危险状况	即使误操作也安全	1.0
		误操作时危险性大	1.0～3.0
		误操作时有产生重大灾害的危险	3.0～10.0
d	心理、生理条件	教育训练、健康状况、疲劳状况等综合条件较好	1.0
		综合条件不好	1.0～3.0
		综合条件很差	3.0～10.0
e	环境条件	环境的综合条件较好	1.0
		环境的综合条件不好	1.0～3.0
		环境的综合条件很差	3.0～10.0

注：a 为作业时间系数；b 为操作频率系数；c 为危险状况系数；d 为心理、生理条件系数；e 为环境条件系数。

2. 顶事件发生概率的计算

关于顶事件发生概率的计算方法，可以根据故障树的结构函数和各种基本事件的发生概率 q_i 求得。这里介绍两种方法：一是直接分步算法，二是以最小割集求概率的算法。

(1) 直接分步算法

这种方法适合故障树的规模不大，不需要进行布尔代数化简时使用。它是从底部的基本事件算起，逐次向上推移计算到顶事件。

对于或门连接的事件，其计算公式为

$$p_0 = \coprod_{i=1}^{n} q_i = 1 - \prod_{i=1}^{n}(1 - q_i) \tag{7-15}$$

式中：p_0 为或门事件的概率；q_i 为第 i 个事件的概率；n 为输入事件数。

对于由与门连接的事件，其计算公式为

$$p_A = \prod_{i=1}^{n} q_i \tag{7-16}$$

(2) 以最小割集求概率的算法

这种方法是根据故障树的顶事件与最小割集的关系来进行计算的，它的特性是：① 顶事件 T 与最小割集的事件 E_i 之间是用“或门”连接的；② 每个最小割集与它所包含的基本事件 y_i 之间是用“与门”连接的。也就是说，顶事件的发生概率等于各个最小割集的概率和。

设 E_i 为最小割集 k_i 发生的事件，即是属于 k_i 的所有基本事件发生时的事件。如果最小割集的总数是 n 个，那么若要顶事件发生，这 n 个最小割集中至少要有一个发生，记为 $\bigcup_{i=1}^{n} E_i$。

因此顶事件的发生概率 g 可表示如下：

$$g = p\{\bigcup_{i=1}^{n} E_i\} \tag{7-17}$$

如果将事件和的概率记为 F_j，则

$$F_j = \sum_{1\leqslant j_1<j_2<\cdots<j_i\leqslant n} p\{E_{i1} \cap E_{i2} \cap \cdots \cap E_{ij}\} \tag{7-18}$$

则式(7-18)可展开为

$$g = \sum_{j=1}^{n}[(-1)^{j-1}F_j] = \sum_{l=1}^{n}\{p\{E_l\} - \sum_{1\leqslant i<j\leqslant n}[p\{E_i \cap E_j\} + \cdots + (-1)^{n-1}p\{\bigcap_{l=1}^{n} E_l\}]\} \tag{7-19}$$

如已知基本事件的发生概率为 q_i，则式(7-19)可写成

$$F_j(q) = \sum_{1\leqslant j_1<j_2<\cdots<j_i<n} \prod_{l\in k_{i1}\cup k_{i2}\cup\cdots\cup k_{ij}} q_l \tag{7-20}$$

最终可得到

$$g(q) = \sum_{l=1}^{n}\prod_{r\in k_l} g_r - \sum_{1\leqslant i<j\leqslant n}\prod_{r\in k_i\cup k_j}[g_r + \cdots + (-1)^{n-1}\prod_{i=1}^{n} g_r] \tag{7-21}$$

利用上述公式，可以通过最小割集求得顶事件发生的概率。例如，对于由两个单元组成的串联系统，其顶事件与两个基本事件（x_1 和 x_2）是由“或门”组成的，顶事件的发生概率计算如下：

该系统的结构函数为

$$\varphi(x) = x_1 \cup x_2 = 1-(1-x_1)(1-x_2)$$

设 x_1 的故障率为 q_1，x_2 的故障率为 q_2，则顶事件的发生概率为

$$g(q) = E[\varphi(x)] = 1-(1-q_1)(1-q_2) = q_1+q_2-q_1q_2$$

故障树的规模很大时，可将它分成几个部分，即“模块”。故障树的模块是整个故障树的一个子系统，一般应是至少有 2 个基本事件的集合。它没有来自其他部分的输入，且只有一个输出到故障树的其他部分，这个输出称为模块的顶点。故障树的模块可以从整个故障树中分割出来，单独计算其最小割集及概率。而在故障树中，可以用“准基本事件”来代替这个分解出来的模块。由于模块规模小，计算量不大，而且数量集中，便于掌握，在没有重复事件的故障树中，可以任意分解模块来减少计算的规模。

3. 事件重要度计算

在一个故障树中往往含有众多的基本事件，这些基本事件对顶事件发生多大程度的影响，如果用数值来表示，就称为重要度。重要度分为结构重要度、概率重要度和临界重要度。

(1) 结构重要度

从故障树结构上分析各基本事件的重要度（不考虑各基本事件的发生概率），或假定各基本事件发生概率相等，分析各基本事件的发生对顶事件发生的影响程度，得到的叫结构重要度。结构重要度仅由故障树的逻辑体系决定，不需要故障率等数据。当然，如果不能得到这些数据，则不能进行定量分析而只能定性分析。

分析一个基本事件 i，假定在其他基本事件的状态不发生变化的情况下，当基本事件 i 从 0 变到 1 时，顶事件的状态变化可有以下四种情况：

① 顶事件处于 0 状态不发生变化，即

$$\varphi(0_i,y)=0\longrightarrow\varphi(1_i,y)=0$$
$$\varphi(1_i,y)-\varphi(0_i,y)=0$$

② 顶事件从 0 变为 1，即

$$\varphi(0_i,y)=0\longrightarrow\varphi(1_i,y)=1$$
$$\varphi(1_i,y)-\varphi(0_i,y)=1$$

③ 顶事件处于 1 状态不发生变化，即

$$\varphi(0_i,y)=1\longrightarrow\varphi(1_i,y)=1$$
$$\varphi(1_i,y)-\varphi(0_i,y)=0$$

④ 顶事件从 1 变为 0，即

$$\varphi(0_i,y)=1\longrightarrow\varphi(1_i,y)=0$$
$$\varphi(1_i,y)-\varphi(0_i,y)=-1$$

由于结构函数是仅限于相关的，对于情况④所反映的部件发生了故障而系统从故障状态恢复到正常状态的情况是绝对不会发生的，所以不予考虑。而顶事件发生从 0 到 1 的情况主要是情况②，也就是当基本事件 y_i 状态从 0 到 1 时，顶事件的状态 $\varphi(0_i,y)=0$ 变到 $\varphi(1_i,y)=1$，这表明该基本事件是决定顶事件的主要原因。

如果用方程 $\varphi(1_i,y)-\varphi(0_i,y)=1$ 来表示，这时状态 $(1_i,y)$ 称为基本事件 i 的临界割变量，与此相对应的割集 $\varphi(1_i,y)$ 称为临界割集。然后固定这种状态，把所有与基本事件 i 相对应的临界割集的总数求出来。临界割集在总割集中所占的比例即为结构重要度，可用下式表示：

$$I_\varphi(i)=\frac{1}{2^{n-1}}\left\{\sum\left[\varphi(1_i,y)-\varphi(0_i,y)\right]\right\}\tag{7-22}$$

式中：$[\varphi(1_i,y)-\varphi(0_i,y)]$ 为与基本事件 i 对应的临界割集；2^{n-1} 是总割集数；n 是基本事件的总数。

(2) 概率重要度

结构重要度分析是从故障树的结构上分析各基本事件的重要程度，如果进一步考虑基本事件发生概率的变化会给顶事件发生概率以多大影响，就要分析基本事件的概率重要度。概率重要度的定义是，在已知各基本事件可靠度(或不可靠度)的情况下，基本事件不发生时与发生时相比，系统不可靠度(顶事件发生概率)的减少量。反言之，概率重要度表示一个基本事件的发生所引起系统不可靠度的增大量。

概率重要度系数 $I_g(i)$ 计算公式为：

$$I_g(i)=\frac{\partial Q}{\partial q_i}\tag{7-23}$$

式中：$I_g(i)$，Q，q_i 分别为基本事件 x_i 的概率重要度、顶事件的发生概率和基本事件 x_i 的发生概率。由于假设基本事件独立，则表示基本事件的发生概率的变量 $q_1,q_2,\cdots,q_n$ 是相互独立的。基本事件 x_i 的概率重要度很容易由下式求出：

$$I_g(i)=\frac{\partial Q}{\partial q_i}=\sum_{i=1}^{n}\frac{\partial p_{k_i}}{\partial q_i}\tag{7-24}$$

下面举例说明求解过程。假设故障树最小割集为：$\{X_1,X_3\}$，$\{X_1,X_5\}$，$\{X_3,X_4\}$，$\{X_2,X_4,X_5\}$。各基本事件概率分别为：$q_1=0.01$，$q_2=0.02$，$q_3=0.03$，$q_4=0.04$，$q_5=0.05$。则各个基本事件的概率重要度计算过程如下：

$$\varphi(x)=x_1x_3\cup x_1x_5\cup x_3x_4\cup x_2x_4x_5$$
$$=x_1x_3+x_1x_5+x_3x_4+x_2x_4x_5-(x_1x_3x_5+x_1x_3x_4+x_1x_2x_3x_4x_5+x_1x_3x_4x_5+x_1x_2x_4x_5+x_2x_3x_4x_5)$$

顶事件发生概率应用式(7-21)计算，结果为：

$$g=q_1q_3+q_1q_5+q_3q_4+q_2q_4q_5-(q_1q_3q_5+q_1q_3q_4+q_1q_2q_3q_4q_5+q_1q_3q_4q_5+q_1q_2q_4q_5+q_2q_3q_4q_5)$$
$$=0.01\times0.03+0.01\times0.05+0.03\times0.04+0.02\times0.04\times0.05-(0.01\times0.03\times0.05+0.01\times0.03\times0.04+0.01\times0.02\times0.03\times0.04\times0.05+0.01\times0.03\times0.04\times0.05+0.01\times0.02\times0.04\times0.05+0.02\times0.03\times0.04\times0.05)$$
$$=0.002\,01$$

各个基本事件的概率重要度应用式(7-24)计算得：

$$I_g(1)=q_3+q_5-(q_3q_5+q_3q_4+q_2q_3q_4q_5+q_3q_4q_5+q_2q_4q_5)=0.076$$
$$I_g(2)=q_4q_5-(q_1q_3q_4q_5+q_1q_4q_5+q_3q_4q_5)=0.002$$
$$I_g(3)=q_1+q_4-(q_1q_5+q_1q_4+q_1q_2q_4q_5+q_1q_4q_5+q_2q_4q_5)=0.049$$
$$I_g(4)=q_3+q_2q_5-(q_1q_3+q_1q_2q_3q_5+q_1q_3q_5+q_1q_2q_5+q_2q_3q_5)=0.031$$
$$I_g(5)=q_1+q_2q_4-(q_1q_3+q_1q_2q_3q_4+q_1q_3q_4+q_1q_2q_4+q_2q_3q_4)=0.010$$

由此可得：$I_g(1)>I_g(3)>I_g(4)>I_g(5)>I_g(2)$。即基本事件 x_1 的概率重要度最高，基本事件 x_3 的概率重要度次之，基本事件 x_2 的概率重要度最低。

(3) 临界重要度

临界重要度是从敏感度和概率大小双重角度衡量基本事件的重要程度。它是基本事件 x_i 发生概率的变化率与顶事件发生概率的变化率之比，定义式为：

$$I_c(i)=\frac{\partial \ln Q}{\partial \ln q_i} \tag{7-25}$$

临界重要度 $I_c(i)$ 与概率重要度 $I_g(i)$ 的关系是：

$$I_c(i)=\frac{q_i}{Q}I_g(i) \tag{7-26}$$

例如对上面求概率重要度的例子，各个基本事件的临界重要度为：

$$I_c(1)=\frac{q_1}{Q}I_g(1)=0.391\,5$$

$$I_c(2)=\frac{q_2}{Q}I_g(2)=0.019\,6$$

$$I_c(3)=\frac{q_3}{Q}I_g(3)=0.734\,5$$

$$I_c(4)=\frac{q_4}{Q}I_g(4)=0.607\,3$$

$$I_c(5)=\frac{q_5}{Q}I_g(5)=0.264\,3$$

由此可得：$I_c(3)>I_c(4)>I_c(1)>I_c(5)>I_c(2)$。即基本事件 x_3 的临界重要度最高，基本事件 x_4 的临界重要度次之，基本事件 x_2 的临界重要度最低。

习　题

1. 简述 FTA 的基本步骤。
2. 简述建造故障树的基本规则。
3. 对下面的故障树进行化简。

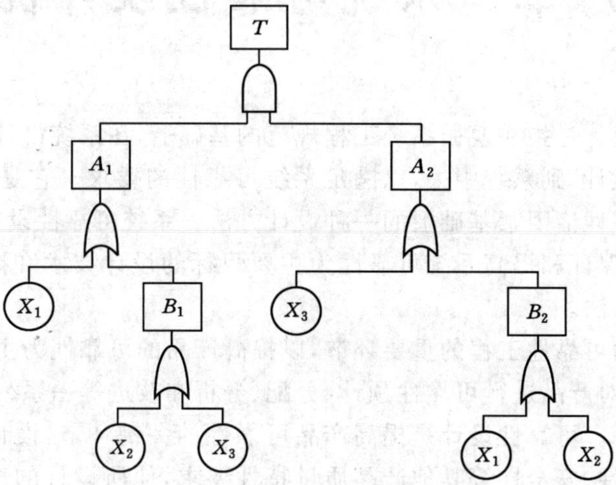

习题 3 图

4. 求下面故障树的最小割集。假设基本事件的故障率为：$q_1=0.01$，$q_2=0.02$，$q_3=0.03$，$q_4=0.04$，$q_5=0.05$，$q_6=0.06$，计算顶事件 T 的发生概率。并计算各基本事件的概率重要度。

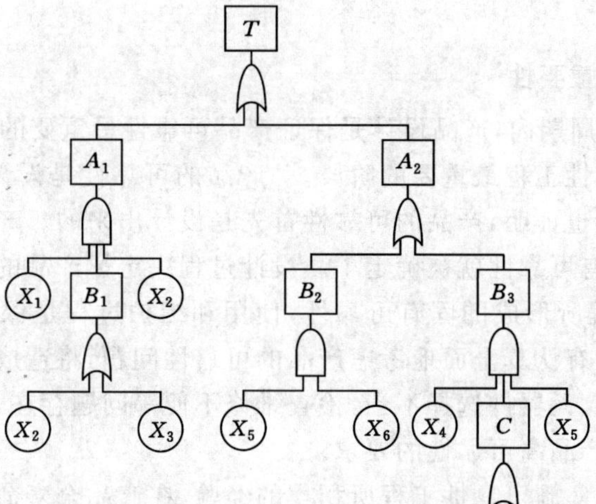

习题 4 图

第八章　系统可靠性设计优化

系统的可靠性设计是指在遵循系统工程规范的基础上，在系统设计过程中，采用一些专门技术，将可靠性“设计”到系统中去，以满足系统可靠性的要求。它是根据需要和可能，在事先就考虑产品可靠性诸因素基础上的一种设计方法。系统可靠性设计技术是指那些适用于系统设计阶段，以保证和提高系统可靠性为主要目标的设计技术和措施。它是提高系统可靠性行之有效的方法。

可靠性设计作为可靠性工程的重要环节，以提高产品的可靠性为主要目的，应用可靠性的理论和技术，通过对产品进行可靠性预计、分配、分析和改进等一系列可靠性工程活动，实现产品的可靠性指标。可靠性设计是提高产品可靠性的关键环节，设计时需要考虑产品的性能和可靠性、维修性、安全性等其他产品质量特性要求，使所设计的产品既能满足性能要求和使用要求，又能满足预期的可靠性指标要求。

本章简要介绍可靠性设计的基本内容，在此基础上，重点介绍可靠性预计和可靠性分配的基本概念及其优化方法。

第一节　可靠性设计

一、可靠性设计的重要性

(1) 在产品的寿命周期内，产品设计是保证产品可靠性最重要的工作之一。

可靠性设计是可靠性工程最重要的阶段。“产品的可靠性是设计出来的，生产出来的，管理出来的”，实践经验也证明，产品的可靠性首先是设计出来的。产品一经设计完成，并按要求被制造出来，其固有可靠性就被确定了。设计过程决定了产品的固有可靠性，而制造过程主要是实现设计过程所形成的固有可靠性，使用和维护过程是保持获得的固有可靠性。如果产品在设计阶段没有认真全面地考虑产品的可靠性问题，将造成产品的“先天不足”，例如产品结构设计或材料、元器件选择不当，检查维修不便等问题存在，在制造、管理和使用的各阶段中，将难以保证产品高可靠性的要求。

根据世界各国多年实施可靠性工程所积累的经验，在产品全寿命周期内，对可靠性起重大影响的是设计。由于设计不合理引起的产品故障是各类故障的首位。美国贝尔电话实验室和海洋电子实验室统计了产品可靠性影响因素的比例，如表 8-1 所示。我国某研究所对该所以前研制的惯性导航设备进行故障分析发现，设计不当造成的故障占总故障的 65.5%。

表 8-1　各种因素对产品可靠性的影响程度

可靠性	影响因素	影响程度/%
固有可靠性	零、部件材料	30
	设计技术	40
	制造技术	10
使用可靠性	使用(运输、操作安装、维修、环境等)	20

(2) 对于企业来说,只有在产品的设计阶段采取措施,提高产品的可靠性,才会最大限度地增强企业的竞争力,提高企业的经济效益。

现代科学技术发展迅速,同类产品的竞争异常激烈,要使产品不被竞争所淘汰,必须在保证产品质量的同时缩短其研制周期,否则,产品将由于研制周期长而加大成本,降低市场竞争力,也可能由于这个原因导致企业失去市场份额。质量好的产品必然是可靠性高的产品,而高可靠性需要成功的设计来保证。

(3) 在设计阶段采取措施,提高产品的可靠性,节约投资的效果最佳。

美国的诺斯洛普公司估计,在产品的研制、设计阶段,为改善可靠性所花费的每1美元,将在以后的使用和维修方面节省30美元。

综上所述,可靠性设计在总体工程设计中占有十分重要的位置,必须把可靠性应用的重点放在可靠性设计阶段,从产品方案阶段就开展可靠性设计与分析工作,尽可能把不可靠因素消除在产品设计过程的早期。

二、可靠性设计的目的、任务

可靠性设计的目的是使系统在满足规定的可靠性指标前提下,产品的技术性能、重量指标、费用及使用寿命等取得协调并达到最优化的结果,或在性能、重量、费用、使用寿命和其他要求的约束条件下,通过采用相应的技术,设计出可靠性符合要求的产品。

可靠性设计的主要任务:采用可靠性技术设计,基本实现产品的固有可靠性。"基本实现"的意思是指产品在以后的生产制造过程中,很多因素还会影响产品的固有可靠性。该固有可靠性是产品可能达到的可靠性上限。所有其他因素,如安装、使用、维护等因素都会影响产品可靠性,因此,只能使实际可靠性尽可能地接近固有可靠性。可靠性设计的任务就是实现产品可靠性设计的目的,预测和预防产品所有可能发生的各种故障。通过各种手段辨识产品潜在的隐患和薄弱环节,通过预防性设计和更改设计,有效地消除产品中的隐患及薄弱环节,从而使产品可靠性符合规定的要求。也就是说可靠性设计一般有两种情况:一种是按照给定的目标要求进行设计,通常用于新产品的研制和开发;另一种是对现有定型产品的隐患和薄弱环节,应用可靠性的设计方法加以改进、提高,达到使产品可靠性增长的目的。

三、可靠性设计的基本原则

在可靠性设计过程中应遵循以下原则:

① 进行可靠性设计前,应明确可靠性指标和可靠性评估方案。

② 可靠性设计必须贯穿于产品功能设计的各个环节,在满足产品基本功能的同时,应全面考虑影响可靠性的各种因素。

③ 应针对故障(失效)模式(产品故障或失效的表现形式)进行设计,最大限度地消除或

控制产品在寿命周期内可能出现的故障(失效)模式。

④ 在设计时,应在继承以往成功经验的基础上,积极采用先进的设计原理和可靠性设计技术。但新技术、新工艺、新材料或新型元器件在采用之前,必须经过严格的试验,并严格论证各方面因素对可靠性的影响。

⑤ 在进行产品可靠性设计时,应对产品的性能、可靠性、费用、时间等各方面因素进行综合权衡,以作出最优的设计方案。

四、可靠性设计方法

现代产品往往结构复杂,可能包括的零部件众多。其中有些零部件发生故障,会产生严重后果,甚至可能引发事故(例如汽车刹车失灵),有些零部件发生故障后会直接影响产品的使用功能(例如电风扇转向故障),而有些零部件的故障只会带来轻微的影响(例如考虑产品美观的外壳附加部分设计)。因此,在可靠性设计时,应根据产品及其组成部分对故障的敏感程度采取不同的设计方法,下面列举几种可靠性设计方法。

1. 预防故障设计法

预防故障设计法是由经验积累产生的一种机械可靠性设计方法。主要按以下几个原则进行设计:

① 有效利用过去的经验与实验数据,如采用过去验证有效的结构设计、优化参数等方法。

② 尽量简化产品结构,减少产品组成环节,因为产品的结构越复杂,零部件越多,越容易引发故障。

③ 优先选用标准件和通用件。

④ 在设计中力求使产品检修、调整、更换等作业方便易行,应能防止误操作。

⑤ 应高度优化所用材料与关键零部件的可靠性。

⑥ 充分运用故障分析获得的可靠性数据,并及早反馈给有关部门,为可靠性设计和可靠性管理提供改进依据。

2. 简化设计

简化设计的目的是减少产品复杂性,提高其基本可靠性。简化设计方法是在产品设计过程中,在满足产品预定功能的情况下,力求使设计简单,尽量减少零部件、元器件等的规格、品种和数量。例如,在产品中尽可能减少标准件的规格和品种数,争取采用较少的零部件实现其功能要求或尽可能实现零部件的标准化、系列化、通用化,控制非标准零部件的比例等。越简单越可靠是可靠性设计的一个基本原则,也是减少故障提高可靠性的一种有效方法。当然,不能因为减少零部件组成而使其他零部件执行超正常功能或在高应力条件下工作,这样简化设计将达不到使产品可靠性提高的目的。

3. 余度设计

余度设计也称冗余设计,它是以功能的重复结构确保局部发生故障时,整机或系统仍不丧失规定功能的设计方法。也就是说,在产品结构中,具有一套以上能完成规定功能的单元,只有当规定的几套单元都发生故障时,产品才会丧失规定的功能。余度设计可以提高产品的可靠性,但也会使产品的重量、体积和成本增加,维修性降低。余度设计在提高产品任务可靠性和安全性方面具有广泛应用。例如,采用双发动机配置的机械系统。应注意余度系统提高任务可靠性或安全性的效果并不与余度数目成正比。对于简单并联余度系统来说，随着余度数目的增加，任务可靠性或安全性的提高速度越来越慢。

4. 降额设计和安全设计

该方法既适用于机械产品也适用于电子产品。降额设计是为了改进零部件可靠性，使其使用应力低于其额定应力，从而降低产品工作故障率的设计方法。对于涉及安全的重要零部件，可以采用裕度设计方法，以保证其在最恶劣的极限状态下也不会发生故障。

5. 耐环境设计

当产品在冲击、振动、潮湿、高低温、盐雾、霉菌或核辐射等恶劣环境下工作、安装、维修、储存和运输时，部分单元可能难以承受环境应力的影响而产生故障。因此，需要采取环境防护设计降低产品对环境的敏感性以提高其可靠性，这也是可靠性设计的重要内容之一。影响产品可靠性的环境条件广泛，基本工作条件有温度、湿度、振动、盐雾等。下面说明几种耐环境设计的基本方法。

(1) 耐温设计。高温是使产品可靠度下降的主要原因之一，耐温设计的基本要求是保证产品的内部温度分布均匀且不超过正常工作的环境温度。可以采取的具体方法有：使温度敏感的零件远离高温区；采用散热性好的结构和热稳定性好的零部件；采用冷却效果好的通风口和通风道等。

(2) 耐湿设计。湿度过大往往会使机械产品氧化生锈，降低机械产品的工作精度；使电气产品元件的绝缘性能遭到破坏，造成故障。因此，为保证产品的可靠性，应进行耐湿设计，可考虑采取以下措施：采用表面经过耐湿处理的材料；采用防锈、防霉材料；采用防蚀处理等。

(3) 耐振动设计。振动往往是产品发生故障的主要原因之一。进行耐振动设计可以考虑以下措施：放置产品的场所必须进行振动性评价；使用隔振结构；零件的布置要考虑耐振性；防止采用会出现共振的结构；采用人因工程设计法等。

(4) 耐盐雾设计。对于盐雾，可采用密封、干燥剂、用非金属防护盖、在接触处用相同的金属材料方法等。

6. 人因工程设计

任何产品最终都需要人来控制，如果产品显示、控制和环境不合理，致使人员判断出错和误操作，都将会使人机系统的可靠性降低。因此，要在可靠性设计中将人-机-环境作为一个系统研究，应减少机器使用中人出差错的机会，使机器便于操作与维修，以提高产品的使用可靠性。例如，在影响人机安全的部位，应有明显标记、符号、说明和防护保险措施，并应在电路系统设置安全连锁装置；由于系统、设备故障、操纵差错或其他原因使设备进入或即将进入危险状态时，应提供准确的信号或自动采取安全保障措施等。

7. 容错设计

容错技术并非是“无视”故障的存在。它首先要能自动实时监测并诊断出系统故障，然后采取对故障的控制后处理的策略。根据故障的不同情况，一个容错系统的容错所包含的内容为：故障限制、故障检测、故障屏蔽、重试、诊断、重组、恢复、重启动、修复及重构。

8. 安全保护设计

安全保护设计的目的是避免发生造成人员伤亡、职业病、设备损坏或财产损失的意外事件，降低系统风险。例如，对危及设备和人员安全的产品应进行损失容限设计或采用余度技术；对于发生故障后危及安全的产品应有报警装置或自动保护装置。

五、可靠性设计的主要内容

可靠性设计是指在产品开发设计过程中辨识隐患及薄弱环节，并采取预防性设计和改进措施，有效地消除隐患及薄弱环节。定量计算和定性分析、评价产品的可靠性水平，通过各种具体的可靠性设计方法使所设计的产品满足预期的可靠性要求。

可靠性设计的主要内容应包括以下几个方面：

（1）建立可靠性模型，进行可靠性指标的预测和分配以及选择和控制部件指标，确定可靠性关键部件等。为了选择方案、预测产品的可靠性水平以及逐步合理地将可靠性指标分配到产品的各个层次上去，应从产品的设计阶段开始进行反复多次的可靠性预计和可靠性分配。

（2）进行各种可靠性分析。通过应用失效模式、后果与严重度分析、故障树分析、热分析、容差分析等可靠性分析方法和技术，发现和确定产品中存在的隐患及薄弱环节，并有针对性地进行改进设计，从而消除隐患和薄弱环节，使系统可靠性水平得到提高。

（3）采取各种有效的可靠性设计方法，如制定和贯彻可靠性设计准则，包括简化设计、余度设计、耐环境设计、降额设计等，并把这些可靠性设计方法和产品的性能设计工作结合起来，提高产品的可靠性。

六、可靠性设计程序

可靠性设计应遵循一定的程序，不同产品设计的工作程序并不完全相同。通常，可靠性设计的一般程序如图 8-1 所示。

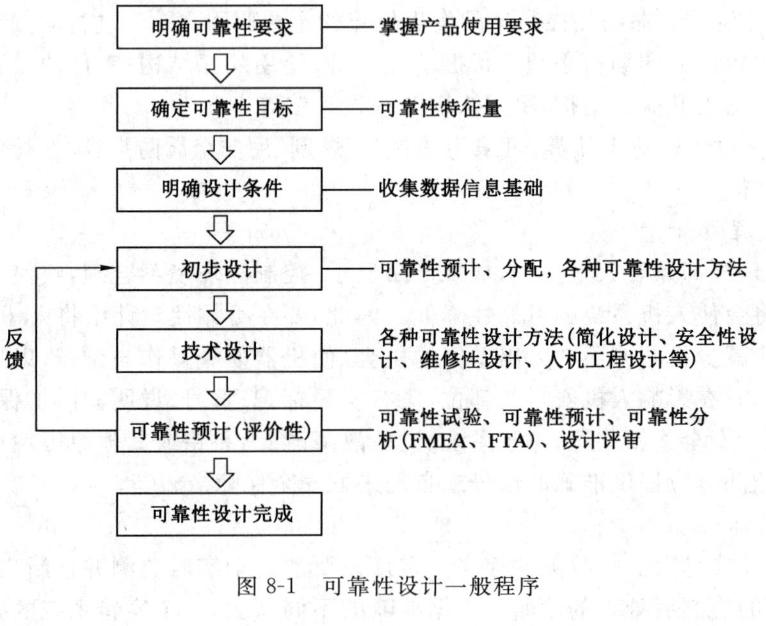

图 8-1　可靠性设计一般程序

这个程序的执行需要产品设计人员，质量管理人员，产品可靠性分析人员，生产、维修、服务、销售等人员以及用户的共同努力。可靠性设计首先需要明确产品的可靠性要求，确定可靠性定量定性目标。

新产品通常需要经过多次改进设计，逐步提高可靠性以达到其目标值。初步设计和技术设计后，还需进行可靠性预计，做必要的可靠性试验，对重要的部分用失效模式、后果与严重度分析,故障树分析等方法进行可靠性、安全性分析,邀请相关方面专家进行设计评审,将设计的缺陷、潜在的故障原因、弥补的对策反馈给设计人员,进行改进和完善设计。

第二节 可靠性预计

可靠性预计是可靠性设计工作的一个重要组成部分。根据产品的功能结构,并考虑产品的使用环境条件,按组成产品的元器件、零部件的观察数据或外推的可靠性数据来定量分析预测产品可能达到的可靠性。可靠性预计是一个由局部到整体、由小到大、由下到上的过程,是一种综合的过程。可靠性预计可向设计人员提供理论上可以实现的可靠性的估计值。

从理论上讲,产品可靠度应在大量寿命试验后才能确定。然而,在工业生产中,采用产品制成后再确定可靠度的大小是非常不经济的,同时,也为期过晚。特别是一些大型昂贵的复杂系统,根本不能采用这种方法,这是因为:一方面,由于产量很少的大型复杂系统的同类产品的成败记录数据甚少,而在其中又包括了许多有特殊原因的失效,不属于随机失效,所以很难根据很少的数据来推断其可靠性;另一方面,大型复杂系统,如大型导弹、人造卫星或飞行器等的可靠性要求极高,只根据很少的试验数据不可能经过统计推断获得如此高的可靠性。在产品研制过程的各个阶段中,需要及时预测出产品可能达到的可靠性水平,有针对性地采取措施,防止或减少产品故障的发生,才能保证产品最终能够达到预期的可靠性指标。因此,可靠性预计是可靠性设计中不可缺少的一项工作。在设计阶段进行多次预测和分配的过程,也是使设计不断完善的过程。

一、可靠性预计的目的和意义

可靠性预计的目的和意义主要有以下几点:

① 评估产品可靠性,审查其是否能达到要求的可靠性指标。

② 在确定任务和方案论证阶段,可靠性预计是论证使用方案所提出的可靠性指标是否合理、是否可以实现的重要手段,也是择优选定满足可靠性要求的总体设计方案的依据。

③ 通过可靠性预计,发现影响产品可靠性的主要因素,找出工程设计中的薄弱环节及存在的问题,及时采取有效的改进措施,提高产品可靠性。

④ 为可靠性增长试验、验证及费用核算等的研究提供依据。

⑤ 可靠性预计是可靠性分配的基础,避免可靠性设计的盲目性。

可靠性预计的价值在于它是一种设计手段,为工程设计决策提供依据。因此,要求可靠性设计工作中的可靠性预计工作要尽早进行,应具有及时性,即在决策前做出预测,并提供有价值的信息,否则,可靠性预计就会失去应有的意义。由于可靠性预计是根据已知的数据、资料,过去的经验和知识对产品可靠性的一种预测,因此,数据和信息来源的科学性、准确性和适用性以及分析方法的可行性就成为可靠性预计的关键。同时,统计数据还受环境条件、操作人员、工作方式、维修方式等因素的影响,与实际应用数据不尽相同。预计技术十分复杂,预计方法大都采用数学公式计算,很多因素被忽略。预测结果的绝对值往往与真实值相差较大,但对不同方案预测的相对量而言,相对意义比绝对值更为重要。这些并不否定可靠性预计在可靠性应用中的价值,而是提示我们必须科学使用数据和信息,适当注意其局限性。为了达到可靠性预计的及时性,在设计的不同阶段及系统的不同级别上,应采用不同的预计方法,由粗到细。随着研制工作的不断深入,可靠性预计应不断细化。

二、可靠性预计的分类和程序

可靠性预计是对产品在规定工作环境及功能条件下的可靠性水平的估计。根据预计目的的不同,可靠性预计分为基本可靠性预计和任务可靠性预计。基本可靠性预计用于估计由于产品不可靠将导致对维修和后勤保障的要求。基本可靠性进行预计时,系统各组成单元是全串联的关系。任务可靠性预计用于估计产品在执行任务的过程中完成其规定功能的概率。

从产品构成角度分析,可靠性预计分为系统可靠性预计和单元可靠性预计。系统可靠性是各单元可靠性的综合,单元可靠性预计是系统可靠性预计的基础。

系统可靠性预计一般遵循如下程序:

(1) 对被预计的系统作出明确定义

明确规定系统的功能和功能容许极限,当系统已被明确定义,则其工作条件、工作性能和容许偏差都为已知,那么系统的故障也就有了定义。当系统的一项或几项性能超出了容许偏差,就认为系统出了故障。

(2) 确定分系统

把系统分解成若干个分系统,各分系统应能明确区分而不应有重复,同时要考虑它的储备结构和工作的独立性。

(3) 找出影响系统可靠度的主要零件

在各分系统中,总有某些零件对系统的可靠度几乎不产生影响,这样的零件在总体可靠性预计中可以忽略不计。另外,也有某些零件在系统中使用数量多、故障率高,对系统可靠度影响大,应找出这些零件并加以控制以便提高系统可靠度。

(4) 确定各分系统中所用的零件的故障率

对零件分类进行分析,根据零件名称可以查零件故障数据手册,从而得到基本故障率数据。然后再根据使用环境条件等计算出零件的故障率。

(5) 计算分系统的故障率

根据零件的故障率,计算各分系统的故障率。

(6) 定出用以修正各分系统故障率基本数值的修正系数

如果同一分系统内的零件都承受相同的应力,在计算零件故障率时又没有考虑这些应力,则为了修正分系统的故障率,可确定一个单一的修正系数。在对整个分系统施加应力时,实际上大多不是对每个零件乘以修正系数,而是将分系统的故障率乘上一个修正系数。

(7) 计算系统故障率的基本数值

根据每一个分系统的故障率,就可以计算整个系统的故障率,其中包括储备系统的故障率。

(8) 定出用以对系统故障率的基本数值进行修正的修正系数

有些特殊的应力,在计算零件和分系统时并不加以考虑,但会对系统起作用,这种应力将会使系统故障率发生变化,因此必须加以修正。

(9) 计算系统的故障率

将系统的故障率的基本数值乘以适合于系统的修正系数,从而求出系统的故障率。

(10) 预计系统的可靠度

当系统的可靠度函数为指数分布时，可根据 $R(t)=e^{-\lambda t}$ 求出系统的可靠度。

三、单元可靠性预计

系统是由许多单元组成的，因此系统可靠性预计是以单元的可靠度为基础的。在可靠性预计中，首先会遇到单元的可靠性预计问题。

预计单元的可靠度，首先要确定单元的基本故障率 λ_G，它们是在一定的环境条件(包括一定的实验条件、使用条件)下得到的，设计时可从手册、资料中查得。世界各发达国家均设有可靠性数据收集部门，专门收集、整理、提供各种可靠性数据。在有条件的情况下，也应进行有关试验，得到某些零件的故障率。表 8-2 给出了一些机械零件的基本故障率 λ_G 值。

表 8-2 一些机械零件的基本故障率 λ_G 值

零件		$\lambda_G/(10^{-5}\ h^{-1})$	零件		$\lambda_G/(10^{-5}\ h^{-1})$
向心球轴承	低速轻载	0.03～0.17	密封元件	O 形密封圈	0.002～0.006
	高速轻载	0.05～0.35		酚醛塑料	0.005～0.25
	高速中载	0.2～2.0		橡胶密封圈	0.002～0.10
	高速重载	1～8	联轴器	挠性	0.1～1.0
滚子轴承		0.2～2.5		刚性	10～60
齿轮	轻载	0.01～0.10	齿轮箱体	仪表用	0.000 5～0.004
	普通载荷	0.01～0.30		普通用	0.002 5～0.02
	重载	0.1～0.5	齿轮	轻载	0.000 2～0.1
普通轴		0.01～0.05		有载推动	1～2
轮毂销钉或键		0.000 5～0.05	螺钉、螺栓		0.000 5～0.012
			拉簧、压簧		0.5～0.7

单元的基本故障率 λ_G 确定以后，就应根据其使用条件确定其应用故障率，即单元在现场使用中的故障率。它可以直接使用现场实测的故障率数据，也可以根据不同的使用环境选取相应的修正系数 K_F，并按式(8-1)计算该环境下的故障率：

$$\lambda = K_F \lambda_G \tag{8-1}$$

表 8-3 给出的故障率修正系数 K_F 只是一些选择范围，具体环境条件下的具体数据，应查有关的专门资料。

表 8-3 故障率修正系数 K_F

环境条件	实验室设备	固定地面设备	活动地面设备	船载设备	飞机设备	导弹设备
K_F	1～2	5～20	10～30	15～40	25～100	200～1 000

由于单元多为零件，而在机械产品中的零件都是经过磨合阶段才正常工作的，因此其故障率基本保持一定，处于偶然故障期，其可靠度函数服从指数分布，即

$$R(t) = e^{-\lambda t} = \exp(K_F \lambda_G t) \tag{8-2}$$

在完成了组成系统的单元(零件)可靠性预计后，即可进行系统可靠性预计。

四、系统可靠性预计的一般方法

系统可靠性是各组成单元可靠性概率的综合，常用的可靠性预计方法有相似设备法、评分预计法、界限法、蒙特卡罗法和修正系数法等。

1. 相似设备法

相似设备法是利用成熟的相似设备所得到的经验数据来估计新设备的可靠性，成熟设备的可靠性数据来自现场使用评价和实验室的试验结果。该方法在试验初期广泛应用，在研制的任何阶段也都适用，尤其是非电产品，查不到故障数据，全靠自身数据的积累。成熟产品的详细故障数据记录越全，比较的基础越好，预计的准确度也越高，当然也取决于产品的相似程度。

相似设备法是一种比较快速粗略的预测方法，它的优点是一开始设计就把提高系统可靠性的技术措施贯彻到工程设计中去，以免事后被迫更改设计。相似设备法一般预计程序包括如下几个部分。

(1) 确定相似产品

考虑产品的相似因素，选择并确定与新产品最为相似且有可靠性数据的产品。

(2) 分析相似因素对可靠性的影响

分析所考虑的各因素对产品可靠性的影响程度，分析新产品与老产品的设计差异及这些差异对可靠性的影响。

(3) 新产品可靠性预计

根据(2)中的分析，确定新产品与老产品的可靠度比值，然后由有经验的专家对这些比值进行评定，最后根据比值预计出新产品的可靠度。

例 8-1 某型号导弹射程为 3 500 km，已知飞行可靠性指标为 $R=0.885\,7$，各分系统可靠度为：战斗部 0.99，安全自毁系统 0.98，弹体结构 0.99，控制系统 0.98，发动机 0.940 9。

为了将该型号导弹射程提高到 5 000 km，对发动机采取了三项改进措施：(1) 采用能量更高的装药；(2) 发动机长度增加 1 m；(3) 发动机壳体壁厚由 5 mm 减为 4.5 mm。试预计改进后的导弹飞行可靠性。

解 新的导弹与原来的导弹十分相似，其区别就在发动机上。根据经验，新型装药是成熟工艺，加长后的药柱质量有保证，都不会对发动机的可靠性带来大的影响，只有壁厚减薄会使壳体强度下降，会使燃烧室的可靠性下降，因而影响发动机的可靠性。因此，可粗略地认为发动机的可靠性是与壳体强度成正比的。经计算，原发动机壳体的结构强度为 9.806×10^6 Pa，现在发动机壳体的结构强度为 9.412×10^6 Pa，则发动机的可靠度为

$$R=0.940\,9\times[9.412\times10^6/(9.806\times10^6)]=0.903\,1$$

相似设备法对于具有继承性的产品或其他相似的产品是比较适用的，但对于全新的产品或功能、结构改变比较大的产品就不太适用，因为应用相似设备法的前提是相似产品具有可靠性数据。

2. 评分预计法

组成系统的各单元可靠性由于产品的复杂程度、技术水平、工作时间和环境条件等主要影响可靠性的因素不同而有所差异。评分预计法是在可靠性数据非常缺乏的情况下(可以得到个别产品可靠性数据)，通过有经验的设计人员或专家对影响可靠性的几种因素进行评分，对评分结果进行综合分析以获得各单元产品之间的可靠性相对比值，再以某一个已知可

靠性数据的产品为基准，预计其产品的可靠性。

(1) 评分因素

评分预计法通常考虑的因素有：复杂程度、技术水平、工作时间和环境条件。在工程实际中，可以根据产品的特点而增加或减少评分因素。

(2) 评分原则

以产品故障率为预计参数来说明评分原则(各因素评分值范围为 1～10，评分越高，说明可靠性越差)，评分原则如下：

① 复杂程度：根据组成单元的零件数量及组装的难易程度评定。最简单的评 1 分，最复杂的评 10 分。

② 技术水平：根据单元目前技术水平的成熟度评定。水平最低的评 10 分，水平最高的评 1 分。

③ 工作时间：根据单元工作的时间评定(前提是以系统的工作时间为时间基准)。系统工作时，单元也一直工作的评 10 分，工作时间最短的评 1 分。如果系统中所有单元的故障率是以系统工作时间为基准的，即所有单元故障率统计是以系统工作时间为同级时间计算的，那么各单元的工作时间虽不相同，但统计时间却相等(实际工作中，外场统计很多是以系统工作时间统计的)，因此必须考虑此因素。如果系统中所有单元的故障率是以单元自身工作时间为基准的，即所有单元故障率统计是以单元自身工作时间为统计时间计算的，则各单元的工作时间不相同时，故障率统计时间也不同，可不考虑此因素。

④ 环境条件：根据单元所处的环境评定。单元工作过程中会经受极其恶劣和严酷的环境条件评 10 分，环境条件最好的评 1 分。

(3) 评分法可靠性预计

已知某单元的故障率为 λ^*，则其他单元的故障率 λ_i 为

$$\lambda_i = \lambda^* \cdot C_i \tag{8-3}$$

式中：C_i 为第 i 个单元的评分系数，$i=1,2,\cdots,n$；n 为单元数。

$$C_i = \frac{\omega_i}{\omega^*} \tag{8-4}$$

式中：ω_i 为第 i 个单元的评分数；ω^* 为故障率为 λ^* 的单元的评分数。

$$\omega_i = \prod_{j=1}^{4} r_{ij} \tag{8-5}$$

式中：r_{ij} 为第 i 单元、第 j 个因素的评分数，其中 $j=1$ 为复杂程度、$j=2$ 为技术水平、$j=3$ 为工作时间、$j=4$ 为环境条件。

例 8-2　飞行器由动力装置、武器、制导装置、飞行控制装置、机体、辅助动力装置六个分系统组成，故障率计算如表 8-4 所示。已知制导装置故障率为 $284.5\times10^{-6}\ \text{h}^{-1}$，即 $\lambda^*=284.5\times10^{-6}\ \text{h}^{-1}$，试用评分法求其他分系统的故障率。

评分预计法主要适用于产品的初步设计与详细设计阶段，可用于各类产品的可靠性预计。它是在产品可靠性数据十分缺乏的情况下进行可靠性预计的有效手段，但其预计的结果受人为影响较大。因此，在应用时尽可能多请几位专家评分，以保证评分的客观性，提高预计的准确性。

表 8-4　某飞行器的故障率计算

序号	单元名称	复杂程度 r_{i1}	技术水平 r_{i2}	工作时间 r_{i3}	环境条件 r_{i4}	各单元评分数 ω_i	各单元评分系数 $C_i=\omega_i/\omega^*$	单元的故障率 $\lambda_i=\lambda^* C_i$ /(10^{-6} h^{-1})
1	动力装置	5	6	5	5	750	0.3	85.4
2	武器	7	6	10	2	840	0.335	95.6
3	制导装置	10	10	5	5	(ω^*)2 500	1.0	(λ^*)284.5
4	飞行控制装置	8	8	5	7	2 240	0.896	254.9
5	机体	4	2	10	8	640	0.256	72.8
6	辅助动力装置	6	5	5	5	750	0.3	85.4

3. 界限法

界限法又称为上、下限法，其基本思想是将一个不能用数学模型法求解的复杂系统，先简单地看成某些单元的串联系统，求该串联系统的可靠度预计值的上限值和下限值，然后再逐步考虑系统的复杂情况，并逐次求出可靠度越来越精确的上限值和下限值，当达到一定精度要求后，再将上限值和下限值做数学处理，合成一个单一的可靠度预计值，它应是满足实际精确度要求的可靠度值。

如图 8-2 所示为一个具有六个单元的串、并联系统。如用数学模型的方法来计算时，可立即得出

$$R_s = R_A R_B (R_C R_D + R_E R_F - R_C R_D R_E R_F) \tag{8-6}$$

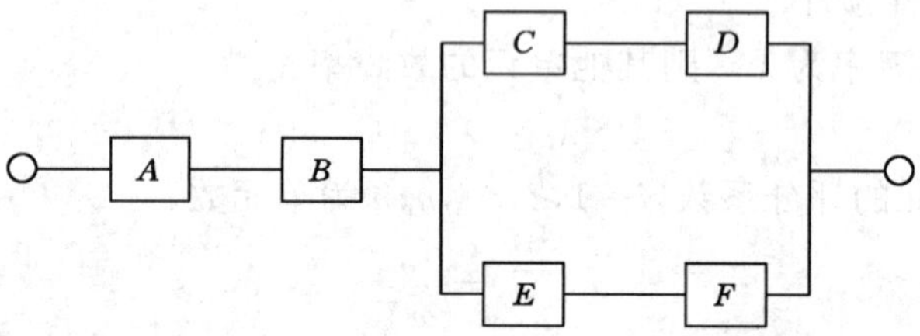

图 8-2　六单元的串、并联系统可靠性框图

如用不可靠度 F 来表示，$F=1-R$，则式(8-6)可化成下列两种形式：

$$R_s = R_A R_B R_C R_D R_E R_F \left(1+\frac{F_C}{R_C}+\frac{F_D}{R_D}+\frac{F_E}{R_E}+\frac{F_F}{R_F}+\frac{F_C F_D}{R_C R_D}+\frac{F_E F_F}{R_E R_F}\right)$$

或

$$R_s = R_A R_B (1-F_C F_E-F_E F_D-F_C F_F-F_D F_F+F_C F_D F_F+ F_C F_E F_F+F_C F_D F_E+F_D F_E F_F-F_C F_D F_E F_F)$$

界限法是一个经验法则，没有严格的数学推导，但实质上是一种简化了的数学模型计算法。由于只是略去了高阶项，这样虽然在精度上受了些影响，但还是保证有一定的精确度，而且大幅简化了计算，节省了大量时间。在系统太复杂、无法建立精确的数学模型时，它的优点特别突出。因此，这种方法都用在比较复杂的系统中，而对于串联系统和简单的储备系统则可用数学模型法来计算。由于界限法需要预先知道各个单元的可靠度，因此一般用于

详细设计阶段。

界限法的原理是根据 $R=1-F$，把 1 减去系统的失效概率作为可靠度预计的上限值 R_U，而把系统的成功概率相加作为可靠度的下限值 R_L。在计算上限值的过程中，略去了某些失效概率，这时所得出的可靠度就比实际的要高，所以定为上限值。同样，在下限值计算中，略去了某些成功的概率，这时所预计出来的可靠度就比实际的要低。

由对应的可靠度上、下限值可得

$$R_s = 1 - \sqrt{(1-R_U)(1-R_L)} \tag{8-7}$$

略去的情况越少，这两个限值就越接近。现根据六单元串、并联的例子进行上、下限计算法分析。

(1) 上限值计算

可靠度上限值的计算，第一步：

$$R_{U_1} = 1 - F_1$$

F_1 为只考虑串联单元发生故障时的故障概率，即忽略了并联单元的故障概率

$$\begin{aligned} F_1 &= F_A R_B + F_B R_A + F_A F_B \\ &= (1-R_A)R_B + (1-R_B)R_A + (1-R_A)(1-R_B) = 1 - R_A R_B \end{aligned}$$

$$R_{U_1} = 1 - F_1 = R_A R_B$$

其一般式为

$$R_{U_1} = \prod_{i=1}^{m} R_i \tag{8-8}$$

式中：m 为串联单元的数目。

可靠度上限值的计算，第二步：

设 R_{U_2} 为考虑串联单元正常时，并联单元中有两个(一对)元件发生故障的系统可靠度，F_2 为并联单元中有两个(一对)元件发生故障的概率，则

$$F_2 = R_A R_B (F_C F_E + F_C F_F + F_D F_E + F_D F_F)$$

$$\begin{aligned} R_{U_2} &= 1 - F_1 - F_2 \\ &= R_A R_B [1 - (F_C F_E + F_C F_F + F_D F_E + F_D F_F)] \end{aligned}$$

若与例中的数学模型法式(8-8)比较，可见略去了故障概率中的高阶项，即

$$F_C F_D F_F、F_C F_E F_F、F_C F_D F_E、F_D F_E E_F、F_C F_D F_E F_F$$

其一般式为

$$R_{U_2} = \prod_{i=1}^{m} R_i [1 - \sum_{k,k'=1}^{x} (F_k F_{k'})] \tag{8-9}$$

式中：x 为并联单元中两个元件发生故障引起系统故障的状态数。

(2) 下限值计算

如以 R_L 表示下限值，下限值为成功概率之和。R_{L_0} 表示下限值的第一步计算，即没有元件发生故障时，系统正常工作的概率

$$R_{L_0} = R_A R_B R_C R_D R_E R_F \tag{8-10}$$

其一般式为

$$R_{L_0} = \prod_{i=1}^{n} R_i \tag{8-11}$$

式中：n 为系统中的单元数。

如以 R_{L_P} 表示下限值的单元计算，即表示并联单元中只有一个单元发生故障时，系统正常工作的概率

$$R_{L_P}=R_AR_BF_CR_DR_ER_F+R_AR_BR_CF_DR_ER_F+R_AR_BR_CR_DF_ER_F+R_AR_BR_CR_DR_EF_F$$
$$=R_AR_BR_CR_DR_ER_F\left(\frac{F_C}{R_C}+\frac{F_D}{R_D}+\frac{F_E}{R_E}+\frac{F_F}{R_F}\right)$$

其一般式为

$$R_{L_P}=\prod_{i=1}^{n}R_i\left(\sum_{j=1}^{q}\frac{F_j}{R_j}\right) \tag{8-12}$$

式中：n 为系统的单元数；q 为并联单元中有一个单元发生故障后，系统能正常工作的状态数目。

$$R_{L_1}=R_{L_{P0}}+R_{L_P}$$

其一般式为

$$R_{L_1}=\prod_{i=1}^{n}R_i\left(1+\sum_{j=1}^{q}\frac{F_j}{R_j}\right) \tag{8-13}$$

式中：R_{L_1} 为系统中没有单元发生故障和有一个并联单元发生故障，系统正常工作的概率。

如以 R_{L_t} 表示下限值的第三步计算，即并联单元中有两个单元发生故障时系统正常工作的概率，则

$$R_{L_t}=R_AR_BF_CF_DR_ER_F+R_AR_BR_CR_DF_EF_F$$
$$=R_AR_BR_CR_DR_ER_F\left(\frac{F_C}{R_C}\cdot\frac{F_D}{R_D}+\frac{F_E}{R_E}\cdot\frac{F_F}{R_F}\right)$$

其一般式为

$$R_{L_t}=\prod_{i=1}^{n}R_i\sum_{K,L=1}^{p}\left(\frac{F_K}{R_K}\cdot\frac{F_L}{R_L}\right) \tag{8-14}$$

式中：p 为并联单元中有两个单元发生故障，系统能正常工作的状态数。

$$R_{L_2}=R_{L_1}+R_{L_t}$$

式中：R_{L_2} 为系统中没有单元发生故障和有一个并联单元发生故障以及有两个并联单元发生故障，系统正常工作的概率。

其一般式为

$$R_{L_2}=\prod_{i=1}^{n}R_i\left[1+\sum_{j=1}^{q}\frac{F_j}{R_j}+\sum_{K,L=1}^{q}\left(\frac{F_K}{R_K}\cdot\frac{F_L}{R_L}\right)\right] \tag{8-15}$$

上、下限值的图形表示如图 8-3 所示。

(3) 上、下限综合计算

有了上、下限可靠度的预计值，即可求出整个系统可靠度 R_s 的综合值，根据经验，用几何平均值所求出的系统可靠度，比较接近于真正值。做法是用 1 减去上、下限不可靠度乘积的平方根，即

$$R_s=1-\sqrt{(1-R_{U_m})(1-R_{L_m})} \tag{8-16}$$

式中：m 为角标值，上、下限的必须相同，如上限只考虑一个单元发生故障的情况，则下限也必须考虑没有单元发生故障和有一个单元发生故障的情况。如上限考虑两个单元同时发生故障的情况，则下限也必须考虑两个单元同时发生故障的情况，否则系统可靠度的计算就不

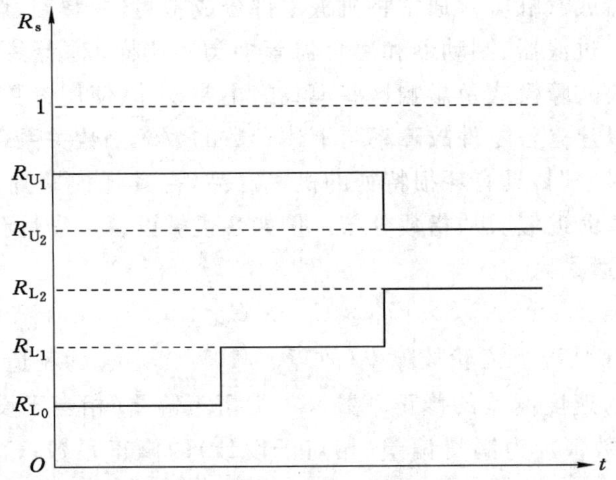

图 8-3　上、下限值的图形表示

精确。

4. 蒙特卡罗法

蒙特卡罗(Monte Carlo)法是一种数值模拟法,它是以概率论和数理统计为基础,用概率模型做近似计算的一种方法。它是 21 世纪 40 年代由冯·纽曼(Von Newman)等提出和命名的。蒙特卡罗法以随机抽样法为手段,根据系统的可靠性框图进行可靠性预计。当各个单元的可靠性特征量已知,但系统的可靠性模型过于复杂,难以推导出一个可以求解的通用式时,蒙特卡罗法可根据单元完成任务的概率及可靠性框图,近似算出系统的可靠度。由于大量的反复试验工作过于烦琐,它总是用计算机来完成的。蒙特卡罗法的理论基础是概率论的大数定律。根据大数定律,频率的稳定值可作为随机事件的概率。

蒙特卡罗法不仅能根据单元可靠度的预计值来预计系统可靠度,还可以确定系统特性分布,以及用单元和组件或设备的实测数据估计系统的可靠度,解决与系统评价有关的其他问题。

蒙特卡罗法规定,每个单元的预测可靠度在可靠性框图中可以用一组随机数来表示。例如,当一个单元可靠度为 0.8 时,便可用 0～0.799 9 的随机数表示单元成功,用0.800 0～0.999 9的随机数表示单元失效。这样,就能根据单元可靠度及系统可靠性框图来预计系统可靠度。

由于模拟过程是在计算机上进行的,因此有可能在比较短的时间里多次模拟。时间的长短取决于系统的复杂程度、单元的数量、单元的失效分布情况,以及单元可靠度高低。如果单元可靠度高,许多试验只需要试第一个可能回路就模拟成功;反之,则每个试验都需要试许多回路或所有可能的回路才能模拟系统的成功与失效。如果系统中的单元失效服从指数分布,则抽样值只需要做简单转换即可;若故障服从正态分布,每次抽样需要由 12 个随机数来决定。

5. 修正系数法

修正系数法预计的基本思路是,虽然机械产品的"个性"较强,难以建立产品级的可靠性预计模型,但若将它们分解到零件级,则有许多基础零件是通用的。例如,密封件既可用于阀门，也可用于作动器或汽缸等。通常将机械零件分成密封件、弹簧、电磁铁、阀门、轴承、齿轮和花键、作动器、泵、过滤器、制动器和离合器等多类。这样，对诸多零件进行故障模式及影响分析，找出其主要故障模式及影响这些模式的主要设计、使用参数，再通过数据收集、处理及回归分析，就可以建立各零件故障率与上述参数的数学函数关系(故障率模型或可靠性预计模型)。实践结果表明，具有耗损特征的机械产品，在其耗损期到来之前的一定使用期限内，某些机械产品寿命近似服从指数分布。例如，《机械设备可靠性预计程序手册》中介绍的齿轮故障率模型表达式为

$$\lambda_{GE} = \lambda_{GE.B} \times C_{GS} \times C_{GP} \times C_{GA} \times C_{GL} \times C_{GN} \times C_{GT} \times C_{GV} \tag{8-17}$$

式中：λ_{GE}为在特定使用情况下齿轮故障率(故障数/10^6 h)；$\lambda_{GE.B}$为制造商确定的基本故障率(故障数/10^6 h)；C_{GS}为速度偏差的修正系数；C_{GP}为扭矩偏差(相当于设计)的修正系数；C_{GA}为不同轴性的修正系数；C_{GL}为润滑偏差(相对于设计)的修正系数；C_{GN}为污染环境的修正系数；C_{GT}为温度的修正系数；C_{GV}为振动和冲击的修正系数。

五、可靠性预计注意事项

(1) 应尽早地进行可靠性预计，以便当任何层次上的可靠性预计值未达到可靠性分配值时，能及早地在技术上和管理上予以注意，并采取必要的措施。

(2) 在产品研制的各个阶段，可靠性预计应反复迭代进行。在方案论证和初步设计阶段，由于缺乏较准确的信息，所做的可靠性预计只能提供大致的估计值，为设计者和管理人员提供关于达到可靠性要求的有效反馈信息。随着设计工作的发展，以及产品定义进一步确定和可靠性模型的细化，可靠性预计工作也应反复进行。

(3) 可靠性预计结果的相对意义比绝对值更为重要。一般地，预计值与实际值的误差在 1 倍或 2 倍之内可认为是正常的。可靠性预计可以找到系统易出故障的薄弱环节，加以改进；在对不同的设计方案进行优选时，可靠性预计结果是方案优选、调整的重要依据。

(4) 可靠性预计值应大于成熟期的规定值。

第三节　系统可靠性分配优化

一、可靠性分配的原则

在产品的设计阶段，首先必须确定整个系统的可靠性指标，这一指标一般由订购方提出并在研制合同中规定。为了保证这一指标的实现，必须把系统的指标分配给各个分系统，然后再把各个分系统的可靠性指标分配给下一级的单元，一直分配到零件级。这种把系统的可靠性指标按一定的原则合理地分配给分系统和零件的方法称为可靠性分配。

可靠性分配将工程设计规定的系统可靠性指标合理地分配到系统的各个组成单元，明确各组成单元的可靠度定量要求，从而使整个系统的可靠性指标得到保证。

可靠性分配的目的是将系统可靠性的定量要求分配到规定的产品层次，通过分配使整体和部分的可靠性定量要求协调一致。它是一个由整体到局部、由上到下的分解过程。通过分配把责任落实到相应层次产品的设计人员身上，并用这种定量分配的可靠性要求估计所需人力、时间和资源。

在进行可靠性分配时，应该注意两点：首先要掌握系统和零件的可靠性预计数据，即使

预计数据不是十分精确，相对的预计值也是有很大用处的；其次必须考虑当前的技术水平，要按现有的技术水平在费用、生产、功能、研制时间等限制条件下，考虑所能达到的可靠性水平，单纯地提高分系统或元器件的可靠度是不现实的也是没有意义的。

如果说可靠性预计是按零件→分系统→系统的顺序自下而上进行的，那么可靠性分配则是按系统→分系统→零件的顺序自上而下地落实可靠性指标。预计是分配的基础，所以一般总是先进行可靠性预计，再进行可靠性分配。在分配过程中，若发现了薄弱环节，就要改进设计或调换零件和分系统。这样一来又得重新预计，重新分配。所以，两者结合起来就形成了一个自下而上，又自上而下的反复过程，直到主观要求与客观现实达到统一为止。

可靠性分配的方法有很多，但要做到根据实际情况又在当前技术水平允许的条件下，既快又好地分配可靠性指标也不是一件容易的事情。一个产品的设计，往往采用了以前成功产品的部件，如果这些部件的可靠性数据已经收集得比较完整，可靠性分配就容易得多。

可靠性分配的方法都是按一定的原则进行的，但实际上不论哪一种方法都不可能完全反映产品的实际情况。对于不同的产品，其工程上的问题各式各样，在做具体可靠性分配时，可留有一定的可靠性指标余量供机动使用，也可以按某一原则先计算出各级可靠性指标，然后根据以下几点原则做一定程度的修正：

① 对于改进潜力大的分系统或部件，分配的指标可以高一些。

② 由于系统中关键件发生故障将会导致整个系统的功能受到严重影响，因此关键件的可靠性指标应分配得高一些。

③ 在恶劣环境条件下工作的分系统或部件，可靠性指标要分配得低一些。

④ 新研制的产品，以及采用新工艺、新材料的产品，可靠性指标也应分配得低一些。

⑤ 易于维修的分系统或部件，可靠性指标可以分配得低一些。

⑥ 复杂的分系统或部件，可靠性指标可以分配得低一些。

二、可靠性分配的方法

可靠性指标的分配应考虑产品的技术水平、重要程度、复杂程度及经济性等方面的因素。分配的总原则是，以最小的经济代价满足系统的可靠性要求。可靠性分配的方法有很多，如比例组合法、评分分配法、AGREE 分配法、等分配法、成本最小分配法和动态规划分配法等。

1. 比例组合法

如果一个新设计的系统与老的系统非常相似，也就是组成系统的各分系统类型相同，对于这个新系统只根据新情况提出新的可靠性要求。考虑到一般情况下设计都具有继承性，即根据新的设计要求在原来老产品的基础上进行改进，这样新老产品的基本组成部分非常相似，此时若有老产品的故障统计数据（如某个分系统的故障数占系统的故障数的比例），那么就可应用比例组合法由老系统中各分系统的失效率，按新系统的可靠性要求，给新系统各分系统分配失效率。其数学表达式为

$$\lambda_{Ni} = \lambda_{Pi} \cdot \frac{\lambda_{NS}}{\lambda_{PS}} \tag{8-18}$$

式中：λ_{Ni} 为分配给第 i 个新的分系统的失效率；λ_{NS} 为规定的新系统的失效率；λ_{Pi} 为老系统中第 i 个分系统的失效率；λ_{PS} 为老系统的失效率。

如果有老系统中各分系统故障占系统故障数百分比 K_i 的统计资料，而且新、老系统又极相似，那么可以按式(8-19)进行分配。

$$\lambda_{Ni} = \lambda_{NS} \cdot K_i \tag{8-19}$$

式中：K_i 为第 i 个分系统故障数占系统故障数的百分比。

这种做法的基本出发点是，考虑到原有系统基本上反映了一定时间内产品能实现任务的可靠性，如果在技术方面没有什么重大的突破，那么按照现实水平把新的可靠性指标按原有能力成比例地进行调整是完全合理的。

比例组合法只适用于新、老系统结构相似，而且有老系统统计数据或是在已有各组成单元预计数据基础上进行分配的情况。

例 8-3 某液压系统，其故障率 $\lambda_{PS}=256\times10^{-6}\ h^{-1}$，各分系统故障率如表 8-5 所示。现要设计一个新的液压系统，其组成的部分与老系统一样，只是要求提高新系统的可靠性，要求新的液压系统故障率 $\lambda_{NS}=200\times10^{-6}\ h^{-1}$，试将这个指标分配给各分系统。

表 8-5 某液压系统各分系统的故障率

序号	分系统名称	$\lambda_{Pi}/(10^{-6}\ h^{-1})$	$\lambda_{Ni}/(10^{-6}\ h^{-1})$
1	油箱	3.0	2.3
2	拉紧装置	1.0	0.8
3	油泵	75.0	59.0
4	电动机	46.0	36.0
5	止回阀	30.0	23.0
6	安全阀	26.0	20.0
7	油滤	4.0	3.1
8	联轴节	1.0	0.8
9	导管	3.0	2.3
10	启动器	67.0	52.0
总计(系统)		256	199.26

解 (1) 已知

$$\lambda_{NS}=200\times10^{-6}\ h^{-1},\lambda_{PS}=256\times10^{-6}\ h^{-1}$$

(2) 计算

$$\lambda_{NS}/\lambda_{PS}=200\times10^{-6}/(256\times10^{-6})=0.781\ 25$$

(3) 利用式(8-18)计算新系统分配给各分系统的故障率(见表 8-5 第 4 列)。

油箱的故障率：

$$\lambda_{N1}=\lambda_{P1}\cdot\lambda_{NS}/\lambda_{PS}=3.0\times10^{-6}\times0.781\ 25\approx2.3\times10^{-6}(h^{-1})$$

拉紧装置的故障率：

$$\lambda_{N2}=\lambda_{P2}\cdot\lambda_{NS}/\lambda_{PS}=1.0\times10^{-6}\times0.781\ 25\approx0.8\times10^{-6}(h^{-1})$$

……

启动器的故障率：

$$\lambda_{N10}=\lambda_{P10}\cdot\lambda_{NS}/\lambda_{PS}=67.0\times10^{-6}\times0.781\ 25\approx52.3\times10^{-6}(h^{-1})$$

(4) 验算

$$\lambda_{NST} = \sum_{i=1}^{10} \lambda_{Ni} = 199.26 \times 10^{-6}(h^{-1}) < \lambda_{NS}$$

式中：λ_{NST}为各分系统的故障率取表 8-5 中的 λ_{Ni}时，新设计系统的故障率。

2. 评分分配法

评分分配法的特点是根据人们的经验按照几种因素进行评分，根据评分的情况给每个分系统分配可靠性指标。根据产品的实际情况，主要考虑以下四种因素：复杂度、技术发展水平、环境条件及功能要求。每种因素的分数在 1～10 分之间。

① 复杂度：根据组成分系统的零件数量以及它们组装的难易程度来评分，最简单的评 1 分，最复杂的评 10 分。

② 技术发展水平：根据分系统目前的技术水平和成熟程度来评分，水平最低的评 10 分，水平最高的评 1 分。

③ 环境条件：根据分系统所处的环境条件来评分，分系统经受极其恶劣而严酷的环境条件的评 10 分，环境条件最好的评 1 分。

④ 功能要求：根据分系统功能要求和任务时间评分，功能要求多、任务时间长的评 10 分，单一功能、短时工作的评 1 分。

分配给每个分系统的失效率 λ_i 为

$$\lambda_i = C_i \cdot \lambda_S \tag{8-20}$$

式中：C_i 为第 i 个分系统的评分系数；λ_S 为规定的系统失效率指标。

$$C_i = \omega_i / \omega \tag{8-21}$$

式中：ω_i 为第 i 个分系统的评分系数；ω 为系统的评分数。

$$\omega_i = \prod_{j=1}^{4} r_{ij} \tag{8-22}$$

式中：r_{ij}为第 i 个分系统第 j 个因素的评分数，$j=1$ 代表复杂度，$j=2$ 代表技术发展水平，$j=3$代表环境条件，$j=4$ 代表功能要求。

$$\omega = \sum_{i=1}^{n} \omega_i \tag{8-23}$$

式中：n 为分系统数。

3. AGREE 分配法

AGREE 分配法是由美国国防部电子设备可靠性顾问团于 20 世纪 50 年代提出的方法。因为考虑了系统的各单元或各分系统(子系统)的复杂度、重要度、工作时间以及它们与系统之间的失效关系，故又称为“按单元的复杂度及重要度的分配法”，适用于各单元工作期间的失效率为常数的串联系统。

单元或分系统的复杂度定义为单元中所含的重要零件、组件(其失效会引起单元失效)的数目 $N_i(i=1,2,\cdots,n)$与系统中重要零件、组件的总数 N 之比，即第 i 个单元的复杂度为

$$\frac{N_i}{N} = \frac{N_i}{\sum N_i} \qquad i = 1,2,\cdots,n \tag{8-24}$$

单元或分系统的重要度定义为该单元失效而引起系统失效的概率。

按照 AGREE 分配法，系统中第 i 个单元分配的失效率 λ_i 和分配的可靠度 $R_i(t)$分别为

$$\lambda_i = \frac{N_i[-\ln R_s(T)]}{NE_i t_i} \quad i = 1,2,\cdots,n \tag{8-25}$$

$$R_i(t)=1-\frac{1-[R_s(T)]^{N_i/N}}{E_i}\quad i=1,2,\cdots,n \tag{8-26}$$

式中：N_i 为单元 i 的重要零件、组件数；$R_s(T)$ 为系统工作时间 T 时的可靠度；N 为系统的重要零件、组件总数，$N=\sum N_i$；E_i 为单元 i 的重要度；t_i 为 T 时间内单元 i 的工作时间($0<t_i<T$)。

例 8-4 一个四单元的串联系统，要求在连续工作 48 h 期间内系统的可靠度为 0.96。而单元 1、单元 2 的重要度为 $E_1=E_2=1$；单元 3 的工作时间为 10 h，重要度 $E_3=0.90$；单元 4 的工作时间为 12 h，重要度 $E_4=0.85$。问应怎样分配它们的可靠度？已知它们的零件、组件数分别为 10 个、20 个、40 个、50 个。

解 系统的重要零件、组件总数为

$$N=\sum_{i=1}^{4}N_i=10+20+40+50=120(\text{个})$$

例 8-4 MATLAB程序

按式(8-25)可得各单元的容许失效率为

$$\lambda_1=\frac{10\times(-\ln 0.96)}{120\times1\times48}=0.000\ 07\ (\text{h}^{-1})$$

$$\lambda_2=\frac{20\times(-\ln 0.96)}{120\times1\times48}=0.000\ 14\ (\text{h}^{-1})$$

$$\lambda_3=\frac{40\times(-\ln 0.96)}{120\times0.9\times10}=0.001\ 51\ (\text{h}^{-1})$$

$$\lambda_4=\frac{50\times(-\ln 0.96)}{120\times0.85\times12}=0.001\ 67\ (\text{h}^{-1})$$

按式(8-26)可得分配给各单元的可靠度为

$$R_1(48)=1-\frac{1-0.96^{10/120}}{1}=0.996\ 60$$

$$R_2(48)=1-\frac{1-0.96^{20/120}}{1}=0.993\ 22$$

$$R_3(10)=1-\frac{1-0.96^{40/120}}{0.90}=0.984\ 98$$

$$R_4(12)=1-\frac{1-0.96^{50/120}}{0.85}=0.980\ 16$$

系统可靠度为

$$R_s=0.996\ 60\times0.993\ 22\times0.984\ 98\times0.980\ 16=0.955\ 63$$

此值比规定的系统可靠度略低，是由于公式的近似性质以及单元 3、单元 4 的重要度小于 1。

由上列各单元的可靠度值亦可看出：单元的零件数愈少以及结构愈简单，则分配的可靠度就愈高；反之，则分配的可靠度就愈低。这种分配结果显然是合理的。

4. 等分配法

等分配法是一种最简单的分配方法，它是将系统的各部分等同看待。

(1) 串联系统可靠度分配

当系统中 n 个分系统具有近似的复杂程度、重要性以及制造成本时，则可用等分配法分配系统各分系统的可靠度。这种分配法的另一出发点是考虑到串联系统的可靠度往往取决于系统中最弱的分系统，因此对其他分系统分配更高的可靠度无实际意义。

设系统由 n 个分系统串联组成，若给定系统的可靠度指标为 R_s，按等分配法，各分系统的可靠度指标为 R_i，则

$$R_s = \prod_{i=1}^{n} R_i = R_i^n$$

因此，各分系统应分配的可靠度指标 R_i 为

$$R_i = R_s^{1/n} \quad i = 1,2,\cdots,n \tag{8-27}$$

(2) 并联系统可靠度分配

当系统的可靠度指标要求很高（如 $R_s > 0.99$），而选用已有的子系统不能满足要求时，则可选用 n 个相同子系统的并联系统，这时子系统的可靠度 R_i 可大幅低于系统的可靠度 R_s。

$$R_s = 1-(1-R_i)^n$$

故各分系统应分配的可靠度指标 R_i 为

$$R_i = 1-(1-R_s)^{1/n} \quad i = 1,2,\cdots,n \tag{8-28}$$

(3) 混联系统可靠度分配

利用等分配法对混联系统进行分配时，先将各并联分系统化简为“等效的串联分系统”，然后按等分配法给各同级串联分系统分配可靠度指标。根据等效串联分系统分得的可靠度指标，按等分配法分配各同级并联分系统的可靠度指标。

例如，对图 8-4(a)所示的混联系统做两步简化后，可先从最后的等效串联系统[图 8-4(c)]开始按等分配法对各分系统分配可靠度。即

$$R_1 = R_{S_{234}} = R_s^{1/2}$$

再由图 8-4(b)分得

$$R_2 = R_{S_{34}} = 1-(1-R_{S_{234}})^{1/2}$$

最后，再求图 8-4(a)中的 R_3 及 R_4

$$R_3 = R_4 = R_{S_{34}}^{1/2}$$

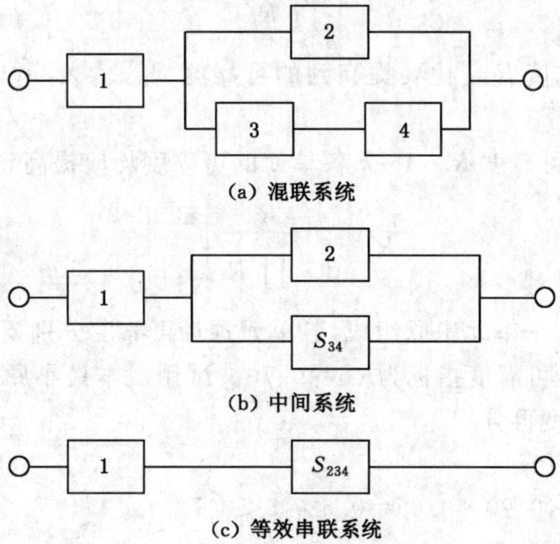

图 8-4　混联系统可靠性分配

5. 成本最小分配法

提高系统的可靠性指标，必然涉及成本问题。在满足系统最低可靠度要求的同时使系统的成本最小；或者在满足每个单元或子系统的最低可靠度要求的同时使系统的成本最小。在系统可靠性设计中，如何既能保证系统可靠性总指标的分配，又能实现总成本最小，是非常关键也是最实际的问题。

若串联系统 n 个单元的预计可靠度按非减序列排列为 $R_1, R_2, \cdots, R_n$，如果系统的可靠度不能满足要求，则系统中至少有一个单元的可靠度必须提高，即单元的分配可靠度 R_{id} 要大于单元预计的可靠度 R_i。为此，必须花费一定的成本。$(R_{id}-R_i)$ 值越大，即可靠度提高的幅度越大，成本越高；另外，R_i 值越大，则提高 $(R_{id}-R_i)$ 所需的成本越高。

以成本最小构建系统可靠性的数学模型。

目标函数：

$$\min \sum_{i=1}^{n} G(R_i, R_{id})$$

约束条件：

$$\prod_{i=1}^{n} R_{id} \geqslant R_{sd}$$

式中：$G(R_i, R_{id})$ 为使第 i 个单元的可靠度由 R_i 提升到 R_{id} 所需的成本；R_{sd} 为系统要求的可靠度。

设 k 表示系统中需要提高可靠度的单元序号，应从可靠度最低的单元开始提高可靠度。

$$R_{0k} = \left(\frac{R_{sd}}{\prod\limits_{i=k+1}^{n+1} R_i} \right)^{\frac{1}{k}} > R_k \tag{8-29}$$

式(8-29)表明，为使系统获得所要求的可靠度指标，$1 \sim k$ 各单元均应提高其可靠度到 R_{0k}。如果 k 值继续增大到某一值后，使

$$R_{0(k+1)} = \left(\frac{R_{sd}}{\prod\limits_{i=k+2}^{n+1} R_i} \right)^{\frac{1}{k+1}} < R_{k+1} \tag{8-30}$$

即单元 $k+1$ 的预计可靠度 R_{k+1} 比要提高到的可靠度 $R_{0(k+1)}$ 大，所以 k 表示要提高可靠度单元序号的最大值。

为使系统达到要求可靠度 R_{sd}，$1 \sim k$ 各单元的可靠度均应提高到

$$R_d = \left(\frac{R_{sd}}{\prod\limits_{i=k+1}^{n+1} R_i} \right)^{\frac{1}{k}} \tag{8-31}$$

例 8-5 某系统由 3 个单元串联组成，各单元预计可靠度分别要求为 0.82，0.90，0.85，它们成本相同，要求系统可靠度指标为 $R_{sd}=0.70$。试用成本最小原则对 3 个单元进行可靠度再分配。

例 8-5 MATLAB 程序

解 (1) 计算系统可靠度

$$R_s = 0.82 \times 0.90 \times 0.85 = 0.627\,3 < 0.70$$

所以必须重新分配可靠度。

(2) 将 3 个单元预计可靠度按非减顺序排列

$$R_1=0.82, R_2=0.85, R_3=0.90$$

(3) 由式(8-29)、式(8-30)求最大值 k。

$$R_{01}=\left[\frac{R_s}{\prod_{i=2}^{4}R_i}\right]^{\frac{1}{1}}=\frac{0.70}{0.85\times 0.90\times 1}=0.915>0.82$$

$$R_{02}=\left[\frac{R_s}{\prod_{i=3}^{4}R_i}\right]^{\frac{1}{2}}=\left(\frac{0.70}{0.90\times 1}\right)^{\frac{1}{2}}=0.882>0.85$$

$$R_{03}=\left[\frac{R_s}{\prod_{i=4}^{4}R_i}\right]^{\frac{1}{3}}=\left(\frac{0.70}{1}\right)^{\frac{1}{3}}=0.888<0.90$$

所以 $k=2$。

(4) 由式(8-31)计算各单元分配可靠度

$$R_d=\left[\frac{R_{sd}}{\prod_{i=3}^{4}R_i}\right]^{\frac{1}{2}}=\left(\frac{0.70}{0.90\times 1}\right)^{\frac{1}{2}}=0.882$$

三个单元的可靠度分别为 0.882、0.882、0.90。

(5) 验算系统可靠度

$$R_d=0.882\times 0.882\times 0.90=0.700$$

如果能找到所研究问题可靠性与成本之间的函数关系，可利用拉格朗日乘子法进行计算。设 x 表示成本，$x_i=G(R_{id}-R_i)$，对约束优化问题引入拉格朗日乘子 ξ：

$$H=\sum_{i=1}^{n}x_i+\xi\left(R_s-\prod_{i=1}^{n}R_i\right) \tag{8-32}$$

例 8-6　某系统由两个子系统串联而成，子系统的可靠度与成本之间的关系为

$$R_i=1-e^{-\alpha_i}(x_i-\beta_i)\quad (i=1,2)$$

且 $\alpha_1=0.8, \beta_1=3.0, \alpha_2=0.4, \beta_2=6.0, R_s=0.9$。试用拉格朗日乘子法分配各单元的可靠度。

解　引入拉格朗日乘子，由式(8-32)构造拉格朗日函数。

$$H=\sum_{i=1}^{n}x_i+\xi\left(R_s-\prod_{i=1}^{n}R_i\right)$$

根据已知求得

$$x_i=\beta_i-\frac{\ln(1-R_i)}{\alpha_i}$$

例 8-6　MATLAB程序

代入得

$$H=\left[\beta_1-\frac{\ln(1-R_1)}{\alpha_1}\right]+\left[\beta_2-\frac{\ln(1-R_2)}{\alpha_2}\right]-\xi R_s+\xi R_1R_2$$

求导

$$\frac{\partial H}{\partial R_1}=\frac{1}{\alpha_1(1-R_1)}+\xi R_2=0$$

$$\frac{\partial H}{\partial R_2}=\frac{1}{\alpha_2(1-R_2)}+\xi R_1=0$$

$$\frac{\partial H}{\partial \xi}=-R_s+R_1R_2=0$$

$$-\xi=\frac{R_1}{R_s}\cdot\frac{1}{\alpha_1(1-R_1)}=\frac{R_2}{R_s}\cdot\frac{1}{\alpha_2(1-R_2)}$$

$$R_s=R_1R_2$$

代入给定的数据，则有

$$\frac{R_1}{0.9\times0.8\times(1-R_1)}=\frac{R_2}{0.9\times0.4\times(1-R_2)}$$

$$R_1R_2=0.9$$

解得

$$R_1=0.965$$

$$R_2=0.933$$

6. *动态规划分配法*

动态规划(dynamic programming)分配法求解最优解的思路完全不同于求函数极值的微分法和求泛函极值的变分法，它是将多个变量的决策问题分解为只包含一个变量的一系列子问题，通过解这一系列子问题而求得此多变量的最优解。这样，n 个变量的决策问题就被构造成一个顺序求解各个单独变量的 n 级序列决策问题。由于动态规划是利用一种递推关系依次作出最优决策，构成一种最优策略，达到使整个过程取得最优，因此其计算逻辑较为简单，适用于计算机计算，它在可靠性领域中已得到了广泛的应用。

可以将上述动态规划的最优策略表达如下：

若系统可靠度 R 是费用 x 的函数，并且可以分解为

$$R(x)=f_1(x_1)+f_2(x_2)+\cdots+f_n(x_n) \tag{8-33}$$

则总费用 x 为

$$x=x_1+x_2+\cdots+x_n \tag{8-34}$$

式中的费用 $x_i(i=1,2,\cdots,n)$ 是任意正数；n 为整数。

该条件下使系统可靠度 $R(x)$ 为最大的问题，就称为动态规划。

因为 $R(x)$ 的最大值取决于 x 和 n，所以可用 $\varphi_n(x)$ 表达，则

$$\varphi_n(x)=\max_{x\in\Omega}R(x_1,x_2,\cdots,x_n) \tag{8-35}$$

式中：Ω 为满足式(8-35)解的集合。

如果在第 n 次活动中由分配到的费用 x 的量 $x_n(0\leqslant x_n\leqslant x)$ 所得到的效益为 $f_n(x_n)$，则由 x 的其余部分 $x-x_n$ 所能得到的效益最大值由式(8-35)可知，应为 $\varphi_{n-1}(x-x_n)$，这样，在第 n 次活动中分到的费用 x_n 及在其余活动中分到的费用 $x-x_n$ 所带来的总效益为

$$f_n(x_n)+\varphi_{n-1}(x-x_n)$$

使这一总效益最大的 x_n 与使 $\varphi_n(x)$ 为最大有关，所以有

$$\varphi_n(x)=\max_{0\leqslant x_n\leqslant x}\left[f_n(x_n)+\varphi_{n-1}(x-x_n)\right] \tag{8-36}$$

也就是说，虽然要对 $i=1,2,\cdots,n$ 共 n 个 x_i 进行分配，但没有必要同时对所有组合进行研究；在 $\varphi_{n-1}(x-x_n)$ 已为最优分配之后考虑总体效益，只需要注意 x_n 的值即可。另外，对 x_n 的选择所得到的可靠度分配，不仅应保证总体的效益最大，也必须使费用 $x-x_n$ 所带来的效益最大。这种方法也通常被称为最优性原理。

例 8-7　由子系统 A、B、C、D 组成的串联系统，各子系统的成本费用和工作 2 000 h 的预计可靠度值如表 8-6 所示。要使此系统工作 2 000 h 的可靠度指标 $R_{sd}\geqslant 0.99$，而成本费用又要尽量少，问各子系统应有多大的储备度？

表 8-6　各子系统的预计可靠度值与成本

子系统	项目			
	可靠度 R_i	成本/万元	储备度	储备子系统的可靠度 R_i'
A	0.85	6	3	0.996 63
B	0.75	4	4	0.996 09
C	0.80	5	3	0.992 00
D	0.70	3	4	0.991 90

解　这是一个以成本建立目标函数并取得最小值，以系统可靠度指标 $R_{sd}\geqslant 0.99$ 为约束条件的最优化问题。若不附加储备件，则系统的预计可靠度 R_s 为

$$R_s=\prod_{i=1}^{4}R_i=0.85\times 0.75\times 0.80\times 0.70=0.357$$

它不符合系统可靠度指标的设计要求，因此应提高各子系统的可靠度指标使之在 0.99 以上。为此，应将各子系统改为由几个并联分支组成的储备系统。各子系统的最小储备度即并联分支数及储备子系统的可靠度 R_i' 值也分别列入表 8-6 中。

为满足 $R_{sd}\geqslant 0.99$ 且总成本最低，就要具体确定各子系统的最佳储备度。为此，首先应按式(8-34)给出的递推式进行计算，而且要先从两个单个子系统间，例如子系统 A 与子系统 B 间的组合算起，以求出 $\varphi_2(x-x_3)$。因为要求得 $\varphi_3(x)$ 就得先求出 $\varphi_2(x-x_3)$。子系统 A 与子系统 B 的储备度分别取为 3～6 及 4～6，则共有 12 种组合，每种组合的成本和可靠度的计算结果列于表 8-7 中。

表 8-7　子系统 A 和子系统 B 不同储备组合下的成本与可靠度

子系统及储备度		项目	子系统 B		
			4	5	6
子系统 A	3	成本/万元	34	38	42
		可靠度	0.992 74	0.995 66	0.996 39
	4	成本/万元	40	44	48
		可靠度	0.995 59	0.998 52	0.999 25
	5	成本/万元	46	50	54
		可靠度	0.996 01	0.998 94	0.999 67
	6	成本/万元	52	56	60
		可靠度	0.996 08	0.999 01	0.999 74

若以可靠度为纵坐标，以成本为横坐标，将表 8-7 中的数据绘成线图，则如图 8-5 所示。图中括号内的先后两个数字，分别表示子系统 A 与子系统 B 的储备度。如该图所示，由成

本最低的组合(3,4)开始逐渐向成本高的组合移动时,如果成本升高而可靠度下降,则应舍弃这种设计组合,并将剩下的各组合点顺序用直线连接,即可得到图 8-5 中的折线,它就是函数 $\varphi_2(x-x_3)$,其中 $x-x_3$ 是这一部分系统的成本,$\varphi_2(x-x_3)$是与此成本相对应的可靠度。

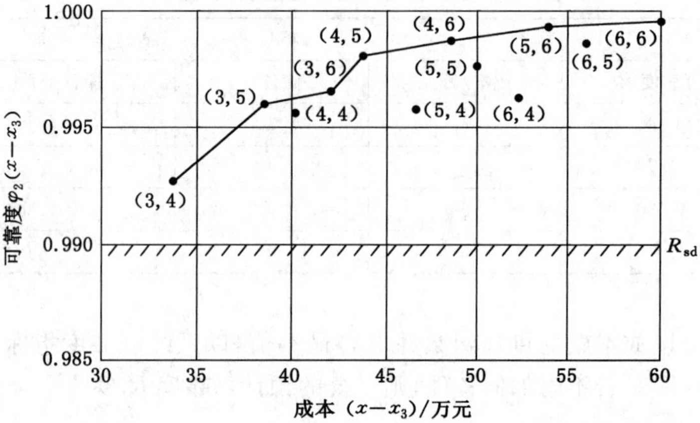

图 8-5　成本 $x-x_3$ 与可靠度 $\varphi_2(x-x_3)$折线图

如图 8-5 所示,折线图一定是越向右越上升,再者,可靠度低于 0.99(系统的可靠度指标)的组合点也不可取(在本例题中没有)。取出折线上的各点数据列于表 8-8 中。

表 8-8　子系统 A、B 初选组合的成本与可靠度

序号	储备度		可靠度	成本/万元
	A	B		
1	3	4	0.992 74	34
2	3	5	0.995 66	38
3	3	6	0.996 39	42
4	4	5	0.998 52	44
5	4	6	0.999 25	48
6	5	6	0.999 67	54
7	6	6	0.999 74	60

然后将表 8-8 中所列的子系统 A 与子系统 B 的 7 种组合方案与子系统 C 的 4 种储备度(3～6)方案相组合,可得 28 种方案,其成本及相应的可靠度列于表 8-9 中。用上述相同的办法绘出成本 $x-x_4$ 与可靠度 $\varphi_3(x-x_4)$折线图,如图 8-6 所示。图中括号内的三个数,分别表示子系统 A、子系统 B、子系统 C 的储备度。同样,取出折线上的各点数据列于表 8-10中。

然后将表 8-10 中所列出的子系统 A、B、C 的 12 种组合与子系统 D 的 3 种储备度(4～6)方案相组合,可得 36 种方案。即利用 $\varphi_3(x-x_4)$再求 $\varphi_4(x)$,最后算得的结果是:子系统 A、B、C、D 的储备度分别是 3、4、4、6。这时,系统的可靠度 $R_{sd}=0.990\ 43$,成本 $x=72$ 万元。

表 8-9　子系统 A、B、C 不同组合时的成本与可靠度

子系统及储备度		项目	子系统 C			
			3	4	5	6
子系统A+B	3,4	成本/万元	49	54	59	64
		可靠度	0.984 80	0.991 15	0.992 42	0.992 68
	3,5	成本/万元	53	58	63	68
		可靠度	0.987 69	0.994 06	0.995 34	0.995 59
	3,6	成本/万元	57	62	67	72
		可靠度	0.988 42	0.994 79	0.996 07	0.996 33
	4,5	成本/万元	59	64	69	74
		可靠度	0.990 53	0.996 92	0.998 20	0.998 45
	4,6	成本/万元	63	68	73	78
		可靠度	0.991 26	0.997 65	0.998 93	0.999 18
	5,6	成本/万元	69	74	79	84
		可靠度	0.991 67	0.998 07	0.999 35	0.999 60
	6,6	成本/万元	75	80	85	90
		可靠度	0.991 74	0.998 14	0.999 42	0.999 67

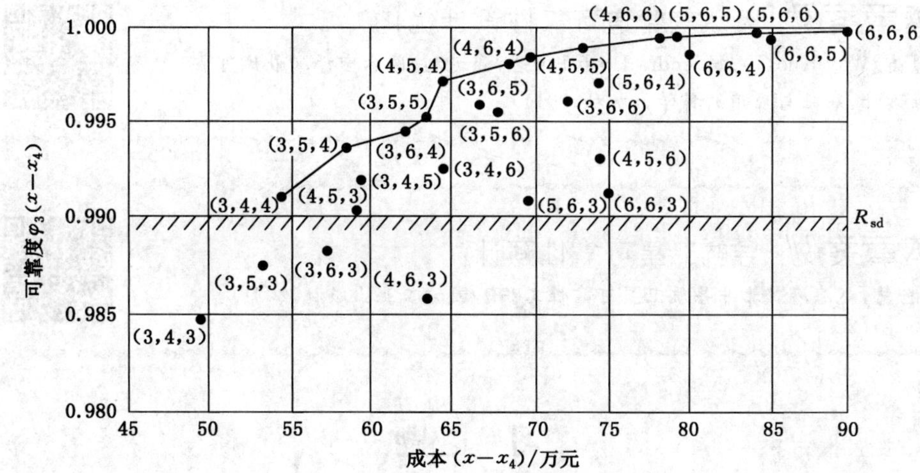

图 8-6　成本 $x-x_4$ 与可靠度 $\varphi_3(x-x_4)$

表 8-10　子系统 A、B、C 初选组合的成本与可靠度

序号	储备度			可靠度	成本/万元
	A	B	C		
1	3	4	4	0.991 15	54
2	3	5	4	0.994 06	58
3	3	6	4	0.994 79	62

表 8-10(续)

序号	储备度			可靠度	成本/万元
	A	B	C		
4	3	5	5	0.995 34	63
5	4	5	4	0.996 92	64
6	4	6	4	0.997 65	68
7	4	5	5	0.998 20	69
8	4	6	5	0.998 93	73
9	4	6	6	0.999 18	78
10	5	6	5	0.999 35	79
11	5	6	6	0.999 60	84
12	6	6	6	0.999 67	90

由于每次计算皆将成本高而可靠度低的设计组合舍弃,使计算工作量大减,计算次数可减少 50%以上。特别是对于复杂系统的可靠度分配,由于采用动态规划分配法大幅减少了计算次数而能较快地获取最优分配方案。又由于计算中采用了递推法,计算逻辑简单,适于编程计算。

本章案例: 天然气管道可靠性设计优化

(【美】Way Kuo, V. Rajendra Prasad 等著,郭进利,阎春宁译.《最优可靠性设计:基础与应用》,科学出版社,2011)

本章案例: 导航卫星可靠性预计

(杨慧,赵海涛.《北斗导航卫星可靠性工程》,国防工业出版社,2021)

习　题

1. 简要叙述可靠性设计的目的、任务、基本原则和要求。

2. 试述进行系统可靠性预计和分配的目的,并简述可靠性预计与可靠性分配的关系。

3. 可靠性指标分配应遵循哪些原则?

4. 可靠性指标分配的方法有哪些,有何特点?

5. 一串联系统由 A、B、C、D 四个分系统组成,其寿命都服从指数分布。工作 500 h 时,它们的可靠度分别为:$R_A=0.96$,$R_B=0.92$,$R_C=0.94$,$R_D=0.96$。若系统工作 500 h 的可靠度要求为 0.90,分系统的可靠度指标能否满足系统要求?若要满足系统的要求,各分系统的可靠度各为多少?

6. 某系统可靠性框图如下图所示，图中各单元的可靠度为：$R_A=0.9$，$R_B=R_C=0.8$，$R_D=R_E=0.85$，$R_F=0.75$，试用上下限法预测该系统的可靠度(设 $m=2$，$n=3$)。

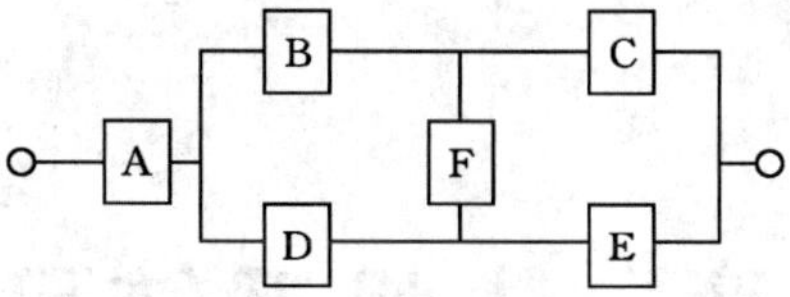

习题 6 图

7. 已知五个单元的可靠度分别为 $R_1=0.95$，$R_2=0.99$，$R_3=0.70$，$R_4=0.75$，$R_5=0.90$，试设计由以上五个单元组成的组合系统。要求：① 各功能单元都必须用到且数量不限；② 为了减少系统的质量与成本，单元数应尽可能少；③ 所设计系统可靠度大于 0.5；④ 给出几种方案并进行对比。

8. 设系统由 A、B、C 三个分系统串联组成。已知各分系统可靠度 $R_A=0.90$，$R_B=0.80$，$R_C=0.85$。要求系统可靠度 $R_s^*=0.70$。试对三个分系统进行可靠度再分配。

9. 一系统有功能上串联的 10 个部件，各部件相互独立且可靠度相同，如果指定此系统的可靠度为 0.9，问所需各部件的最小可靠度为多少？

10. 一个串联系统由三个单元组成，各单元的预计失效率分别为 $\lambda_1=0.005\ \text{h}^{-1}$，$\lambda_2=0.003\ \text{h}^{-1}$，$\lambda_3=0.002\ \text{h}^{-1}$，要求工作 20 h 时系统可靠度为 $R=0.98$，试分配各单元的可靠度值。

11. 一个由电动机、减速器、螺旋给料器组成的送料系统，各单元所含的重要零件数为电动机 $N_1=6$，减速器 $N_2=10$，螺旋给料机 $N_3=4$。若要求系统工作 $h=1\ 000$ h 时的可靠度为 $R_s=0.96$，试分配各单元的可靠度。

12. 两级齿轮减速器，若 4 个齿轮的预计可靠度分别为 $R_1=0.80$，$R_2=0.96$，$R_3=0.85$，$R_4=0.97$，它们成本相同，要求系统可靠度指标为 $R_s=0.80$。试用成本最小原则对 4 个齿轮进行可靠度再分配。

第九章 人机系统可靠性

长期以来，可靠性研究对象被局限在“机”，事实上社会生产中的任何一个系统都不是脱离人而单独存在的，其本质就是一个个人-机-环境系统。所以，脱离人来单独研究机器的可靠性显然是不全面不系统的。

尽管机器的可靠性越来越高，智能化与自动化程度越来越高，无人化和少人化是社会生产发展的总体趋势，但是人仍然是人机系统可靠性中的重要一环。如果不考虑人的能力以及人机各自功能特点的有关数据，不能合理地对人与机器的功能进行合理的分配，可能这样设计出的人-机系统内人或者机器资源的效能就不能得到充分发挥，系统的可靠性达不到预期的要求。本章首先介绍人机系统的基本概念以及人和机器的功能与特点。

如果机器的设计不符合人的生理与心理特点，系统运转过程中对人的要求超过人的生理与心理约束的极限，那么系统的安全性、可靠性就可能存在问题。而如果把人的安全、健康、舒适也作为系统的功能之一，系统的可靠性就可能达不到目标，因此需要在人际功能匹配上做到平衡。人机功能匹配这一节介绍人机功能匹配的相关理论和方法。

人的不可靠是导致人机系统不可靠的主要因素，人因可靠性这一节介绍了人的可靠性方面相关的理论和技术。

第一节 人机系统

人机系统是指人为了达到某种预定目的，由相互作用、相互依存的人和机器两个子系统构成的一个整体系统，由人和机器构成并依赖于人机之间相互作用完成一定功能。它是工程心理学研究的主要内容。现代生产管理和工程技术设计中，合理地设计人机系统，使其可靠、高效地发挥作用是一个十分重要的问题。对人机系统的研究始于第二次世界大战。在设计和使用高度复杂的军事装备中，人们逐步认识到必须把人和机器作为一个整体，在系统设计中必须考虑人的因素，这是科学发展的一个高级阶段。

人机系统是由相互作用、相互依赖的人-机-环境三要素组成的具有特定功能的复杂集合体。人，是机器的操作者或使用者；机器，是人所操纵或使用的各种机器、设备、工具等的总称。例子：人骑自行车、人操纵机器、人使用自行车等都属于人机系统的范畴。人机界面是在人机系统中，人与机器之间进行信息交换的交接面，如显示器和控制器。

一、分类

人机系统有简单和复杂之分，简单的如木工用锯锯木，复杂的如驾驶飞机。一个复杂的人机系统往往包含多个人机子系统。人机系统还可分成开环式系统与闭环式系统。闭环式人机系统中，人可以根据机器工作的反馈信息，进一步调节和控制机器的工作；开环式人机系统则不能。闭环式系统往往比开环式系统更有效。人机系统设计通常采用闭环式系统。另外，人机系统还可以分成手工系统、机械系统和自动系统3种类型。手工系统由手工工具和人构成，人是直接劳动者；机械系统由半自动化机器和人组成，人是机器的控制者；自动系统由全自动机器和人组成，机器通常带有计算机或智能装置，可自动进行工作，人是系统的监视者。

二、模式

人机系统的基本模式由人的子系统、机器的子系统和人机界面所组成：

① 人的子系统可概括为S-O-R(感受刺激-大脑信息加工-作出反应)；

② 机器的子系统可概括为C-M-D(控制装置-机器运转-显示装置)；

③ 人与机器之间存在着信息环路，人机相互具有信息传递的性质，系统能否正常工作，取决于信息传递过程能否持续有效地进行。

第二节　人和机器的功能与特点分析

人-机-环境的系统可靠性指在特定的环境条件下，系统能够在一定的时间内，以一定的可靠性满足用户的需求。

一、人、机功能分析

1. 人的功能分析

在人-机-环境的系统中，人扮演着至关重要的角色，其主要功能包括以下几个方面：

(1) 控制系统：作为系统的控制者，人能够对机器设备进行监控、控制和操作，使系统能够按照要求运行。

(2) 决策与规划：人能够根据系统的需求和环境变化，制定相应的决策和规划，以确保系统能够在不同的情况下保持高可靠性。

(3) 改进与优化：人具备各种技能和知识，可以通过培训和学习来提高自己的技能和知识水平，对设备进行选型和维护，并进一步优化系统，提高系统的稳定性和可靠性。如：根据实际需求和环境条件选择适合的设备，实施定期的检修和保养，避免因设备故障引起的系统失效。

(4) 适应性：人可以通过适应环境和变化来提高系统的稳定性和可靠性。在出现系统故障或其他意外情况时，人可以采取相应的措施来缓解局面，保证系统的运行。

2. 机器的功能分析

在人-机-环境的系统中，机器指各种设备、工具和机械等物理设备，其主要功能包括以下几个方面：

(1) 执行任务：机器可以根据人的指令和程序，执行各种任务和操作，使得系统能够按照要求运行。

(2) 提高作业效率：机器的自动化和智能化可以提高工作效率和生产效率，减少人力资源的浪费。

(3) 减少人为错误：机器可以减少人为错误和失误，提高系统的稳定性和可靠性。

(4) 数据处理与分析:机器可以处理和分析大量的数据,为决策提供支持和帮助。

二、人、机特点分析

1. 人的特点

(1) 复杂性:人是一个高度复杂的系统,其行为和决策受到多种因素的影响,包括个人因素、环境因素、任务因素等。因此,在系统可靠性的设计和实现中,需要考虑到人的复杂性和不确定性,以降低人为因素对系统可靠性的影响。

(2) 可变性:人的行为和决策随着时间和环境的变化而变化,这使得系统的稳定性和可靠性存在一定的挑战。因此,需要针对不同的情况和环境,采取不同的措施,以保证系统的可靠性。

(3) 主观性:人的行为和决策往往受到主观因素的影响,比如个人经验、态度、偏见等。这使得人的行为和决策难以预测和控制,从而增加了系统的不确定性和风险。

(4) 灵活性:人具有灵活性和适应性,能够快速适应新的环境和任务,并采取相应的行动。这使得人可以在系统故障或其他意外情况下,采取相应的措施来缓解局面,保证系统的运行。

(5) 相互作用性:人和机器、环境之间存在着相互作用和影响,这使得系统的可靠性和稳定性不仅取决于单独的因素,而且取决于它们之间的相互作用和协调。

综上所述,从可靠性的角度看,人具有复杂性、可变性、主观性、灵活性和相互作用性等特点,对这些特点的理解和考虑对于提高系统的可靠性和稳定性非常重要。

2. 机器的特点

(1) 可编程性:现代机器通常采用数字化控制系统,能够根据程序完成多种不同的任务,提高机器的灵活性和适应性。

(2) 高速度和高精度:机器的高速度和高精度特点是实现自动化和智能化的重要条件,同时也是保证机器稳定性和可靠性的重要因素。

(3) 自适应性:一些机器具备自适应性,能够根据外部环境与任务自动调整工作方式,保证机器在复杂和变化的环境下保持稳定运行。

(4) 高可靠性:机器的可靠性是保证人机系统整体可靠性的重要因素,机器需要具备稳定的结构和高质量的零部件,同时需要实施定期维护和保养,以确保机器能够长期稳定运行。

(5) 故障检测机制:一些机器还配备有故障检测机制,能够及时发现机器的故障,防止故障扩散与恶化。

综上所述,从可靠性角度分析,机器的特点主要表现为可编程性、高速度和高精度、自适应性、可靠性和故障检测机制等方面,这些特点为人机系统的稳定性和可靠性提供了重要保障。

三、人机系统功能分析

(1) 检测和预防故障:人机系统能够检测和预防潜在的故障和问题,包括机器硬件故障、软件问题以及人为错误等,以避免系统失效或造成不良后果。

(2) 快速响应和恢复:当出现故障或问题时,人机系统能够快速响应并采取恰当的措施,包括自动修复、报警通知或者向人类操作员发出警报,以确保系统能够及时恢复正常运行。

(3) 联动协同：人机能够进行联动协同，通过机器与操作员之间的协作和配合，可达到最佳的系统运行状态。例如，在紧急情况下，机器可以向操作员发出警报，以便操作员能够及时采取措施。

(4) 数据分析和决策支持：人机系统能够对数据进行分析和处理，以帮助操作员做出正确的决策。例如，在自动驾驶汽车中，机器可以分析路况和车速等数据，帮助驾驶员做出正确的驾驶决策。

(5) 监控和维护：人机系统能够监控机器的运行状态，并进行定期的维护和保养，以确保机器的性能和可靠性。

综上所述，从可靠性的角度来看，人机系统的主要功能是确保系统的安全和稳定性，包括检测和预防故障、快速响应和恢复、联动协同、数据分析和决策支持、监控和维护等方面。

四、人机系统特点

(1) 多元化：人机系统包括人、机器和环境三个主要组成部分，涉及多个技术领域，如机械、电子、计算机、人工智能等，因此具有多元化的特点。

(2) 交互性：人机系统是一种交互性强的系统，人类操作员和机器之间需要进行频繁的信息交换和协作，以确保系统的正常运行和安全。

(3) 复杂性：人机系统具有高度复杂性，包括机器硬件和软件的复杂性，人类操作员的认知和行为复杂性，以及环境因素的复杂性等。

(4) 安全性：人机系统的安全性是至关重要的，需要采取多种措施来保障系统的安全性，如预防措施、安全控制、紧急响应等。

(5) 可靠性：人机系统需要具备高度的可靠性，以保障系统的稳定运行和安全性，需要采取多种技术措施来提高系统的可靠性，如故障预测、容错设计、备份措施等。

(6) 自适应性：人机系统需要具备一定的自适应性，可以根据环境和任务要求，自动调整机器的运行模式和人类操作员的行为，以适应不同的运行条件和任务要求。

综上所述，从可靠性的角度来看，人机系统具有多元化、交互性、复杂性、安全性、可靠性和自适应性等特点。

第三节　人机功能匹配

人机功能匹配是指将用户需求与机器功能进行匹配，以实现用户的期望。

一、人机功能匹配内容

在人机交互领域，人机功能匹配是一个关键的问题，需要通过各种技术手段来实现。以下是人机功能匹配的一些内容：

(1) 用户需求分析

用户需求分析是人机功能匹配的第一步。通过市场调研、用户调研、访谈、问卷调查等方式，对用户需求进行收集和归纳。在收集用户需求时，应该充分考虑用户的背景、兴趣、习惯等因素，以便于后续的匹配和优化。在对用户需求进行归纳时，可以采用目标层次分析法、需求分解法等方法，将用户需求分解为具体的功能和性能指标，以便于后续的功能匹配和评估。

(2) 机器功能分析

机器功能分析是人机功能匹配的第二步。通过查阅机器的技术文档、硬件规格说明书、软件说明书等方式,对机器所具备的功能进行收集和归纳。在收集机器功能时,应该充分考虑机器的硬件性能、软件功能、系统接口等因素,以便于后续的匹配和评估。在对机器功能进行归纳时,可以采用模块化设计方法、接口分析方法等方法,将机器功能分解为具体的子模块和接口,以便于后续的功能匹配和优化。

(3) 功能匹配算法

功能匹配算法是实现人机功能匹配的关键技术之一。常见的功能匹配算法包括规则匹配算法、语义匹配算法、统计匹配算法等。规则匹配算法是基于规则库进行匹配的,可以实现高精度的匹配;语义匹配算法是基于自然语言处理技术进行匹配的,可以实现高效地匹配;统计匹配算法是基于大数据分析进行匹配的,可以实现高度个性化的匹配。在选择合适的功能匹配算法时,需要综合考虑匹配效率、匹配精度、系统复杂度等因素,以便于实现更好的匹配和优化。

(4) 匹配结果评估

匹配结果评估是指对匹配结果进行评估和优化。常见的匹配结果评估指标包括准确率、召回率、F_1 值等。在对匹配结果进行评估时,应该充分考虑用户需求、机器功能、匹配算法等因素,以便于评估匹配结果的优劣和调整。在评估结果时,可以采用 A/B 测试、用户调研等方法,收集用户反馈和建议,以便于进一步优化匹配结果。在对匹配结果进行优化时,可以采用算法调整、规则更新、功能升级等方法,以进一步提高匹配精度和效率。

(5) 系统集成与测试

系统集成与测试是指将用户需求、机器功能和匹配算法进行整合,并进行系统测试。在系统集成和测试时,需要充分考虑系统的稳定性、可靠性、易用性、兼容性等因素,以便于保证系统的质量和性能。在进行系统测试时,应该采用黑盒测试、白盒测试、灰盒测试等方法,测试系统的功能、性能、安全性等方面,以便于发现和修复问题。

二、人机功能匹配分配原则

人机功能匹配的分配原则是为了保证人机交互系统的效率、可靠性、易用性和用户体验,以满足用户的需求。下面介绍几个常见的人机功能匹配的分配原则。

(1) 任务导向原则

任务导向原则是指将机器的功能和用户的任务进行匹配。在进行人机功能匹配时,需要首先明确用户的任务需求,然后设计机器的功能,使其能够帮助用户实现任务目标。例如,在一个搜索引擎系统中,应该根据用户的搜索需求提供相应的搜索结果和建议,以帮助用户快速找到所需的信息。

(2) 知识导向原则

知识导向原则是指根据用户的知识水平和经验,将机器的功能进行匹配。对于具有不同知识水平和经验的用户,应该根据其实际情况提供相应的功能和操作方式。例如,在一个文本编辑器中,对于初学者用户,可以提供简单易用的操作界面和基本的功能,而对于专业用户,可以提供更多的高级功能和操作方式。

(3) 反馈导向原则

反馈导向原则是指将机器的反馈与用户的需求进行匹配。机器的反馈应该清晰明了，以便于用户了解其操作的结果和状态，从而更好地进行后续的操作。例如，在一个网上购物系统中，当用户添加商品到购物车时，应该及时给出添加成功的反馈信息，以便于用户确认操作的结果。

(4) 交互导向原则

交互导向原则是指将机器的交互方式与用户的习惯和偏好进行匹配。机器的交互方式应该符合用户的认知和操作习惯，以提高用户的操作效率和体验。例如，在一个智能音箱系统中，用户可以通过语音命令和手势控制来进行交互，以便于更自然地与机器进行互动。

第四节　人因可靠性

一、基本概念

人因工程学是以心理学、生理学、解剖学、人体测量学等学科为基础，研究如何使人-机-环境系统的设计符合人的身体结构和生理、心理特点，以实现人、机、环境之间的最佳匹配，使处于不同条件下的操作人员能高效地、安全地、健康和舒适地进行工作与生活的科学。人因工程起源于二战期间，最初是为了优化装备和武器的设计，提高作战效率和人员安全。随着计算机技术的不断发展，人因工程也得到了广泛应用，并发展成为一个独立的学科。

人因工程的基本理念包括人类中心、系统完整性、适应性、错误预防等原则。人类中心是指将人类作为设计和评估人机交互系统的中心，考虑人的特点和需求。系统完整性是指将人和机器看作一个整体来设计和评估人机交互系统。适应性是指系统的设计应该考虑到用户的差异和变化。错误预防是指通过设计和评估过程，预防和降低系统中的错误发生率。

二、人因失误

随着工程技术和科学水平的发展，在复杂的系统中，设备具有越来越高的可靠性，同时系统的运行环境也有了明显的改善。在这样的情况下，人作为有独立意识思想的个体，其生理、心理、社会和精神上的一些特性，使其具有极大的可塑性和难以控制性。而且一个具有独立意识的人本身就是一个无时无刻不在变化着的复杂系统，这个“复杂系统”被各式各样的、多维的以及大量的内部自身变量所制约着，同时又受到个人的外部即机器与环境的多因素的影响。因此，人的因素在任何人机系统中都是最重要而且也是最脆弱、最复杂以及最难以控制的一个部分，从而一个拥有人的复杂系统中的人员可靠性就显得尤为重要了。目前，对系统可靠性分析的关注已逐步转向了人因失误这一焦点。

1. 人因失误的概念

人因失误指人不能精确地、恰当地、充分地、可接受地完成其所规定的绩效标准范围内的任务，在系统的正常或异常运行中人的某些活动超越了系统的设计功能所能接受的限度。人因失误将产生不期望后果：即生产能力、维修能力、运行能力、绩效、可靠性或系统的安全性的丧失或退化。

2. 人因失误的基本原理

人进行工作的过程分为三个阶段，首先是感觉阶段，第二是识别判断阶段，第三是行动操作阶段(见图 9-1)，即 S(感觉)-O(思维)-R(动作)，各阶段所需要的时间长短不一。如果这三个阶段进展顺利，即感觉正常、判断准确、动作无误，则整个过程效果良好。

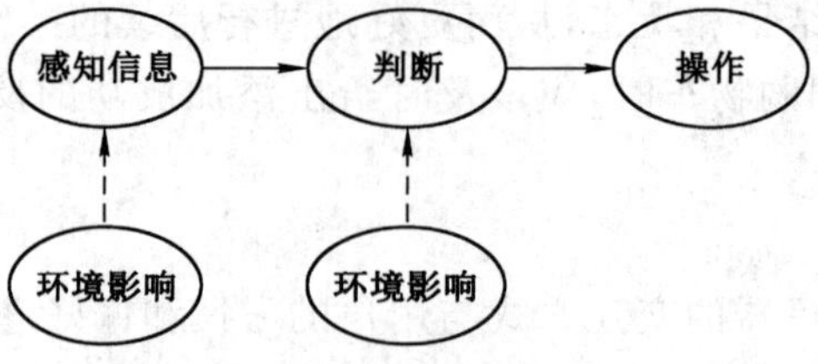

图 9-1　人因失误基本原理图

3. 人因失误的分类

人因失误可以分为两种：一种是非意向性的，另一种是意向性的。前者是大多数人因失误的造成因素，它主要是指操作人员在漫不经心或无意中的疏忽动作而造成的失误，后者是操作人员用不规范或者不正确的方法来解决问题所造成的。这两者均不存在故意造成破坏的意识。人因失误类型如图 9-2 所示。

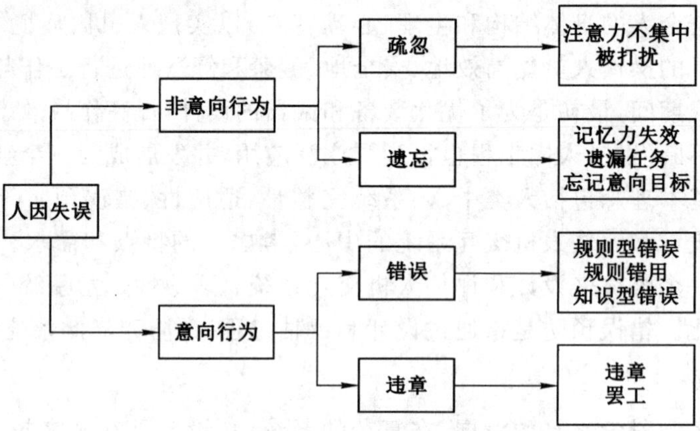

图 9-2　人因失误分类图

4. 人因失误的原因

引起人因失误的原因分为内部因素和外部因素两部分。

(1) 内部因素

内部因素包括生理、心理、个体等。

① 生理因素包括人的视觉、听觉、体质、疲劳、疾病、年龄、身体缺陷等。人在不正常的生理条件下工作会引起失误，如由于疾病或疲劳等原因引起视力或听力下降，看错或听错数据导致操作失误。

② 人的心理方面的原因指人的情绪、心理状态、精神、责任心、注意力等。异常的心理因素也会导致人因失误，如人在压力、紧张等不稳定心理状态下，会出现如看错数据、调错刀号等失误。

③ 个体因素包括人的训练水平、文化技术水平、经验水平等。个体因素也是造成人因失误的重要因素，如人的经验、水平不够，就会对一些技术性问题如主轴内的异响没有作出反应，从而错过排除故障的最好时机。

(2) 外部因素

外部因素包括环境、机械、管理等。

① 环境因素主要有温度、湿度、噪声、照明、通风条件、作业场所和一些突发事件等。如温度、湿度过高，会使人过早疲劳、视力下降、注意力不集中等，从而引起人因失误。

② 机械因素指人机界面设计。如人机功能匹配不当、工程设计上的不合理，易诱导误操作。

③ 管理因素包括作业时间的安排、人员的分配、维修维护的计划、监督检查机制的制定等。如作业时间、作业计划、操作规程不合理，易引起人因失误。

5. 人因失误的特点

(1) 人因失误具有重复性。人因失误在类似的环境和条件下有可能会重复出现。这是由于人的生理特点——生理能力在特定条件下有局限性。相对的，对于一个机械部件，一旦发生失效，就能在新的设计方案中进行改进克服。

(2) 人因失误具有潜在性和不可逆转性。人因失误行为往往是情景环境驱使的。人的任何决策、行为或多或少都会受到当时情景环境的影响。硬件故障、信号不真实以及工作的压力也会极大地诱发人的非安全行为，从而导致人的失误。

(3) 人的行为具有固有可变性。一个人在进行工作行为时，不可能每次都保持完全相同的准确性和精确度。这种固有可变性也是诱发人失误的重要因素。

(4) 人具有学习的能力。人可以通过不断的学习和积累经验来提高自身面对工作时的反应、决策和行动能力，这是机器无法做到的。

三、人因可靠性分析

1. 人因可靠性分析定义

人因可靠性分析(human reliability analysis，HRA)是以人因工程、系统分析认知科学、概率统计、行为科学等诸多学科为理论基础，以对人的可靠性进行定性与定量分析和评价为中心内容，以分析预测、减少与预防人因失误为研究目标的一门学科，它是近年来逐渐形成的一门新兴学科。

2. 人机系统可靠度

人机系统可靠度由机器的可靠度与人操作的可靠度这两部分组成：

$$R_s = R_m \cdot R_h \tag{9-1}$$

式中：R_m 为机器的可靠度；R_h 为人操作的可靠度。

随着设计水平和工艺水平的提高，机器系统的可靠性有了很大提高，与之相比人的操作可靠性问题就越来越突出了。

四、人因可靠性分析方法

(一) 第一代人因可靠性分析方法

第一代人因可靠性分析方法出现在20世纪80年代，该时期是其发展的黄金时期，目前在用的大部分方法都是在这个时期提出的，如THERP、HCR、OAT和HEART等。这些方法基本上可以分为“任务决定论”(如THERP和HEART)和“时间决定论”(如HCR、OAT)两类。

第一代方法主要工作包括人的可靠性数据收集与分析以及人因失误率统计与预测，主要特点是着重利用结构化建模和数学计算等方式追求“精确”的分析结果，认知科学发展水平低，没有考虑人的认知(仅考虑了认知框架)。当时几乎所有方法都认为人可以同其他物理部件等量齐观，采用二叉树逻辑来描述人的行为(成功或失败)。

1. 人因失误概率预测法(THERP)

(1) 适用条件

人的工作能够划分为一系列如读数、操作等动作单元。

(2) 基本方法

通过HRA事件树模型对人因事件涉及的所有人员行为按事件发展的过程进行分析，并在事件树中确定失效途径后进行定量计算。

HRA事件树描述人员进行操作过程中一系列操作事件序列，它以时间为序，因而可以描述出该作业过程中一切可能出现的人因失误模式及其效果。对事故树的每个分枝赋予其发生的概率，则可最终导出作业成功或失败的概率。

(3) 建造HRA事件树的一般规则

HRA事件树是在人员任务分析的基础上，以两状态事件树的形式进行描述的以时间为序的人的各项行为与活动的过程。一般情况下，用HRA事件树进行人因失误分析时，每一个分支节点上都只存在两种决策可能，即进行此项操作时失败或成功的两种可能性。图9-3给出了一个简单的HRA事件树，以该树为例介绍HRA事件树建树的有关规则：① 用大写字母(如A)表示某一项子任务失败和它的概率，相应的小写字母(如a)则表示该项子任务成功和它的概率；② 位于树各序列末尾的字母S和F分别表示人员完成任务的成功和失败，如图9-3中的串联任务的情况，存在1个成功分支序列和3个失败分支序列；③ 树的每个节点上有两个分支，左侧的分支表示成功，右侧分支表示失败，对于表示系统中硬件状态的分支点，从左至右按照失误的严重状态予以排列；④ 对于极小概率的分支事件可以从树中删去，并忽略恢复因子的影响；⑤ 在树中，将相依的人员动作事件合并为一个子任务分支；⑥ 对于树中的失败或成功节点，如果事件树中的一个支路已鉴别出其分析任务为成功或失败，这一个节点不再分解。

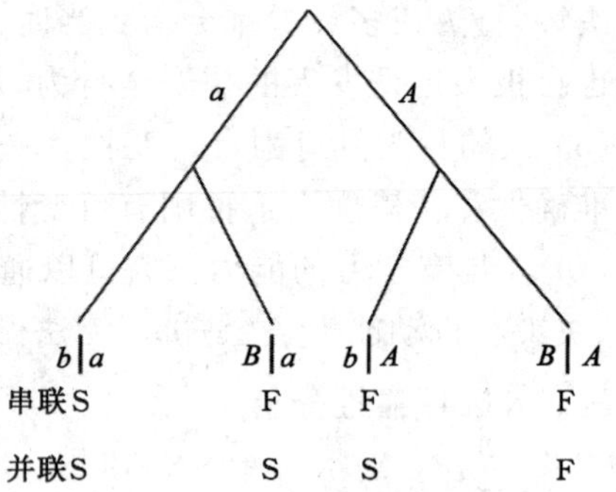

图9-3 串联和并联系统的HRA事件树

(4) HRA事件树的定量评价

图9-3所示的HRA事件树，可按如下方法进行定量评价：

① 如果任务是串联型，即该任务要求人连续先后完成两项动作单元，那么成功概率或失败概率分别为：

$$P(S) = a \times (b/a) \tag{9-2}$$

$$P(F) = a \times (B/a) + A \times (b/A) + A \times (B/A) \tag{9-3}$$

② 如果任务是并联型，则只要求完成两项动作单元中的任何一项则系统成功，在这种情况下成功概率或失败概率分别为：

$$P(S) = A \times (B/A) = a \times (b/a) + a \times (B/a) + A \times (b/A) \tag{9-4}$$

$$P(F)=A\times(B/A) \tag{9-5}$$

式中：$P(S)$为成功概率；$P(F)$为失败概率。

在 HRA 事件树中，某一项子任务成功或失败概率由基本人为差错概率 HEP(human error probability)表示，指进行某项工作时，在单位时间内发生人为差错的概率，它可依据该项子任务的动作类型由相关的 THERP 表格查找而得，如表 9-1 所示。

表 9-1　部分操作人为差错概率

序号	操作描述	HEP
1	读图表记录仪显示	0.006
2	读图标	0.01
3	不正确判读指示灯指示	0.001
4	将控制旋钮拧错方向	0.5
5	阀门关闭不当	0.002
6	拧上插接件	0.01
7	读模拟表读数	0.003

相关性修正：由于人员动作之间往往有关联，所以还需考虑动作间以及工作小组内人员之间的相关性，否则将严重低估人员失误概率。动作(或事件)A、B 间的相关程度定义为 $P(B|A)$，即 A 动作(事件)失败下 B 动作(事件)失败的可能性，其共分为五级：完全相关(CD)及零相关(HD)，中相关(MD)，低相关(LD)和相关(ZD)。

相关系数的计算公式如下：

$$\text{CD}, P(B/A)=1 \tag{9-6}$$

$$\text{HD}, P(B/A)=[1+P(B)]/2 \tag{9-7}$$

$$\text{MD}, P(B/A)=[1+6P(B)]/7 \tag{9-8}$$

$$\text{LD}, P(B/A)=[1+19P(B)]/20 \tag{9-9}$$

$$\text{ZD}, P(B/A)=P(B) \tag{9-10}$$

(5) 实例

由泵和阀门组成的水冷系统，检修泵后人员可能忘记开启阀门。假设检修泵后忘记开启阀门的人因失误概率为 0.01，控制室人员没有发现阀门关闭的失误概率为 0.1，计算检修泵后没有开启阀门的概率。

认为控制室人员失误与检修人员失误之间为低从属，则检修人员失误后控制室人员失误的条件概率为：

$$P(B/A)=\frac{1+19P(B)}{20}=\frac{1+19\times 0.1}{20}=0.15 \tag{9-11}$$

2. 人的认知可靠性预测法(HCR)

HCR 是考虑对时间变量进行规范化后，规范化的时间与人员不能响应的概率之间的关系。

HCR 方法的两个假定：

① 认为所有人员动作行为类型均可以分为技能型、规则型和知识型三类。

人的三种行为类型中，技能型行为(skill-based behavior)只依赖于人员的实践水平和完成该项任务的经验，是个体对外界刺激或需求的一种条件反射式、下意识的反应；规则型行为(rule-based behavior)，人的行为由一组规则或协议所控制、所支配；知识型行为(knowledge-based behavior)，当遇到新鲜情景，没有现成可用的规程，操作人员必须依靠自己的知识和经验进行分析诊断及处理。

② 每一行为类型的失误概率仅与允许时间 t 和执行时间 $T_{1/2}$ 有关，且遵从三参数的威布尔分布：

$$P = e^{-\left(\frac{\frac{t}{T_{1/2}}-\gamma}{\alpha}\right)^{\beta}} \tag{9-12}$$

$$T_{1/2} = T_{1/2,n} \times (1+K_1) \times (1+K_2) \times (1+K_3) \tag{9-13}$$

式中：T 为允许操作员进行响应的时间；$T_{1/2}$ 为操作员执行时间；$T_{1/2,n}$ 为一般状况的执行时间，获得来自培训模拟机或专家的决定；K_1、K_2、K_3 为形成因子，其中 K_1 为操作经验行为形成因子，K_2 为心理压力行为形成因子，K_3 为人机界面行为形成因子，取值见表 9-2；α，β，γ 为操作人员行为类型参数，各行为类型的参数值见表 9-3。

表 9-2 HCR 模型的行为形成因子及其取值

操作经验(K_1)		心理压力(K_2)		人机界面(K_3)	
专家，受过很好的训练	−0.22	严重应激情景	0.44	优秀	−0.22
平均训练水平	0.00	潜在应激情景/高工作负荷	0.28	良好	0.00
新手，最小训练水平	0.44	最佳应激情况/正常	0.00	中等(一般)	0.44
—	—	低度应激/放松情况	0.28	较差	0.78
—	—	—	—	极差	0.92

表 9-3 参数 α，β，γ 选取表

行为类型	α	β	γ
技术型	0.407	1.2	0.7
规则型	0.601	0.9	0.6
知识型	0.791	0.8	0.5

3. THERP＋HCR 模式

THERP 主要针对与时间无关的序列动作，利用人因事件树对人因事件中涉及的所有人员行为按事件发展的过程进行分析，并在事件树确定失效途径后进行定量的计算，可较好地分析人员操作可靠性。

而 HCR 的着眼点恰恰在与时间密切相关的认知行为上，即认为对于一个人因事件中的一个人员行为，特别是对事故后的诊断行为，允许操作员进行响应的时间以及操纵员平均所需执行时间之比决定了人因失效的概率，主要适用于与时间有关的诊断可靠性。

因 HCR 对确定事故后操作员进行事故诊断过程中可能的人因失效比较好，THERP 用于评价人员的具体失效操作比较好，可以结合这两种方法，即在事故诊断阶段，用 HCR 对可能的人因响应失效概率进行评价，用 THERP 和相关数据对在具体的干预操作行为中可能的失误进行评价。

（二）第二代人因可靠性分析方法

第二代 HRA 方法出现在 20 世纪 90 年代之后，最典型的是人因差错分析（a technique for human event analysis，简称 ATHEANA）。相对于第一代 HRA 方法，第二代 HRA 方法认为任务所处的环境条件才是人为差错的决定因素，不再是任务决定论；在分析过程中建立了人的认知过程模型，试图从认知方面着手，通过分析环境条件、操作员本身和设备自身状态等人为差错诱因，来描述人为差错产生机理。其实际上就是认为是人与任务相对应的认知功能决定了可靠度。

ATHEANA 是美国核管会于 1998 年开发的一种带有反馈的序贯式行为模型，既可用于追溯性分析又可用于前瞻性分析。该方法认为人因失误在非正常条件下发生的可能性要远远大于其在正常情况下发生随机失误的可能性，即强调了情景的重要性。而且该方法可以通过详细的定性分析来收集可能引起不安全行为的所有条件，从而为工作流程、培训和人机界面的重新设计和完善提供基础。ATHEANA 认为人因失误事件是由系统条件、情景环境和绩效形成因子结合作用而产生的，即迫使失误情景（error-forcing context，EFC）是导致人因失误发生的原因，其研究重点是对人因失误（human factors error，HFE）、不安全动作（unsafe action，UA）和 EFC 进行结构化的搜寻和识别，并进行定性分析，进而依据运行经验、数据和专家判断进行定量评价。

ATHEANA 共有 9 个步骤：

（1）定义和说明问题。明确研究对象和研究目标，使分析者在分析前对所要研究的问题有一个较为清晰认识。

（2）定义分析范围。在明确所要分析的问题的基础上，了解问题情景，确定该问题的研究范围和边界，使分析更具有针对性。

（3）描述事故情景和名义情景。为了描述与人因失误有关的每一个任务情景和动作，需要对事故发生的情景和名义情景（即标准情况下的情景）进行描述，包括可能的事故序列、详细的事故进程、初试条件、班组的响应动作、系统的状态等。

（4）定义可能的人因失误事件（HFE）和不安全动作（UA）。通过分析执行功能的系统、设备初始状态、动态变化和成功准则，确定失效模式，进而确定人因失误是否与上述失效模式相关，最后将找出来的 HFE 和相应的 UA 分别进行描述。由于该过程是基于上述事故情景的描述，因而建议（3）（4）步同时进行。

（5）评估班组成员的绩效因子，确定可能导致伤害的薄弱点。ATHEANA 的手册中共给出了 16 个绩效因子来确定在突发事件发生的情况下 HFE 和 UA 产生的原因。

（6）寻找与基本情景间的偏差，确定迫使失误情景（EFC）。确定和基本情景的差异，得出差异情景的特点分析，由这些特点构成差异情景的描述，从而构成 EFC。在考虑 16 个绩效因子的基础上，考虑附加硬件设备失效、配置问题、设备不可用、指示失效、显示混乱等问题。

（7）评估恢复的潜在性。考虑从初始失误中恢复的可能性，包括恢复行为的时间、使操纵者意识到失误的信号、存在的帮助恢复的资源等。

（8）评估 HFE/UA 概率。想要求二者的概率首先要确定 EFC/UA 和恢复的概率。

（9）评价报告成文。

（三）第三代人因可靠性分析方法

第三代人因可靠性分析方法也出现在20世纪90年代以后，最具代表性且应用最广泛的是1994年由美国马里兰大学的Chang和Mosleh等提出的IDAC(information，dcecision，action in crew context)方法。

IDCA全称为“信息-决策-行为”响应模型，该方法用于评估核电站控制室中决策者、操作员和咨询师安全处理某事件的能力。它的典型特点是动态特性，主要体现在考虑系统操作人员与外界(例如系统本身、环境和其他班组成员)进行动态的交互，并且把这种动态特性融入认知模型IDAC当中，而非类似第二代HRA仅对某一特定的静态场景进行分析。

IDAC模型可分析和评估班组的信息处理、决策制定和执行的过程。IDAC的分析框架基于操作员的认知模型，建立了系统的操作员动态响应模型，并初步完成了IDAC的计算机化。IDAC中一共定义了50项绩效影响因子(PIFs)，分为多组，开发者综合了心理学、行为科学、人因学等各个领域对不同因子的理论及实验研究结果，区分了影响绩效的直接原因和间接原因，并尽量使每个小组内定义的影响因子相互独立(如图9-4所示)。IDAC的分析框架包括三部分：顶层是班组响应树(crew response tree，CRT)，其结构类似于事件树，用于分析在概率安全分析事件树中人因失误事件的起因；第二层是I-D-A模型，针对班组响应树中潜在的人的失效，基于故障树的逻辑来探索失效机理，I-D-A过程包含许多嵌套的结构，这种简单的结构能极大地方便人员响应的建模；第三层由IDAC模型定义的绩效影响因子组成，分析人员需要从这些绩效因子中找出影响某种失效机理的因子，用于定性和定量分析。IDAC建立的认知模型可以用来建立人员失误的计算机化模拟，并可结合核电厂系统的状态模拟进行分析。

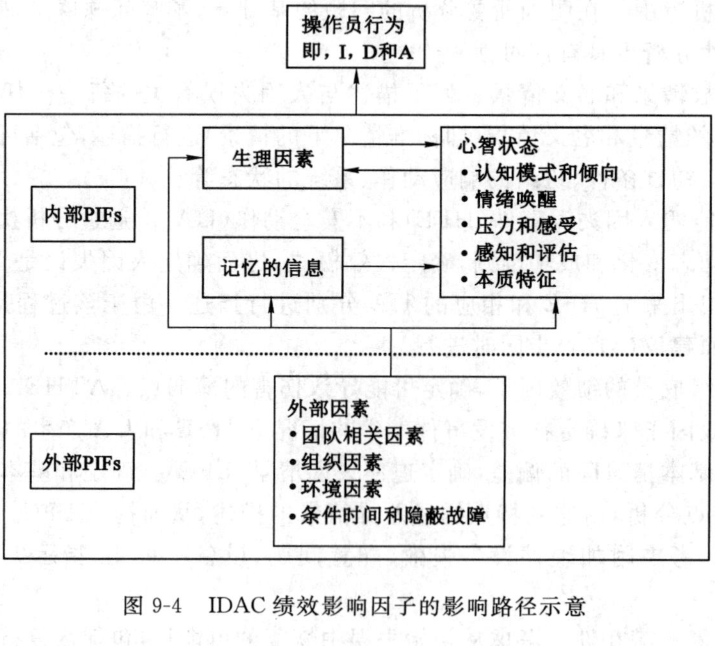

图9-4　IDAC绩效影响因子的影响路径示意

习　题

1. 简述引起人因失误的原因。
2. 简述人因失误特点。
3. 简述人因可靠性分析。
4. 简述人因失误概率预测法。
5. 简述人因差错分析技术的步骤。

参考文献

[1] 常文兵，周晟瀚，肖依永. 可靠性工程中的大数据分析[M]. 北京：国防工业出版社，2019.

[2] 陈洪根. 可靠性工程[M]. 北京：化学工业出版社，2022.

[3] 陈锴. 可靠性分析技术(三) 故障模式与影响分析(FMEA)[J]. 家用电器科技，2002(6)：84-86.

[4] 陈颖，康锐. FMECA 技术及其应用[M]. 2 版. 北京：国防工业出版社，2014.

[5] 程五一，李季. 系统可靠性理论及其应用[M]. 北京：北京航空航天大学出版社，2012.

[6] 董安华，刘献红. 提高人-机系统可靠性的措施探讨[J]. 中国军转民，2014(9)：54-55.

[7] 董霜，朱元清. 环境振动对人体的影响[J]. 噪声与振动控制，2004，24(3)：22-25.

[8] 甘传付，曹宏炳，黄允华，等. 基于 FMECA、FTA 的故障诊断和故障预报[J]. 系统工程与电子技术，2002，24(11)：127-130.

[9] 高佳，沈祖培，何旭洪. 第二代人的可靠性分析方法的进展[J]. 中国安全科学学报，2004，14(2)：18-22.

[10] 高社生，张玲霞. 可靠性理论与工程应用[M]. 北京：国防工业出版社，2002.

[11] 郭济鸣，齐金平，李兴运. 故障树分析法的现状与发展[J]. 装备机械，2018(2)：61-66.

[12] 姜兴渭，宋政吉，王晓晨. 可靠性工程技术[M]. 哈尔滨：哈尔滨工业大学出版社，2005.

[13] 康建设，宋文渊，白永生，等. 装备可靠性工程[M]. 北京：国防工业出版社，2019.

[14] 拉桑德，巴罗斯，霍兰. 系统可靠性理论：模型、统计方法及应用[M]. 刘一骝，译. 北京：清华大学出版社，2023.

[15] 李良巧. 可靠性工程师手册[M]. 2 版. 北京：中国人民大学出版社，2017.

[16] 刘岚岚，刘品. 可靠性工程基础[M]. 4 版. 北京：中国质检出版社，2014.

[17] 卢明银，徐人平. 系统可靠性[M]. 北京：机械工业出版社，2008.

[18] 陆廷孝，郑鹏洲. 可靠性设计与分析[M]. 北京：国防工业出版社，1995.

[19] 庞志兵，马锐. 装备振动对人员操作可靠性的影响[J]. 人类工效学，2002，8(2)：56-57.

[20] 邵延峰，薛红军. 故障树分析法在系统故障诊断中的应用[J]. 中国制造业信息化，2007，36(1)：72-74，77.

[21] 沈政，牛从民，邓连喜. FMEA 在工程机械系统可靠性设计中的应用[J]. 工程机械，2012，43(12)：38-42.

[22] 孙延浩. 高速铁路行车调度系统可靠性评估方法研究[D]. 北京：中国铁道科学研究院，2020.

[23] 孙有朝,李龙彪.工程可靠性基础[M].北京:科学出版社,2021.
[24] 王爱民.机械可靠性设计[M].北京:北京理工大学出版社,2015.
[25] 王学文.机械系统可靠性基础[M].北京:机械工业出版社,2019.
[26] 魏选平,卞树檀.故障树分析法及其应用[J].电子产品可靠性与环境试验,2004,22(3):43-45.
[27] 夏明旗.故障模式与影响分析技术及其应用[J].国防技术基础,2010(10):21-23.
[28] 谢红卫,孙志强,李欣欣,等.典型人因可靠性分析方法评述[J].国防科技大学学报,2007,29(2):101-107.
[29] 许爱荣.机械可靠性设计基础[M].北京:中国石化出版社,2023.
[30] 许荣,车建国,杨作宾,等.故障树分析法及其在系统可靠性分析中的应用[J].指挥控制与仿真,2010,32(1):112-115.
[31] 盐见弘,岛冈淳,石山敬幸.故障模式和影响分析与故障树分析的应用[M].许凤璋,高金钟,译.北京:机械工业出版社,1987.
[32] 杨慧,赵海涛.北斗导航卫星可靠性工程[M].北京:国防工业出版社,2021.
[33] 杨小强,赵杰.工程装备故障检测与诊断技术[M].北京:冶金工业出版社,2022.
[34] 于海文.基于故障树分析法的故障诊断专家系统[J].中国空间科学技术,1998,18(1):39-46.
[35] 于治福,韩燕,于会荣,等.故障树分析法在矿井提升机电动机故障诊断中的应用[J].煤矿机械,2012,33(11):277-278.
[36] 袁俊刚,李毅.卫星可靠性工程[M].北京:中国宇航出版社,2022.
[37] 张大钢,刘雁潮,韩静.故障模式影响及危害性分析(FMECA)技术标准发展和应用研究[J].质量与可靠性,2013(3):48-51.
[38] 张志华.可靠性理论及工程应用[M].北京:科学出版社,2012.
[39] 赵宇,杨军,马小兵.可靠性数据分析教程[M].北京:北京航空航天大学出版社,2009.
[40] 赵宇.可靠性数据分析[M].北京:国防工业出版社,2011.
[41] 郑裕国,张康达.故障树定性和定量分析的算法[J].浙江工业大学学报,1995,23(1):42-47.
[42] 朱敏波,曹艳荣,田锦.电子设备可靠性工程[M].西安:西安电子科技大学出版社,2016.
[43] 张相炎.兵器系统可靠性与维修性[M].北京:国防工业出版社,2016.
[44] KUO W,PRASAL V R,TILLMAN F A,et al.最优可靠性设计:基础与应用[M].郭进利,阎春宁,译.北京:科学出版社,2011.
[45] STAMATIS D H.故障模式影响分析:FMEA 从理论到实践[M].2 版.陈晓彤,姚绍华,译.北京:国防工业出版社,2005.